動物內科病

ANIMAL INTERNAL DISEASES

陸有飛 主編

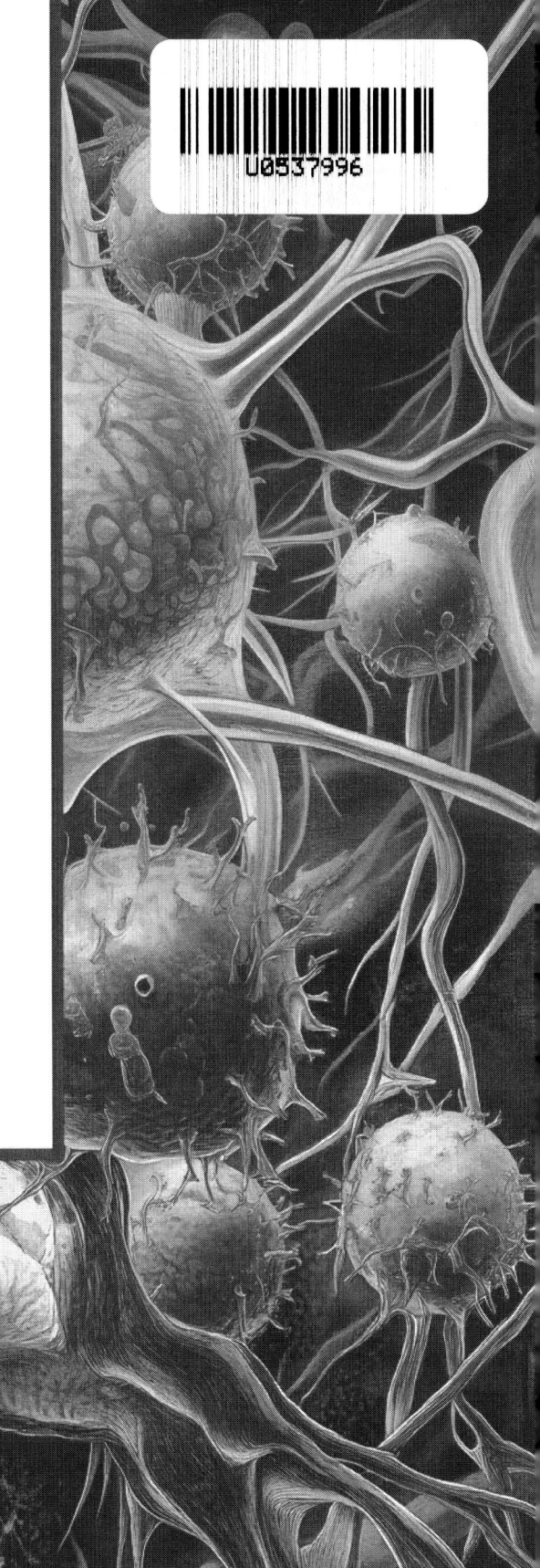

目 錄
Contents

緒論 1

第一章　消化內科病 4

第一節　口腔及相關器官疾病 4
任務一　口炎 4
任務二　咽炎 6
任務三　食道阻塞 8

第二節　反芻動物胃病 9
任務一　前胃弛緩 9
任務二　瘤胃積食 12
任務三　瘤胃鼓脹 14
任務四　瘤胃酸中毒 17
任務五　創傷性蜂巢胃腹膜炎 18
任務六　皺胃變位 20

第三節　胃腸疾病 23
任務一　胃腸炎 23
任務二　腸便祕 25
任務三　腸變位 26

第四節　肝和胰腺疾病 28
任務一　急性實質性肝炎 28
任務二　胰腺炎 30

第五節　腹膜疾病 32
任務一　腹膜炎 32
任務二　腹腔積液 33

知識拓展 34
思考題 35

第二章　呼吸內科病 36

第一節　呼吸道疾病 36
任務一　感冒 36

任務二　支氣管炎 ………………………………………………………… 37
　　任務三　小葉性肺炎 ……………………………………………………… 39
　　任務四　大葉性肺炎 ……………………………………………………… 41
　　任務五　肺氣腫 …………………………………………………………… 43
　　任務六　壞疽性肺炎 ……………………………………………………… 45
　　任務七　黴菌性肺炎 ……………………………………………………… 46
　　任務八　化膿性肺炎 ……………………………………………………… 47
　第二節　胸膜疾病 …………………………………………………………… 48
　　任務一　胸膜炎 …………………………………………………………… 48
　　任務二　胸腔積液 ………………………………………………………… 49
　思考題 ………………………………………………………………………… 50

第三章　泌尿內科病 …………………………………………………………… 51

　第一節　腎疾病 ……………………………………………………………… 51
　　任務一　腎炎 ……………………………………………………………… 51
　　任務二　腎病 ……………………………………………………………… 54
　第二節　尿路疾病 …………………………………………………………… 55
　　任務一　膀胱炎 …………………………………………………………… 55
　　任務二　尿道炎 …………………………………………………………… 57
　　任務三　尿石症 …………………………………………………………… 57
　知識拓展 ……………………………………………………………………… 60
　思考題 ………………………………………………………………………… 61

第四章　營養代謝內科病 ……………………………………………………… 62

　第一節　醣、脂肪、蛋白質代謝障礙疾病 ………………………………… 62
　　任務一　乳牛酮症 ………………………………………………………… 62
　　任務二　仔豬低血糖症 …………………………………………………… 65
　　任務三　家禽痛風 ………………………………………………………… 67
　　任務四　脂肪肝症候群 …………………………………………………… 69
　　任務五　肉雞腹水症候群 ………………………………………………… 72
　第二節　維他命缺乏症 ……………………………………………………… 73
　　任務一　維他命 A 缺乏症 ………………………………………………… 73
　　任務二　維他命 B 群缺乏症 ……………………………………………… 76
　　任務三　維他命 D 缺乏症 ………………………………………………… 80
　　任務四　維他命 E 缺乏症 ………………………………………………… 82
　第三節　鈣磷代謝障礙疾病 ………………………………………………… 84
　　任務一　佝僂病 …………………………………………………………… 85
　　任務二　軟骨病 …………………………………………………………… 86
　　任務三　生產癱瘓 ………………………………………………………… 87
　第四節　微量元素缺乏症 …………………………………………………… 88
　　任務一　異食癖 …………………………………………………………… 88
　　任務二　仔豬缺鐵性貧血 ………………………………………………… 90

任務三　硒缺乏症 ··· 91
　　任務四　鋅缺乏症 ··· 92
　　任務五　錳缺乏症 ··· 92
　　任務六　銅缺乏症 ··· 94
　知識拓展 ··· 95
　思考題 ·· 95

第五章　中毒病 ··· 96
　第一節　飼料中毒 ··· 96
　　任務一　亞硝酸鹽中毒 ··· 96
　　任務二　黃麴毒素中毒 ··· 98
　　任務三　棉籽餅中毒 ·· 101
　　任務四　菜籽餅中毒 ·· 102
　　任務五　霉稻草中毒 ·· 104
　　任務六　嘔吐毒素中毒 ··· 106
　　任務七　非蛋白氮中毒 ··· 106
　　任務八　酒糟中毒 ··· 108
　　任務九　氰化氫中毒 ·· 110
　第二節　農藥中毒 ··· 111
　　任務一　有機磷農藥中毒 ··· 111
　　任務二　有機氟類中毒 ··· 113
　第三節　植物中毒 ··· 114
　　任務一　毒芹中毒 ··· 114
　　任務二　蕨中毒 ·· 115
　第四節　獸藥中毒 ··· 117
　　任務一　磺胺類藥物中毒 ··· 117
　　任務二　伊維菌素中毒 ··· 118
　　任務三　阿托品中毒 ·· 119
　　任務四　土黴素中毒 ·· 120
　　任務五　聚醚類抗球蟲藥中毒 ··· 121
　　任務六　雙香豆素中毒 ··· 122
　思考題 ·· 122

第六章　血液、神經與內分泌疾病 ··· 123
　第一節　貧血 ··· 123
　　任務一　失血性貧血 ·· 123
　　任務二　溶血性貧血 ·· 125
　　任務三　營養不良性貧血 ··· 126
　　任務四　再生不良性貧血 ··· 127
　第二節　神經系統疾病 ·· 129
　　任務一　中暑 ··· 129
　　任務二　腦膜腦炎 ··· 131

第三節　內分泌系統疾病 ··· 133
　　任務一　壓力症候群 ··· 133
　　任務二　過敏性休克 ··· 135
　知識拓展 ··· 136
　思考題 ··· 137

第七章　常用內科診治技術 ··· 138
　第一節　穿刺術 ··· 138
　　任務一　瘤胃穿刺術 ··· 138
　　任務二　胸腔穿刺術 ··· 142
　　任務三　腹腔穿刺術 ··· 146
　　任務四　瓣胃穿刺術 ··· 149
　第二節　清洗術 ··· 151
　　任務一　灌腸術 ·· 151
　　任務二　導胃洗胃術 ··· 155
　第三節　動物常見內科病複製 ·· 158
　　任務一　山羊前胃弛緩的誘發與治療 ··· 158
　　任務二　山羊瘤胃酸中毒的誘發與治療 ······································ 161
　　任務三　家兔急性有機磷中毒的誘發與治療 ································ 164
　第四節　實驗室檢驗 ··· 168
　　任務一　血鈣檢查 ··· 168
　　任務二　潛血檢查 ··· 169
　　任務三　瘤胃內容物檢查 ··· 170
　　任務四　酮體檢查 ··· 171
　　任務五　亞硝酸鹽中毒檢驗 ·· 172
　　任務六　有機磷中毒檢驗 ··· 173
　　任務七　棉籽餅（粕）中毒檢驗 ··· 174
　　任務八　氰化氫中毒檢驗 ··· 175
　知識拓展 ··· 176

參考文獻 ··· 178

緒 論

一、動物內科的概念

動物內科是以研究動物非傳染性的內部器官/系統疾病、營養代謝性疾病和中毒性疾病為主要內容的一門綜合性臨床學科，主要從器官系統的角度研究動物內部器官疾病的病因、發生、發展、臨床症狀、恢復、診斷和防治措施的一門綜合性獸醫臨床學科。動物內科是獸醫臨床學科課程中的主幹課程，與其他臨床學科有著密切的連繫。

二、動物內科的研究內容

動物內科重點研究對畜牧業危害嚴重的常見多發內科疾病，主要內容包括兩大部分，一部分為器官系統疾病，如消化系統疾病、呼吸系統疾病、心血管系統疾病、血液及造血器官疾病、泌尿系統疾病、神經系統疾病、內分泌系統疾病等，另一部分為以病因命名的疾病，如營養代謝性疾病、中毒性疾病、壓力性疾病等。對各類疾病從病因、發生機制、臨床症狀和病理變化、診斷和治療方法、防治措施等方面進行研究。

三、動物內科的研究方法

動物內科的研究方法是在掌握畜禽解剖與組織胚胎、動物生理、動物病理、動物藥理等課程知識和技能的基礎上，運用內科診治基本技術，結合動物傳染病、動物外科等臨床學科知識，研究內科疾病的發病病因，觀察內科疾病臨床特徵，掌握內科疾病病理變化，闡明內科疾病致病機制，明確內科疾病性質與診斷方法，在疾病發生後制訂出有效的治療方案，從而掌握動物內科疾病發生發展規律，並從根源上制訂防控方案，保障動物健康。

四、中國動物內科發展簡史

隨著人類文明誕生，就有了醫學的萌芽。同樣，從人類開始馴養動物，便形成了早期的畜牧業，也有了獸醫的活動。中國作為歷史悠久的農業大國，是多種動物馴養的起源中心之一，獸醫隨著畜牧業發展，在人類與畜禽疾病長期鬥爭的實踐中逐步形成發展起來，當時對動物疾病尚無明確分類，但在各類獸醫診療文獻記錄中，動物內科早有萌芽，因此動物內科源遠流長，取得過許多輝煌成就，一度處於世界領先水準。

據史料記載，最早在西周時期便有了專職獸醫診治家畜的獸醫，獸醫掌療「獸病」

和「獸瘍」。春秋戰國時期的《晏子春秋》中述「大暑而疾馳，甚者馬死，薄者馬傷」，本書雖非獸醫著作，但反映出當時人們已對馬匹飼養和中暑病有了較為明確的認識。到了漢代，《流沙墜簡》、《居延漢簡》中對馬痙攣性腹痛病的辨證論治和方藥選用上已達相當水準，並且同時期已出現專治牛病的牛醫。北魏《齊民要術》中，已有「以脂塗人手，探穀道中，去結屎」以治療馬大便不通，以及用鹽水灌服治療馬腹脹的記載，這是我們今天常用的直腸觸診和掏結糞手法。

至唐代，畜牧業尤其是馬牧業得到很好的發展，「馬政」屬於國家的重要事務，馬牧業是保障唐代強大的軍事力量和交通運輸的必要條件，直接關係到封建王朝的興衰。因此，唐代中央政府設立了太僕寺來監管整個國家的馬牧之政，從業獸醫者達600餘人，還設立了獸醫學校，是世界上最早的獸醫教學機構。當時唐代的獸醫學校還接收外國留學生。據記載，唐貞元間，日本獸醫平仲國等來到中國留學，中國的獸醫學校比法國巴黎獸醫學校和奧地利維也納獸醫學校要早約1000年。唐代司馬李石編著的《司牧安驥集》是中國現存最古老的一部獸醫學專著，且有一定的國際影響，日本人據此編譯成《假名安驥集》。在治療方法上，已有了內科和外科的分類，如其中的「三十六起臥病源圖歌」中記載了10餘種屬於現代動物內科領域真性疝痛疾病（大肚結、前結、中結、後結、板腸糞不轉、冷痛、氣痛、腸入陰、大肚傷、羅膈傷、腸斷等），還首次記載了馬、牛的食道阻塞（草噎）。到了宋代開始建立獸醫院，設置牧養上下監以收治不同程度病馬；設立獸醫專用藥房，也有較多獸醫專著出版，如《賈枕牛經》、《賈樸牛書》、《療駝經》等。

明清時期，中國獸醫發展達到新高峰，多部獸醫重要學術著作面世，如《元亨療馬集》、《牛經備要》、《相牛心境要覽》、《活獸慈舟》、《醫牛寶書》、《牛經大全》、《豬經大全》等。從著作內容看，不僅僅在馬屬動物疾病方面成就斐然，隨著畜牧業發展，還涉及黃牛、水牛、豬、羊、犬等動物疾病。隨著獸醫學術研究的深入，動物內科病水準也得到提高，除了按動物種類進行疾病研究外，還按疾病類型分類，從發病系統和不同症狀等角度闡述區分。其中，最有代表性的當屬《元亨療馬集》，其象徵著中國古代獸醫學真正進入成熟階段，對歷代獸醫典籍進行了歸納總結，對牲畜的病因進行詳細分析，並羅列出大量治療方法。書中將馬、牛的病症分為七十二症和五十六病，對病因、症狀、診療和調理方法均做了詳細闡述，包括多種現代動物內科中常見疾病，如腸便祕、心臟衰竭等。《醫牛寶書》已出現內科疾病、產科疾病和蹄病及外科疾病分類，內科病主要集中胃腸疾病，如「草食脹、百葉脹、血皮脹、腸結」等。

中國早期獸醫領域中，在動物內科疾病防治方面的理論與實踐有著輝煌歷史和學術成就，但由於歷史侷限性，並沒有系統形成真正意義上的動物內科這門學科。且清末戰亂災荒，畜牧業生產衰退不振，動物內科學也一度止步不前。直至北洋馬醫學堂、京師大學堂農科、國立獸醫學院、廣西農學院等學校開辦並設立獸醫科系，高等獸醫教育和近代獸醫內科學科開始建立，並有了《獸醫內科學綱要》（崔步瀛）、《馬氏內科診斷學》（羅清生）、《家畜內科學》（賈清漢）等學科專著面世。1949年，中華人民共和國成立後，獸醫內科學學科建設有了長足的進步，較有代表性的動物內科學著作有：《家畜普通病學》，羅清生著（1950年）；《家畜內科學》，胡體拉等著（1966年，蘭州獸醫研究所譯）；《家畜內科學》，倪有煌著（1985年）。1970年代後，中國進入現代化建設新時期，現代獸醫內科學開始快速發展，建立了專科、本科、碩士、博士等獸醫內科學高等教育教學體系；學科建

設取得長足發展，形成了以動物機體系統為主的傳統動物內科學分類方式，並拓展形成了以器官系統疾病、營養代謝病、中毒病、免疫與遺傳性疾病等為主要內容的現代動物內科學新學科體系。

隨著科學技術的發展和科學研究成果與臨床經驗的不斷積累，以及動物養殖業的發展，學科交叉滲透形成了動物營養代謝病學、動物中毒病學等新學科；現代動物內科的研究範圍不斷拓寬，從個體研究發展到群體研究，研究對象除傳統的家畜家禽外，還涉及伴侶動物、觀賞動物、毛皮動物、實驗動物、野生動物和水生動物等，尤其是以犬貓為主的寵物內科學研究方向發展迅速；研究內容迅速增加，研究層次迅速提高，從組織器官發展到細胞分子水準，從表型研究發展到基因蛋白水準。

五、現代動物內科的發展趨勢

1. 群發性內科疾病的研究　隨著畜牧業現代化、規模化和集約化的發展，動物群體性疾病和多病因性疾病，尤其是與營養代謝、中毒、免疫力下降和壓力相關的疾病發生率顯著增加，給畜牧業帶來嚴重危害，由此成為本學科的焦點研究方向，如動物營養代謝病和中毒病。

2. 其他動物內科疾病的研究　傳統的動物內科學研究的對象主要為與農業關係密切的動物，如牛、馬、豬、雞、鴨等。隨著中國人民生活水準不斷提高，伴侶動物數量不斷增多，陪伴年限不斷延長，犬、貓等寵物內科病的診療成為本學科學研究的另一焦點內容，衍生出寵物內科等新的分支學科。隨著人們對和諧自然和動物福利理解的不斷深入，除常規伴侶動物外，觀賞動物（動物園動物）、經濟動物、競技動物及野生動物等與人類接觸密切或與人類生活密切相關的動物疾病研究也開始受到重視並納入研究範疇。

3. 高新技術應用和多學科交叉　動物內科的發展需要深入研究，以分子生物學為代表的新學科技術手段在內科學中的廣泛應用，使得傳統動物內科學突破了研究層次，進入分子和基因水準的研究，目前已能從基因水準解釋某些疾病的成因，為臨床治療提供理論依據和更多可行性。

4. 貫徹防重於治原則　畜牧業經濟是國民經濟的重要組成部分，在整個農業經濟中所占比重也逐漸增大，動物內科病在全年各個月分中不間斷地發生於各種畜禽，尤其是現代畜牧業發展環境下，集約化管理和工廠化生產程序造成的亞臨床營養代謝性疾病和壓力性疾病的發生率不斷提高，病程較為緩慢，但嚴重影響動物正常發育、繁殖和生產性能，造成巨大損失。因此，不僅需要對疾病進行治療，從其源頭進行預防，而且需要建立預測系統對疾病進行預測，即從動物生長和生產狀態、飼料、環境等方面進行風險因子分析，預防疾病的發生。

5. 守護人類健康和安全　工業廢物和農藥汙染等日益嚴重，自然環境和生態平衡受到破壞，動物攝取有毒物質（農藥、重金屬等）在體內殘留，加上飼料添加劑和抗菌藥物的濫用，對人類和動物健康有一定影響。畜牧業快速發展過程中對環境的潛在不利影響也日趨凸顯，急待改變，如家畜的大規模集約化飼養產生的大量動物糞便對土壤和水源的汙染。因此，動物內科在提高畜產品品質和產品的附加值，全面提高畜牧業的生態效益、社會效益和經濟效益，實現生態保護、食品安全方面責無旁貸，與其他相關學科共同致力於守護人類健康和安全。

第一章
消化內科病

消化系統疾病發生於各種動物，對養殖業危害嚴重，是動物內科病防治的重點之一。消化器官包括口腔及相關器官、食道、胃、腸、肛門、肝、脾等，根據養殖業現狀和發病情況，本章重點介紹消化系統疾病。

消化系統常見臨床症狀包括食慾減退或廢絕、消瘦、進食或吞嚥障礙、流涎、嘔吐、腹痛、腹瀉、便血等。部分消化系統疾病除表現消化系統本身症狀及體徵外，也常伴有其他系統或全身性症狀，有的消化系統症狀還不如其他系統症狀突出。除根據症狀判別疾病外，病因分析也是診治的關鍵，消化系統疾病的病因多樣，主要概括為原發性和繼發性兩種因素。消化系統原發性病因集中在飼養管理不當、環境氣候變化、壓力等方面。繼發性因素有腸道細菌感染、病毒感染、寄生蟲侵襲、中毒、營養缺乏和代謝紊亂等。此外，消化系統疾病還常以症狀之一出現於其他各個系統疾病中。

【知識目標】
1. 了解動物消化系統疾病的發生、發展規律。
2. 熟悉動物常見消化系統疾病的診療技術要點。
3. 掌握動物消化道主要疾病的發生原因、致病機制、臨床症狀、治療方法及預防措施。
4. 了解腹膜疾病的特點及診治方法。

【技能目標】
透過對本章內容的學習，具備正確診斷和治療常見消化系統疾病的能力。

第一節　口腔及相關器官疾病

任務一　口　炎

【疾病概述】口炎是口腔黏膜炎症的統稱，包括齒齦黏膜、顎黏膜和舌黏膜的炎症，根據炎症性質分為卡他性、水疱性、纖維素性、潰瘍性、真菌性、中毒性和蜂窩性組織炎等類型。各種動物都可能發生口炎，臨床上以卡他性、水疱性、纖維素性、潰瘍性口炎較為常見。

【發病原因】病因主要分為原發性因素和繼發性因素兩種。

1. 原發性因素 常見於機械性、化學性和溫熱性損傷，如採食含粗纖維多或帶有芒刺的堅硬飼料，口銜、開口器或銳齒的直接損傷；或因酒石酸銻鉀（吐酒石）、苯酚（石炭酸）、升汞、酸鹼等化學性物質，以及毛茛、附子、毒芹、芥子等有毒植物的刺激；或因採食過熱、冰凍的飼料致黏膜損傷；或灌服過熱的藥液燙傷。此外，犬、貓等小動物多因骨頭、魚刺等刺傷。幼畜口炎常見於牙齒生長期和換牙期。

2. 繼發性因素 感染性因素，如口蹄疫、豬水疱病、牛流行熱、雞新城疫、犬瘟熱等；某些黴菌病，如念珠菌可引起黴菌性口炎；咽、喉部等附近組織炎症蔓延；營養物質缺乏，如維他命 A、維他命 B_2、維他命 C、菸鹼酸、鋅等缺乏。

【臨床症狀】任何一種性質的口炎，初期口腔黏膜一般表現潮紅、腫脹、疼痛和口溫增高，動物出現採食量下降、咀嚼緩慢、流涎等臨床症狀。不同性質的口炎，症狀又有所不同。

1. 卡他性口炎 多見泡沫性流涎、採食障礙或拒絕進食，口腔黏膜見瀰漫性或斑點性潮紅。硬齶腫脹、唇黏膜常散在小結節和爛斑。

2. 水疱性口炎 在唇、舌面及舌緣、頰部、硬齶、齒齦有散在或密集的水疱，2～4d後，水疱破潰形成鮮紅色淺表爛斑；動物表現口腔疼痛、食慾減退，間或有輕微體溫升高。

3. 潰瘍性口炎 除了具有口炎基本症狀外，還有潰瘍灶。潰瘍灶先表現為病灶處腫脹、色暗紅、易出血，後病灶出現暗黃色或黃綠色糜爛壞死。嚴重時動物口腔散發腐敗性腥臭味、流涎、混有血絲、體溫升高等。

【診斷方法】

1. 診斷要點 根據口腔黏膜變化、採食咀嚼障礙、流涎、口溫升高等臨床症狀進行診斷，並根據口腔黏膜具體病變特徵確定口炎性質。

2. 臨床檢查 臨床檢查時透過流行病學調查，結合臨床特徵及病因，進一步確定是原發性口炎還是繼發性口炎。

【防治措施】

1. 治療方法 口炎的治療原則是消除病因、淨化口腔、抗菌消炎、加強護理。

（1）消除病因。除去致病因素，如清除口腔黏膜中的異物、牙結石或銼平過長齒等。若為繼發性口炎，則應重點治療原發病；傳染性口炎還需根據原發性疾病種類及時隔離，嚴格檢疫。

（2）淨化口腔。口炎初期，使用黏膜消毒劑和收斂劑沖洗口腔可有較好的治療效果，注意選擇無刺激性、無毒性藥物，不引起過敏反應的藥物，避免損傷組織，妨礙肉芽生長。炎症輕微時，可用 1％食鹽水或 2％～3％的硼酸洗液清洗口腔；炎症嚴重時可用 0.1％高錳酸鉀、0.5％過氧化氫、0.5％碘伏、0.1％氯己定（洗必泰）等消毒液清洗口腔；流涎過多時，可選用具有收斂作用的 1％明礬溶液或 1％鞣酸溶液。清洗後，潰瘍性口炎還可使用西瓜霜、碘甘油、1％磺胺甘油、制黴菌素軟膏、抗生素粉劑等塗布，其他性質的口炎也可視嚴重程度選用。

（3）抗菌消炎。除使用具有抗菌功能的洗液對口腔進行局部處理外，為防止繼發感染或病情嚴重，可選用磺胺類抗菌藥物或抗生素配合治療。

（4）加強護理。給予病畜柔軟易消化的飼料和清涼的飲水以維持營養需要和舒緩口腔疼痛。對於不能採食或拒食的動物，應及時補糖輸液或用胃導管給予流質食物。同時，可適當補充維他命A、維他命B群、維他命C等促進口腔黏膜癒合。

2. 預防措施 加強飼養管理，避免飼料、藥物，以及檢查過程中出現可刺激或損傷口腔的因素，如合理調配飼料，保證飼料品質，避免牧草加工過於粗硬或有尖銳的異物、有毒的植物或刺激性的化學物質混於飼料中；不飼餵發霉飼料；經口投藥時慎用具刺激性或腐蝕性藥物；定期檢查口腔，牙齒不齊的應及時進行修整。

任務二 咽 炎

【疾病概述】 咽炎是指咽黏膜、黏膜下組織和淋巴組織的炎症，以咽部腫痛、頭頸伸展、轉動不靈活、觸診咽部敏感、呼吸困難、吞嚥障礙和口鼻流涎為特徵。按病程，分為急性型和慢性型；按炎症性質，分為卡他性、蜂窩性組織炎、格魯布性等類型。臨床上，咽炎可能是原發性疾病，但更常見的是作為一種臨床症狀，出現在各類傳染病的經過中，如流感、口蹄疫、豬瘟、豬肺疫、犬瘟熱等。

【發病原因】

1. 原發性咽炎 常見於粗硬的飼料、異物或胃導管等機械性刺激導致的損傷，餵料或飲水過熱，刺激性強的藥物或氣體等化學性刺激導致的損傷。在受寒、感冒、過勞或長途運輸時，機體免疫功能降低，鏈球菌、葡萄球菌、巴氏桿菌、大腸桿菌、沙門氏菌等條件性致病菌導致的內源性感染也易引發本病。

2. 繼發性咽炎 常見於相鄰器官的炎症蔓延，如口炎、鼻炎、食道炎、喉炎、唾液腺炎等；也常見於流感、口蹄疫、豬瘟、犬瘟熱、巴氏桿菌病等傳染性疾病過程。

【致病機制】 咽是呼吸道和消化道的共同通道。咽的解剖結構，上為鼻咽、中為口咽、下為喉咽，易受到物理和化學因素的刺激及損傷。咽的兩側、鼻咽部和口咽部均有扁桃體，咽的黏膜組織中有豐富的血管和神經纖維分布，黏膜極其敏感。因此，當機體抵抗力降低、黏膜防衛機能減弱時，極易受到條件性致病菌的侵害，導致咽黏膜的炎性反應。特別是扁桃體是各種微生物居留及侵入機體的門戶，容易引起炎性變化。

在咽炎的發生、發展過程中，由於咽部血液循環障礙，咽黏膜及其黏膜下組織呈現炎性浸潤，扁桃體腫脹，咽部組織水腫，引起卡他性、格魯布性或化膿性咽炎的病理反應，並因炎症的影響，咽部出現紅、腫、熱、痛和吞嚥障礙，因而病畜頭頸伸展，流涎，食糜及炎性滲出物從鼻孔逆出，甚至可因會厭軟骨不能完全閉合而發生誤咽，引起腐敗性支氣管炎或肺壞疽。當炎症波及喉時，引起咽喉炎，喉黏膜受到刺激而頻頻咳嗽。發生重劇性咽炎時，若炎性產物被吸收，還可引起惡寒顫慄、體溫升高等症狀，並因扁桃體高度腫脹，深部組織膠樣浸潤，喉口狹窄，導致呼吸困難甚至發生窒息。

【臨床症狀】 咽炎主要臨床症狀表現為不同程度的咽部腫痛，觸診咽部敏感，頭頸伸展、轉動不靈活，吞嚥障礙和口鼻流涎等。

一般病畜厭忌採食，勉強採食時，咀嚼緩慢，謹慎吞嚥；吞嚥時可見咳嗽、搖頭縮頸、緊張不安、呻吟等，因食物或飲水可能從鼻腔逆出，兩側鼻孔常見混有食物、唾液的鼻液；重者將食團吐出。

各類型的咽炎還有其特有症狀。

卡他性咽炎往往病情發展較緩慢，病初不易被發現，經 3～4d 後，患病動物頭頸伸展、吞嚥困難等症狀逐漸明顯。視診時，可見咽部黏膜潮紅、輕度腫脹。全身症狀一般較輕。

格魯布性咽炎和化膿性咽炎通常起病較急，全身症狀較卡他性咽炎更為明顯，體溫升高，精神沉鬱，厭忌採食，嚴重者呼吸急迫、咳嗽頻繁、頜下淋巴結腫脹。格魯布性咽炎視診可見扁桃體紅腫，咽部黏膜覆蓋灰白色假膜，假膜剝離後可見黏膜充血、腫脹甚至潰瘍，鼻液混有灰白色假膜；化膿性咽炎咽痛明顯，觸診咽部敏感，咽部黏膜和鼻孔有膿性分泌物。

【診斷方法】

1. 診斷要點　患病動物頭頸伸展、口鼻流涎、吞嚥障礙、觸診咽部疼痛，視診咽部黏膜潮紅、腫脹，有分泌物。

2. 臨床檢查　臨床檢查時需結合流行病學和其他臨床症狀等，綜合判斷是原發性咽炎還是繼發性咽炎，與腺疫、流行性感冒、豬瘟、出血性敗血症以及炭疽等傳染病所引起的咽炎進行鑑別，以免誤診。原發性口炎還需與咽腔內異物、咽腔腫瘤、食道阻塞等相區別。

（1）咽腔內異物。也出現吞嚥困難、口鼻流涎等症狀，但咽腔內異物通常發病突然，咽腔檢查可見異物。牛、犬多見。

（2）咽腔腫瘤。咽部黏膜無炎症變化，病程緩慢，吞嚥障礙隨病程發展逐漸嚴重。觸診咽部無疼痛反應，可感覺到咽部腫塊。

（3）食道阻塞。有吞嚥障礙、口鼻流涎症狀，但發病突然，咽部觸診無疼痛反應，反芻動物易繼發瘤胃鼓脹。

【防治措施】

1. 治療方法

（1）加強護理。禁餵粗硬飼料，能採食的患病動物，給予柔軟易消化飼料。對吞嚥障礙的患病動物，應及時補糖輸液，維持其營養。對疑似傳染病的患病動物應進行隔離觀察。治療時，禁止經口給藥，防止誤咽。

（2）抗菌消炎。根據咽炎類型和病情輕重選擇合適的抗菌藥物治療，常選用青黴素肌內注射治療，並與磺胺類藥物或其他抗生素（土黴素、鏈黴素、慶大黴素等）聯合應用。

（3）利咽局部用藥。病初期咽部先冷敷，2～3d 後熱敷，每天 1～2 次，每次 20min。可於患部噴塗藥物，如西瓜霜、止痛消炎膏。大動物不易進行張口固定，可選用複方新諾明 10～15g，碳酸氫鈉 10g，碘喉片 10～15g，研磨混合後裝於布袋，使病畜銜於口中；小動物還可用 2%～3% 硼酸液蒸汽吸入，每天 2～3 次。根據患病動物臨床疼痛強度，適時使用解熱鎮痛藥，如水楊酸鈉、安乃近或氨基比林等，疼痛嚴重時還可使用 0.25% 普魯卡因注射液（牛、馬 50mL，豬、羊 20mL）稀釋青黴素進行咽部封閉治療。

2. 預防措施　加強飼養管理，避免飼餵發霉或冰凍飼料；保持圈舍清潔乾燥，溫度適宜、避免受寒、抵抗力下降；及時治療咽部附近器官炎症，積極預防傳染性疾病，防止炎症蔓延或繼發咽炎；用胃導管檢查和投藥時避免損傷咽黏膜。

任務三 食道阻塞

【疾病概述】食道阻塞是因吞嚥的食物或異物過大、吞嚥過急、嚥下機能障礙導致食道出現梗阻的一種疾病。常發生於進食過程中，臨床上多以突然發病、口鼻流涎、吞嚥障礙為特徵，牛、馬、犬和豬較為常見。按阻塞程度，分為完全阻塞和不完全阻塞；按發病部位，分為頸段食道阻塞、胸段食道阻塞和腹段食道阻塞。

【發病原因】

1. 原發性病因 引起本病的阻塞物有馬鈴薯、蕃薯、甘薯、甜菜、蘿蔔、西瓜皮、蘋果等塊根；大塊飼料，如大塊豆餅、花生餅、穀糠、玉米芯，以及穀草、稻草、青乾草等粗硬、堅韌飼料未經充分咀嚼，吞嚥過急而引起食道阻塞。還有由於誤咽骨頭、軟骨、毛巾、手帕、破布、毛絨球、木片或胎衣等異物而發病。馬多發生於採食過急，咀嚼不完全或進食過程受到驚嚇；犬常見於成群爭食；豬常見於採食過大食團和咀嚼不充分。

2. 繼發性病因 常繼發於異食癖和導致嚥下機能障礙的疾病，如食道麻痺、狹窄和擴張、痙攣等。

【臨床症狀】臨床病例多呈急性經過，病畜突然停止採食、緊張不安、頭頸伸展、張口伸舌，頻頻出現用力吞嚥動作，並因食道和頸部肌肉收縮，引起反射性咳嗽，可從口、鼻流出大量唾液，呼吸急促，驚恐不安。

由於阻塞程度及其阻塞部位的不同，臨床症狀也有所區別。完全阻塞時，病畜採食、飲水完全停止，表現空嚼和吞嚥動作，不斷流涎。頸段食道發生阻塞，流涎並有大量白色的唾沫附著唇邊及鼻孔周圍，吞嚥的食糜和鼻液有時從鼻孔逆出。胸段食道和腹段食道發生阻塞時，嚥下的唾液先蓄積在頸段食道內，頸左側食道溝呈圓筒狀膨隆，觸壓可引起哽噎，然後隨食道收縮和逆蠕動出現大量嘔吐物，嘔吐物不含鹽酸，也無特殊臭味。

食道阻塞持續時間長，可引起食道擴張。病畜有飢餓感，採食的飼料蓄積在食道擴張部位，頓時形成新的阻塞。食道相繼發生收縮，病畜狂躁不安、伸頭縮頸，將食物吐出後，即表現平靜，但可反覆發生。

牛、羊食道完全堵塞時，無噯氣和反芻，迅速發生瘤胃鼓脹、呼吸困難。不完全阻塞無流涎現象，尚能飲水，並無瘤胃鼓脹現象。

豬食道阻塞，多半離群，垂頭站立或不臥地，張口流涎，出現吞嚥動作。有時試圖飲水、採食，但飲進的水立即逆出口腔。犬食道阻塞，由於阻塞物壓迫頸靜脈，易引起頭部血液循環障礙而發生水腫。

【診斷方法】

1. 診斷要點 ①起病突然，多發於在緊張氣氛（如過於飢餓、爭搶、偷吃、驚嚇）下進食時；②口鼻流涎；③吞嚥障礙，有時伴隨逆嘔；④食道檢查有異物。

2. 臨床檢查 頸段食道阻塞，視診和觸診可見頸部有侷限性凸起，用胃導管探查時於頸段食道受阻；胸段食道阻塞時，頸段食道觸診無明顯異常，易誤診，用胃導管探查於胸段食道受阻。小動物受阻部位較深時，通常使用消化道內窺鏡和 X 光確定阻塞部位和阻塞物性質。消化道內窺鏡還可輔助取出阻塞物。

【防治措施】病程、預後及治療方法因阻塞物的性質、大小、阻塞部位而定。一般穀

物、顆粒飼料等引起的輕度食道阻塞，透過水、唾液軟化後多可自癒。小塊堅硬食物引起的食道不完全阻塞，部分也能透過食道收縮運動，進入胃部或經嘔吐排出。但大塊食物或異物引起的阻塞，長時間（2～3d）無法排出，則可能引起食道壁組織壞死甚至穿孔，繼發頸部化膿性炎症或胸膜炎、縱隔炎、膿胸等，預後不良。

1. 治療方法 治療原則是解除阻塞，疏通食道，消除炎症，加強護理，預防併發症。

大家畜頸前段食道阻塞，可裝上開口器，將手伸入口腔排出阻塞物。此外，也可先灌入液體石蠟或植物油100～200mL，然後皮下注射3%鹽酸毛果藝香鹼（或新斯狄明）注射液，促進食道肌肉收縮和分泌，有時經3～4h奏效。若堵塞部位食道劇烈痙攣，可用硫酸阿托品0.03g或30%安乃近注射液皮下注射或肌內注射解痙止痛。但頸後段、胸段和腹段的食道阻塞，則應根據阻塞的程度和阻塞物的性質，採取必要的治療措施以取出或輔助嚥下。

（1）疏導法。判斷阻塞物性質，若為可消化物，且較為光滑，可用植物油或液狀石蠟油50～100mL、1%普魯卡因注射液10mL，插入胃導管將其灌入後，將阻塞物徐徐向胃內推送，多數病例可治癒。

（2）打氣法。應用疏導法1～2h不見效時，可插入胃導管，裝上膠皮球，吸出食道內的唾液和食糜。後參照疏導法，灌入少量溫水或植物油，將病畜保定好，再將打氣管連接在胃導管上，用手或繩子輕勒病畜脖子防止氣體回流，適量打氣，並趁勢推動胃導管，將阻塞物導入胃內。切忌打氣過多和推動過猛，以免食道破裂。

（3）擠壓法。牛、馬採食甜菜、胡蘿蔔、馬鈴薯等塊根飼料，頸段食道發生堵塞時，參照疏導法，先灌入少量解痙劑和潤滑劑，再將病畜橫臥保定，用合適高度的物品墊在頸段食道阻塞部位，然後用手掌抵住阻塞物的下端，朝向咽部擠壓到口腔，以排出阻塞物。

採取上述方法均不奏效，或阻塞物性質不適合下嚥（如石頭、塑膠）則應施行手術，切開食道，取出阻塞物。牛、羊等反芻動物食道阻塞，容易繼發瘤胃鼓脹，引起窒息，此時應及時施行瘤胃穿刺放氣，並向瘤胃注射防腐消毒劑進行急救，然後採取必要的治療措施。

在治療中還應加強護理。病程較長的，應及時強心、輸糖補液，維持機體營養，增強治療效果。

2. 預防措施 加強動物飼養管理，定時飼餵，防止因飢餓採食過急；保持進食過程中環境相對穩定，無突然驚嚇。過於飢餓的牛、馬少餵勤添，應先餵飼草，再餵精飼料。塊根飼料應切碎再餵。豆餅、花生餅等餅粕類飼料，先用水泡、調製後再餵。食道機能障礙和術後尚未完全甦醒的病畜禁止進食，注意護理，以防繼發本病。

第二節　反芻動物胃病

任務一　前胃弛緩

【疾病概述】反芻動物的胃是複胃，由瘤胃、蜂巢胃、瓣胃和皺胃4個部分構成，前3個胃無腺體。前胃弛緩是指反芻動物前胃興奮性降低、胃壁收縮力減弱，瘤胃內容物後

運緩慢，腐敗發酵，菌群失調，引起消化功能障礙乃至全身功能紊亂的一種疾病。本病多發於耕牛、乳牛、肉牛，舍飼牛群更為常見，發生率較高，對牛的健康影響很大。

【發病原因】

1. 原發性前胃弛緩 又稱單純性消化不良，發病主要與飼養管理不當、壓力因素相關。

（1）飼料品質不良。①飼料過細。長期飼餵過細的粉狀飼料，瘤胃的興奮性降低，導致前胃弛緩。②飼料過於單純。長期飼餵粗纖維多、營養成分少的麥糠、甘薯、稻草、豆稭、麥稭、花生秧等飼草，一旦變換飼料，即可引起前胃弛緩。③草料品質低劣。如飼料飼草發霉、變質、冰凍、礦物質和維他命缺乏等。

（2）飼養管理不當。常見於以下情況：不按時飼餵，飢飽無常；精飼料過多而飼草不足，影響消化功能；或因突然變換飼料或飼餵適口性好的飼料造成單次食入量過高，如青儲玉米等；環境不良，如牛舍陰暗潮濕、過於擁擠、通風不良，牛使役過度，冬季休閒、運動不足，使瘤胃神經反應降低，消化道陷於弛緩，也易導致本病的發生。

（3）壓力反應。環境條件突變可誘發本病，如嚴寒、酷暑、長途運輸、飢餓、疲勞、斷奶、離群、恐懼等壓力因素。感染與中毒、手術、創傷、劇烈疼痛等引起的壓力反應，也可誘發本病。

2. 繼發性前胃弛緩 病因複雜，可繼發於消化系統疾病、營養代謝性疾病、中毒性疾病、傳染病、寄生蟲病等。常見的有口炎、創傷性蜂巢胃腹膜炎、迷走神經胸支和腹支受到損害、腹腔臟器黏連、瘤胃積食、瓣胃阻塞，以及皺胃潰瘍、阻塞或變位，或肝疾病、產科疾病、軟骨病、生產癱瘓、乳牛酮症、牛肺疫、牛流行熱、結核病、布魯氏菌病、前後盤吸蟲病、細頸囊尾蚴病等。

此外，獸醫臨床治療用藥不當，長期大量使用抗生素和抗菌藥物，瘤胃正常微生物菌群受到破壞，也可導致前胃弛緩。

【致病機制】反芻動物腸道內食物的正常運行需要兩個基本條件，一是整個胃腸道的通暢；二是胃腸平滑肌和括約肌有規律地自律運動，而這兩個條件都是由胃腸神經機制（交感與副交感神經）和體液機制（腸神經肽、血鈣、血鉀）以及腸道內環境（尤其是酸鹼環境）刺激共同進行調控的。

在致病因素作用下，機體中樞神經系統和植物性神經系統的機能發生紊亂，平滑肌自主運動減弱，胃腸肌肉無法正常運動，胃內容物（尤其是瘤胃內容物）無法正常後送，導致食物無法正常進行消化。

又由於前胃弛緩，收縮力減弱，致使瘤胃內容物得不到充分攪拌，造成瘤胃內各種微生物生長不平衡，某些微生物快速繁殖使瘤胃內容物異常分解，產生大量有機酸（乙酸、丙酸、丁酸、乳酸等）和氣體（CO_2、CH_4等），pH下降，瘤胃內微生物區系共生關係遭到破壞，纖毛蟲的活力減弱或消失，毒性強的微生物異常增殖，產生大量有毒代謝產物，消化道反射活動受到抑制，患病動物食慾減退或廢絕，反芻減弱或停止，前胃內容物不能正常運轉與排出，瓣胃內容物停滯，消化機能更加紊亂。

隨著疾病的發展，前胃內容物腐敗分解，產生大量的氨和其他含氮物質（醯胺、組胺等），這時血液中尿素和銨鹽濃度增高，並出現有毒的醯胺和胺，肝受到毒性作用，解毒機能降低，發生自體中毒。肝糖原異生作用旺盛，形成大量酸性產物，引起酸中毒或輕度

的酮症，同時由於有毒物質的強烈刺激引起前胃炎、皺胃炎、腸炎和腹膜炎，造成腸道滲透性增強，機體發生脫水，病情急遽惡化，導致迅速死亡。

【臨床症狀】前胃弛緩按其病情發展過程，臨床上可分為急性前胃弛緩和慢性前胃弛緩。

1. 急性前胃弛緩 多表現出急遽的壓力狀態和消化不良。

①食慾減退或廢絕，反芻減少或停止，體溫、呼吸、脈搏及全身功能狀態無明顯異常。

②瘤胃收縮力減弱，蠕動次數減少，蠕動音減弱，時而噯氣，有酸臭味，母畜泌乳量下降。

③瘤胃內容物黏硬或呈粥狀，病初糞便變化不大，隨後糞便乾硬、色暗、被覆黏液。

一般病例病情輕，容易康復。如果伴發或繼發瘤胃炎或酸中毒，則病情惡化，呻吟、磨牙、食慾廢絕、反芻停止，排出大量棕褐色糊狀糞便，惡臭；精神高度沉鬱，皮溫不整、體溫下降；鼻鏡乾燥，眼球下陷，結膜發紺，出現脫水症狀。

2. 慢性前胃弛緩 多由急性前胃弛緩轉變而來，或由繼發因素引起，症狀與急性病例相似，但病情時輕時重，經過緩慢，病程較長。多數病例食慾不定，有時正常，有時減退或廢絕。常常空嚼、磨牙、有異嗜現象。反芻不規律或間斷無力或停止。噯氣減少，噯出氣體帶酸臭味。水草遲細，日漸消瘦，皮膚乾燥、彈力減退、被毛逆立、乾枯無光澤，精神沉鬱，無力，週期性消化不良，體質衰弱。

【診斷方法】

1. 臨床檢查 原發性前胃弛緩，可根據食慾減退或廢絕、反芻異常、前胃運動減弱、瘤胃內容物性質改變，但生命指標無太大改變建立初步診斷。還要透過病史、流行病學調查等綜合判定是原發性前胃弛緩還是繼發性前胃弛緩，若為繼發性因素導致，則還需進一步檢查，綜合分析，找出原發病。

2. 實驗室檢查

（1）尿液檢查。檢查尿酮體、尿液酸鹼度等，判斷機體代謝紊亂及酸鹼平衡紊亂程度，為治療提供參考。

（2）瘤胃微生物檢查。瘤胃穿刺取瘤胃液，測定 pH 及瘤胃纖毛蟲活力。瘤胃液 pH 下降至 5.5 以下（正常的 pH 為 6~7），纖毛蟲活力降低，數量減少至 7.0 萬個/mL 左右（正常值：黃牛為 13.9 萬～114.6 萬個/mL，水牛為 22.3 萬～78.5 萬個/mL）。

【防治措施】

1. 治療方法 治療原則是去除病因、加強護理、清理腸胃、增強前胃機能、改善瘤胃內環境、防止脫水和自體酸中毒。

（1）去除病因。對於原發性前胃弛緩，應改善飼養管理情況；繼發性前胃弛緩，除考慮飼養管理因素外，還應積極治療原發病。

（2）加強護理。病初先絕食 1~2d，僅給予充足的清潔飲水，後飼餵適量易消化青草或優質乾草；放牧或適當地牽遛，以增加運動，促進消化功能。輕症病例可於 1~2d 內自癒。

（3）清理腸胃。為了促進胃腸內容物的運轉與排出，成年牛可用魚石脂 20~30g、乙醇 70~80mL、人工鹽或硫酸鎂 300~500g，加常水 3 000~5 000mL，胃導管灌服，小牛

或羊酌減。

(4) 增強瘤胃機能。應用促反芻液（5%葡萄糖生理鹽水 500～1 000mL，10%氯化鈉注射液 100～200mL，5%氯化鈣注射液 200～300mL，樟腦磺酸鈉注射液 10mL）靜脈注射。也可應用副交感神經興奮劑，刺激瘤胃蠕動，選用以下藥物皮下注射：氨甲醯膽鹼注射液（一次量，牛 1～2mg，羊 0.25～0.5mg），或新斯狄明注射液（一次量，牛 10～20mg，羊 2～4mg），或毛果藝香鹼注射液（一次量，牛 30～50mg，羊 5～20mg）。但對病情危急、心臟衰弱、妊娠母牛，則禁止應用此法。

(5) 改善瘤胃內環境。根據實驗室檢查結果，應用緩衝劑調節瘤胃內容物 pH，恢復正常菌群。當瘤胃內容物 pH 降低時，宜用氫氧化鎂（或氫氧化鋁）200～300g，碳酸氫鈉 50g，常水適量，牛一次內服；也可應用碳酸鹽緩衝劑（碳酸鈉 50g，碳酸氫鈉 350～420g，氯化鈉 100g，氯化鉀 100～140g，常水 10L），牛一次內服，1 次/d，可連用數次。當瘤胃內容物 pH 升高時，宜用稀醋酸（牛 30～100mL，羊 5～10mL）或常醋（牛 300～1 000mL，羊 50～100mL），加常水適量，一次內服；也可應用醋酸鹽緩衝劑（醋酸鈉 130g，冰醋酸 30mL、常水 10L），牛一次內服，1 次/d，可連用數天。同時，可應用促反芻口服液 500mL（地衣芽孢桿菌＋枯草芽孢桿菌＋釀酒酵母），牛一次內服，1 次/d，連用 2～3d；也可取健康牛反芻食團或瘤胃液 4～8L 給病牛灌服，盡快使瘤胃內微生物菌群恢復。

(6) 防止脫水和自體酸中毒。牛、羊發生前胃弛緩時，會繼發不同程度的脫水、酸中毒、酮症，同時肝功能也會受到一定影響，要採取補液、補能、保肝、緩解酸中毒等措施，治療併發症。可用 10%葡萄糖注射液或 5%葡萄糖注射液、10%葡萄糖酸鈣注射液、5%碳酸氫鈉注射液、葡萄糖醛酸鈉注射液等，靜脈注射，以補充體液、補充能量、緩解酸中毒、保肝、糾正代謝紊亂。輸液量根據病程長短、發病嚴重程度、發病牛羊食慾和飲慾情況靈活掌控，病程長、症狀嚴重、食慾以及飲慾減少明顯的病例用量大，病程短、症狀輕的病例用量少。

2. 預防措施 前胃弛緩的發生，多由飼料變質、飼養管理不當引起，應注意飼料的選擇、保管和調製，防止飼料腐敗變質。依據日糧標準飼餵動物，不可突然變更飼料，或任意加料。舍飼乳牛、肉牛適當增加運動量。圈舍保持安靜，避免奇異聲、光、色等不利因素引起的壓力反應。注意欄舍清潔衛生和通風保暖，提高牛群健康水準。

任務二　瘤胃積食

【疾病概述】瘤胃積食又稱急性瘤胃擴張，是因反芻動物採食了大量難以消化的飼草或容易膨脹的飼料在瘤胃內積聚所致。本病引起的急性瘤胃擴張、瘤胃容積增大、內容物停滯和阻塞、瘤胃蠕動減弱或消失、消化功能嚴重障礙，並形成脫水和毒血症，若不及時治療，會導致死亡，以高齡體弱的舍飼牛多見。

【發病原因】

1. 原發性瘤胃積食 多因暴食、瘤胃接納過多食物所致。

(1) 食物原因。①過食易膨脹的食物，如青草、苜蓿、紫雲英等青綠飼料，或甘薯、胡蘿蔔、馬鈴薯等塊根類飼料。②過量採食難消化食物且飲水不足，如穀草、稻草、豆稭、花生秧、甘薯蔓等。③過食大量吸水易膨脹食物，又大量飲水，如大麥、玉米、豌

豆、大豆、燕麥等穀物。④過食新鮮麩皮、豆餅、花生餅、棉籽餅，以及酒糟、豆渣和粉渣等。

（2）其他原因。①長期舍飼的牛、羊，突然變換可口的飼料，採食過多。②飼料保管不當，牛、羊偷食過多精飼料。③放牧改成舍飼，動物採食乾枯飼料而不適應。④體質衰弱、產後失調，以及長時間運輸、使役後造成動物機體疲勞，神經反應性降低，而促使本病的發生。

2. 繼發性瘤胃積食 飼養管理不當和環境衛生條件不良導致胃腸功能紊亂引起瘤胃積食，特別是乳牛較其他牛敏感，容易受到各種不利因素的刺激和影響。此外，多種胃腸疾病可引起瘤胃內容物後送障礙繼發本病，如前胃弛緩、創傷性蜂巢胃腹膜炎、瓣胃祕結以及皺胃阻塞等。

【致病機制】 當短時間內大量進食，瘤胃內容物大量增加，瘤胃感受器受刺激興奮性增高，蠕動增強，幫助內容物後送，但胃腸平滑肌蠕動過快會出現腹痛，且胃腸長時間過度興奮後將轉為抑制，瘤胃蠕動減弱後，內容物逐漸積聚。瘤胃內容物 pH 介於 6.5～7.0，積聚的食物腐敗發酵，造成瘤胃內酸鹼環境的改變。在過食高糖飼料，如穀類、塊根、塊莖類時，酵解過程中乳酸等酸性產物增多，酸度降到 pH6.0 以下（酸過多性瘤胃積食）；在過食高氮飼料，如豆類、尿素等時，腐敗過程中胺類等鹼性產物增多，使鹼度增高到 pH7.5 以上（鹼過多性瘤胃積食）。瘤胃內環境 pH 過高和過低都會使纖維素酵解菌群的活性和纖毛蟲的活力降低，導致瘤胃平滑肌的自律性運動減弱甚至消失而促使本病發生。

【臨床症狀】 本病通常在採食後數小時內發生，臨床症狀明顯。

病畜初期神情不安、目光呆滯，拱背站立，不願走動，回顧腹部，或後肢踢腹，有腹痛表現，食慾廢絕、反芻停止，虛嚼，時而努責，不斷起臥，起臥時往往呻吟、流涎、噯氣，有時嘔吐，發病早期瘤胃聽診蠕動次數增加。隨著病程發展，瘤胃蠕動音減弱或完全消失，觸診瘤胃，病畜不安，內容物黏硬，用拳頭按壓，遺留壓痕。個別病例瘤胃內容物堅硬似石，腹部膨脹，瘤胃前囊含有一層氣體，穿刺時可排出少量氣體和帶有腐敗酸臭氣味的泡沫狀液體。腹部聽診，腸音微弱或沉衰。開始排糞次數增加，但量少，後便祕，糞便乾硬呈餅狀；有些病例，排淡灰色帶惡臭稀便或軟便。

晚期病例，病情急遽惡化，哺乳期病畜泌乳量下降或停止泌乳。腹部脹滿，瘤胃積液，呼吸急促、心悸、脈速；皮溫不整、肢體末梢冰涼。全身肌顫，眼球下陷，黏膜發紺，臥地不起，陷入昏迷，呈現脫水狀態，循環衰竭。

病程發展與致病因素及食物的性質有直接關係。輕症病例，1～2d 內可康復。一般病例，治療及時，3～5d 可以痊癒。但慢性病例，病情反覆，持續 7d 以上，瘤胃高度弛緩，出現弛緩性麻痺狀態，預後不良。

【診斷方法】

1. 直腸檢查 瘤胃擴張，容積增大，充滿黏硬內容物。有的病例，瘤胃內容物鬆軟呈粥狀，但胃壁顯著擴張。

2. 臨床檢查 病畜出現腹圍增加，肷窩部瘤胃內容物充滿而硬實，食慾廢絕、反芻停止，回顧腹部，或後肢踢腹等典型臨床特徵可以確診。根據既往胃腸疾病史可確定其為原發性瘤胃積食或繼發性瘤胃積食。

【防治措施】

1. 治療方法 治療原則是增強前胃運動功能,促進瘤胃內容物運轉,消食化積,制止發酵,防止自體中毒和解除脫水。在治療方法上,可先採取保守治療,如清理胃腸、消食化積、促進食慾和反芻,如保守治療無效,可採取手術治療。

(1) 恢復瘤胃機能。病初禁食 1～2d,同時實行瘤胃按摩,每次 5～10min,每次間隔 30min。按摩前也可先灌服大量溫水,促進瘤胃內容物運轉,效果較好;還可用酵母粉 500～1 000g,常水 3 000～5 000mL,分兩次灌服,具有消食化積功效。

(2) 清理腸胃,促進食慾和反芻。牛可用硫酸鎂或硫酸鈉 300～500g,液體石蠟或植物油 2 000～3 000mL,魚石脂 15～20g,75％乙醇 50～100mL,常水 6 000～10 000mL 混合後一次內服。投藥後再用毛果藝香鹼注射液 0.05～0.2g 或新斯狄明注射液 0.01～0.028g 皮下注射,興奮前胃神經,促進瘤胃內容物運轉與排出,但心臟功能不全或妊娠牛忌用,可使用促反芻藥物靜脈注射。

(3) 對症治療。包括補液、強心、保肝和緩解酸中毒。

(4) 手術治療。保守治療無效時,應盡快實施瘤胃切開術,取出胃內容物,並用 1％ 溫食鹽水洗滌。必要時接種健康牛瘤胃液,恢復瘤胃內微生物菌群,加強飼養和護理,促進康復。

2. 預防措施 本病的預防重點在加強日常飼養管理,防止突然變換飼料或過食。動物應按飼料日糧標準飼養,加餵精飼料、豆穀類飼料時應根據其消化能力緩慢過渡。舍飼牛羊盡量確保飼餵時間合理,避免因為飢餓而大量採食;營造舒適、安全、穩定的飼養環境,動物運動適量。

任務三　瘤胃鼓脹

【疾病概述】瘤胃鼓脹也稱瘤胃鼓氣,是反芻動物採食了容易發酵產氣的飼料,異常發酵產生大量氣體,引起瘤胃和蜂巢胃急遽膨脹,胸腔臟器受到壓迫,引發呼吸與血液循環障礙,導致反芻動物出現窒息現象的一種疾病。本病多發生於牛和綿羊,山羊少見。夏季草原上放牧的牛、羊可能成群發生,若救治不及時病死率可達 30％。

【發病原因】

1. 原發性瘤胃鼓脹 通常多發於牧草茂盛的夏季,每年清明之後夏至之前最為常見。①過食開花前鮮嫩多汁的豆科植物,如苜蓿、紫雲英、野苜蓿(金花菜)、三葉草、野豌豆等,或鮮甘薯蔓、蘿蔔纓、白菜葉,此類植物含有大量蛋白質、皂苷、果膠等,於瘤胃內產氣生成穩定泡沫。②過食易產氣體的牧草、堆積發熱的青草或經雨露浸漬、霜雪凍結的牧草,霉敗的飼草,以及多汁易發酵的青儲飼料,特別是舍飼的牛羊,一次飼餵過多,或舍飼轉為放牧時易導致本病發生。

2. 繼發性瘤胃鼓脹 常見於前胃弛緩和其他可引起氣體排出受阻的疾病,如創傷性蜂巢胃腹膜炎、食道阻塞、食道痙攣和麻痺、迷走神經胸支或腹支損傷、縱隔淋巴結腫脹或腫瘤、瘤胃與腹膜黏連、瓣胃阻塞、膈疝,以及前胃存有泥沙、結石或毛球等。

【致病機制】正常情況下,反芻動物瘤胃內產生的氣體與排出的氣體保持動態平衡。牛採食後每小時可產生 20L 氣體,採食 4h 後每小時產氣 5～10L,其中 CO_2 占 66％,CH_4 占 26％,N_2 和 H_2 占 7％,H_2S 占 0.1％,O_2 占 0.9％。這些氣體是纖毛蟲、鞭毛蟲、

根足蟲和某些生產多醣黏液的細菌參與瘤胃代謝所形成的。胃內產生的氣體除覆蓋於瘤胃內容物表面外，其餘大部分透過噯氣、反芻和咀嚼排出，而另一小部分氣體隨同瘤胃內容物經皺胃進入腸道，經血液吸收或肛門排出，從而保持著產氣與排氣的相對平衡。在病理情況下，由於採食了大量易發酵的飼料，經瘤胃發酵生成大量的氣體，該氣體既不能及時透過噯氣排出，又不能及時隨同內容物透過消化道吸收和排出，致使氣體在瘤胃內大量積聚；同時，由於壓力感受器和化學感受器受過強的刺激，使噯氣發生障礙，這樣瘤胃內氣體只產生而不排出，致使瘤胃過度充滿或劇烈擴張，並且直接刺激胃壁的神經和肌肉，引起瘤胃痙攣性收縮，致使病牛出現腹痛並壓迫胸腔，引起不同程度的呼吸困難甚至窒息。

泡沫性瘤胃鼓脹的致病機制較為複雜，主要是瘤胃異常發酵產生的氣體，以穩定泡沫的形式滯留在瘤胃內，抑制了小氣泡的融合，導致噯氣障礙，引起發病。一般認為有4個基本因素影響泡沫性瘤胃鼓脹的形成：①瘤胃的pH下降至5.6～6.0；②有大量的氣體生成；③有相當數量的可溶性蛋白存在；④有足夠數量的陽離子與蛋白質分子結合。有人認為是皂苷、果膠和半纖維起作用，已知在豆科植物引起的瘤胃鼓脹中，葉蛋白是主要的產氣因素；有人認為與瘤胃產生黏滯性物質的細菌增多有關，過多細菌可促使泡沫形成。起初瘤胃鼓脹可引起瘤胃興奮而運動，從而加劇瘤胃內容物的氣泡形成。除上述植物蛋白的作用之外，還有可能是給牛飼餵高醣類日糧後，瘤胃內某些類型的微生物產生了不可溶性的黏液，具有致泡沫的作用；或者是發酵產生的氣體被細小飼料顆粒封閉，形成泡沫而不能排出。此外，細的顆粒物，如磨細的穀粒可以顯著影響泡沫的穩定性。據報導，牛群飼餵穀實類飼料1～2個月內，由於瘤胃內產生黏液的細菌大量繁殖，常常導致瘤胃鼓脹的發生。

非泡沫性瘤胃鼓脹，則是由於瘤胃內重碳酸鹽及其內容物發酵所產生的大量游離的CO_2和CH_4導致的，同時採食的飼料中若含有氰苷和去氫黃體酮化合物（類似維他命P），可降低前胃神經興奮性，抑制瘤胃平滑肌收縮，從而引起非泡沫性瘤胃鼓脹的發生。

在病情發展的過程中，由於瘤胃壁過度擴張，腹內壓升高，胸腔負壓降低，呼吸與血液循環障礙，氣體代謝遭到破壞，病情急遽發展和惡化，並且瘤胃內容物發酵、腐敗產物的刺激，瘤胃壁痙攣性收縮，引起疼痛不安。本病的末期，瘤胃壁緊張力完全消失乃至麻痺，氣體排出更加困難，血液中CO_2濃度顯著增加，鹼儲下降，最終導致窒息和心臟停搏。

【臨床症狀】

1. 急性瘤胃鼓脹 病畜突然表現不安或呆立，回頭顧腹，食慾廢絕，反芻和噯氣停止。腹圍迅速膨大，腰旁窩明顯突起，腹壁緊張而有彈性，叩診呈鼓音。由於腹壓急遽增高，病畜呼吸急促，嚴重時伸頸張口呼吸，呼吸達60次/min以上；心悸，脈搏增速，可達100～120次/min。後期靜脈怒張，全身出汗，站立不穩，甚至突然倒地、抽搐，終因窒息和心臟停搏而死亡。

2. 慢性瘤胃鼓脹 多為繼發性，病情反覆，瘤胃中度鼓脹，飲食和反芻減退，逐漸消瘦，生產性能下降。

【診斷方法】

1. 急性瘤胃鼓脹 根據病畜採食大量易發酵飼料的病史，腹部鼓脹，左肷窩凸出，叩診鼓音，血液循環障礙，呼吸極度困難易於確診。慢性瘤胃鼓脹，病情弛張，反覆產生氣體，透過病因分析，也能確診，但應注意原發性病因的診斷，防止治療效果不佳，病情

反覆。

2. 慢性瘤胃鼓脹 多出現週期性或間隔時間不規則的反覆鼓氣，需進一步進行病因分析，尤其應注意原發性病因的診斷，以防止治療效果不佳，病情反覆。

3. 鑑別診斷 泡沫性瘤胃鼓脹和非泡沫性瘤胃鼓脹有較大區別，非泡沫性鼓脹穿刺時排出大量酸臭的氣體，鼓脹明顯減輕；而泡沫性鼓脹穿刺時僅排出少量氣體，也不能解除鼓脹，瘤胃液隨著瘤胃壁緊張收縮向上湧出阻塞針孔，排氣困難。此外，胃導管插管也是區別泡沫性瘤胃鼓脹與非泡沫性瘤胃鼓脹的有效方法。

【防治措施】

1. 治療方法 急性瘤胃鼓脹時，病情發展急遽，鼓脹的瘤胃壓迫胸腔易導致病畜窒息，應立即採取有效措施排氣消脹，方能挽救病畜。因此，治療原則應著重於排氣減壓、理氣消脹、健胃消導、強心補液，以利於康復。

（1）排氣減壓。輕症病例初期，使病畜立於斜坡，前高後低，或頭頸抬舉，不斷牽引其舌或在木棒上塗菜籽油給病畜銜於口中，同時適度按摩瘤胃，促進瘤胃內的氣體排出。還可應用松節油20～30mL、魚石脂10～15g、乙醇50～80mL，加適量溫水混勻，一次內服，具有防腐消脹作用。

嚴重病例，有發生窒息的危險時，立即用套管針進行瘤胃穿刺放氣，注意放氣不宜過快，以免局部減壓充血引起大腦缺血而昏迷。

（2）理氣消脹。非泡沫性瘤胃鼓脹，放氣後，為防止內容物繼續發酵，宜用套管針向瘤胃內注入稀鹽酸10～30mL（加水適量），或魚石脂15～25g、乙醇100mL、常水1 000mL；還可用0.25%普魯卡因溶液50～100mL、青黴素100萬IU注入瘤胃。

泡沫性瘤胃鼓脹，宜先用表面活性藥物進行消沫，如二甲矽油，牛2～2.5g，羊0.5～1g，一次內服或用消脹片（每片含二甲矽油25mg）10～15片，常水500mL，製成油乳劑，一次內服；也可用松節油30～40mL，液體石蠟500～1 000mL，常水適量混勻，一次內服，以消除泡沫，利於放氣。消沫效果不佳時，需考慮施行瘤胃切開術。

（3）健胃消導。排氣完成後，可用2%～3%的碳酸氫鈉溶液進行瘤胃沖洗或灌服。排出瘤胃內容物及其醱酵物質，可用鹽類或油類瀉劑（參照瘤胃積食）。還可用毛果藝香鹼注射液0.02～0.05g，或新斯狄明注射液0.01～0.02g，皮下注射，興奮副交感神經，促進瘤胃蠕動，有利於反芻和噯氣。在排出瘤胃氣體或進行手術後，採集健康牛瘤胃液3～6L灌入病牛瘤胃內，可促進瘤胃功能快速恢復。

（4）強心補液。在治療過程中，應注意病畜全身功能狀態，及時強心補液，提高治療效果。

2. 預防措施

（1）應加強飼養管理，尤其注意飼料的保管和調製。對舍飼牛、羊群防止飢飽無常，更不可突然變換飼料，開春後改餵青草時要緩慢過渡，以增強其消化系統的適應性。

（2）不宜將牛、羊在豆科植物多的地方放牧，宜收割後飼餵，以防發生瘤胃鼓脹。

（3）乳牛、肉牛及耕牛放牧前可適當投餵豆油、花生油、菜籽油等，提高瘤胃內容物表面活性，增強其抗泡沫作用，預防本病。

任務四　瘤胃酸中毒

【疾病概述】　瘤胃酸中毒又稱乳酸中毒，常見於乳牛，是由於乳牛突然食入過多含有豐富醣類的飼料，或者長時間飼餵高酸度的青儲飼料而引起發病。其特徵為消化障礙、瘤胃運動停止、脫水、酸血症、運動失調，常導致死亡。

【發病原因】　一是過量攝取富含醣類的穀實類飼料，如大麥、小麥、玉米、水稻、高粱，以及含糖量高的塊根、塊莖類飼料，如甜菜、蘿蔔、馬鈴薯、乾薯及其副產品，尤其是加工成粉狀的飼料，澱粉充分暴露出來，被反芻動物採食後在瘤胃微生物的作用下，極易發酵產生大量乳酸而引起本病。飼餵酸度過高的青儲玉米或品質低劣的青儲飼料、糖渣等也是常見的病因。二是家畜飼養管理的因素，平時以飼餵牧草為主，無過渡突然改餵含較多醣類的穀實類飼料，如玉米粉、小麥粉、大麥粉、高粱粉等而引起該病。

【致病機制】　本病的實質是乳酸酸中毒。採食後 6h 內，瘤胃中的微生物群系就開始改變，革蘭氏陽性菌（如牛鏈球菌）數量顯著增多。易發酵的飼料被牛鏈球菌分解為 D-乳酸和 L-乳酸。L-乳酸吸收後可迅速被丙酮酸氧化利用，D-乳酸則代謝緩慢，當其匯聚量超過肝的代謝功能時，即導致代謝性酸中毒。隨著瘤胃中乳酸及其他揮發性脂肪酸的增多，當瘤胃內容物 pH 下降至 4.5～5 時，瘤胃中除牛鏈球菌外，纖毛蟲和分解纖維素的微生物及利用乳酸的微生物受到抑制，甚至大量死亡。牛鏈球菌繼續繁殖並產生更多的乳酸，導致瘤胃內滲透壓升高，體液向瘤胃內轉移並引起瘤胃積液，導致血液濃稠，機體脫水。

瘤胃乳酸濃度增高可引起化學性瘤胃炎，過多乳酸會損傷瘤胃黏膜，使血漿向瘤胃內滲漏。發生瘤胃炎時，有利於黴菌滋生，可促進黴菌、壞死桿菌和化膿性菌等進入血液，並擴散到肝或其他臟器，引起壞死性化膿性肝炎。大量酸性產物被吸收，引起乳酸血症，血液 CO_2 結合力降低，尿液 pH 下降。在瘤胃內的胺基酸可形成各種有毒的胺類，如組胺等，並隨著革蘭氏陰性菌的減少和革蘭氏陽性菌（牛鏈球菌、乳酸桿菌等）的增多，瘤胃內游離內毒素濃度上升（可達正常值的 15～18 倍）。組胺和內毒素加劇了瘤胃酸中毒的過程，損害肝和神經系統，因此出現嚴重的神經症狀、蹄葉炎、中毒性前胃炎或腸胃炎，甚至休克及死亡。

【臨床症狀】

1. 最急性型　病牛精神高度沉鬱，極度虛弱，呼吸急促，側臥而不能站立。體溫低（36.5～38.0℃），重度脫水。腹部顯著鼓脹，瘤胃蠕動停滯，內容物稀軟或水樣，瘤胃液 pH 低於 5.0 甚至低於 4.0，無纖毛蟲存活。通常於採食後 3～5 h 內突然死亡，臨死前高聲叫，張口吐舌，混雜有血液的泡沫狀物質從口腔流出。

2. 急性型　病牛食慾廢絕，精神沉鬱，瞳孔輕度散大，反應遲鈍。有明顯消化道症狀，磨牙空嚼，流涎，反芻停止，瘤胃脹滿，蠕動減弱，衝擊式觸診有震盪音。瘤胃液 pH 介於 5.0～6.0，無存活的纖毛蟲。糞便酸臭稀軟。機體中度脫水，眼窩凹陷，尿少色濃或無尿。後期出現明顯的神經症狀，步態蹣跚或臥地不起，頭頸側屈或角弓反張，昏睡乃至昏迷。若不救治，多在 24 h 內死亡。

3. 慢性型　病牛呈消化不良體徵，表現食慾減退，反芻無力或瘤胃運動減弱，觸診內容物稀軟，瘤胃液 pH6.5～7.0，纖毛蟲活力尚佳。脫水體徵不明顯。腹瀉，糞便灰

黃、稀軟或水樣，混有一定量的黏液。多能自癒。

【診斷方法】病牛有過食醣類飼料的病史，根據臨床症狀，如不同程度脫水、口吐泡沫或流涎、臥地不起、不同程度神經症狀等，結合瘤胃液 pH 檢查（瘤胃液 pH 降低）初步確診。

【防治措施】

1. 治療方法 治療原則是徹底清除瘤胃內容物，糾正脫水和酸中毒，促進胃腸功能恢復。

（1）瘤胃沖洗。是常用的治療手段，尤其是急性型病例，先固定病牛後進行胃導管插管，排出液體狀內容物，後用溫水或 1%～3% 碳酸氫鈉溶液洗滌數次，盡可能清除乳酸，直至內容物無酸臭味。

（2）糾正脫水和酸中毒。靜脈注射 5% 的碳酸氫鈉注射液 1 000～1 500mL，每天 2 次，待尿 pH 變為 6.6 左右即可停止用藥。為補充液體和電解質，病牛可靜脈注射 5% 葡萄糖生理鹽水 2 000～5 000mL，初期用量可略大。若病牛興奮不安，出現神經症狀，可靜脈注射 250～300mL 山梨醇注射液或者甘露醇注射液，每天 2 次，降低顱內壓。為加速病牛體內乳酸的代謝，可肌內注射 0.3g 維他命 B_1 注射液。

（3）胃腸功能恢復。為刺激胃腸蠕動，使瘤胃恢復正常運動，可靜脈注射促反芻液（5% 葡萄糖生理鹽水 500～1 000mL，10% 氯化鈉注射液 100～200mL，5% 氯化鈣注射液 200～300mL，5% 樟腦磺酸鈉注射液 10mL）。為避免出現繼發感染，可視情況注射抗生素。

2. 預防措施 本病預防重在飼養管理，防止牛偷吃精飼料，保持日糧配方相對穩定，禁止隨意增加飼餵醣類飼料；日常要注意調控飼料中醣類飼料用量及其與粗飼料之間的比例合理。此外，在日糧中加入一些緩衝劑，如碳酸鈣和碳酸氫鈉等，可以減少瘤胃酸中毒的發生。

任務五　創傷性蜂巢胃腹膜炎

【疾病概述】創傷性蜂巢胃腹膜炎又稱創傷性消化不良，俗稱「鐵器病」，是由於尖銳金屬異物（針、釘、碎鐵絲）混雜在飼料內，牛、羊誤食後進入蜂巢胃，刺傷蜂巢胃導致急性或慢性前胃弛緩，瘤胃反覆鼓脹，消化不良，並因異物穿透蜂巢胃刺傷膈和腹膜，引起急性瀰漫性或慢性侷限性腹膜炎，或引發創傷性心包炎，也稱創傷性蜂巢胃心包炎。

本病主要發生於管理欠規範的舍飼牛，羊較少發生。放牧的牛、羊群，若放牧區域在工廠、工地等附近，有發生該病的風險。

【發病原因】本病多因飼養管理制度不嚴格，隨意舍飼或放牧環境不佳所致。常因進食環境或食物中存在金屬異物，如碎鐵絲、鐵釘、螺絲釘、迴紋針、縫針、髮夾、廢棄小剪刀、碎鐵片，以及飼料粉碎機和鋤草機上的銷釘等，隨著動物進食將金屬異物吞嚥下去，造成本病發生。

【致病機制】本病發生的機制主要有以下幾點：

（1）牛以舌捲方式採食，粗略咀嚼，以唾液將飼料裹成食團即吞嚥，且口腔黏膜敏感度低，往往易將金屬異物隨同飼料吞嚥入瘤胃，並隨其中內容物的運轉到達蜂巢胃。羊咀嚼較為精細，不易誤食異物而發生本病。

（2）蜂巢胃解剖生理特徵是其體積較瘤胃小許多，為 4 個胃中最小的胃，同時蜂巢胃壁呈蜂窩狀，異物進入後與胃壁接觸緊密，難以排出。

（3）金屬異物進入蜂巢胃後，是否發病，取決於異物的形狀、硬度、直徑、長度、尖銳性等。

（4）與腹壓有關。進入蜂巢胃的金屬異物，在腹壓增高的情況下，促使金屬異物刺傷蜂巢胃，造成炎症並波及腹膜。因此，在瘤胃積食或鼓脹、重劇使役、妊娠、分娩，以及奔跑、跳溝、滑倒、手術保定過程造成腹內壓升高時，易導致本病的發生和發展。

【臨床症狀】在金屬異物未刺傷胃壁之前，沒有任何臨床症狀，在分娩、長途運輸、犁田耕地、瘤胃積食，以及其他致使腹腔內壓增高的因素作用下，金屬異物刺傷或刺入胃壁，則突然出現臨床症狀。

典型病例主要表現為消化紊亂。疾病初期，一般多呈現前胃弛緩、食慾減退、瘤胃收縮力弱、反芻減少、噯氣增多，常呈現間歇性瘤胃鼓脹。腸蠕動音減弱，有時發生頑固性便祕，後期腹瀉，糞惡臭、帶血。哺乳期病牛的泌乳量減少。

同時，最明顯的症狀是蜂巢胃區敏感疼痛，具體表現如下。

1. 姿態異常 病牛站立時，多拱背站立，頭頸伸展，兩眼半閉，肘關節外展，常採取前高後低的姿勢，不願走動。

2. 運動異常 病牛動作緩慢，迫使運動時，畏懼下坡、跨溝或急轉彎；牽著在平地行進時止步不前。

3. 起臥異常 病牛經常躺臥，被迫起臥時，先起後腿，臥下時，先臥後腿，這與牛正常的起臥姿勢相反。起臥過程中因感疼痛，極為謹慎，肘部肌肉顫動，甚至呻吟和磨牙。有的牛甚至呈犬坐姿勢，提示膈肌被刺損。

4. 其他異常

（1）排泄。由於蜂巢胃區疼痛，病牛不敢努責，排泄時間延長。

（2）飲食。病牛有一定的食慾，但食入少量飼料後引起瘤胃、蜂巢胃蠕動增強，因疼痛加劇就止食離槽（稱「退槽現象」），並在採食或飲水時表現吞嚥痛苦，縮頭伸頸，很不自然。

5. 全身症狀 當呈急性經過時，病牛精神較差，表情憂鬱，體溫在蜂巢胃穿孔後第 1～3 天升高 1℃ 以上，可達 39.5～40℃，若無新刺傷，之後可恢復正常或變成慢性病程，出現不食和消瘦。若異物再度轉移導致新的穿刺傷時，體溫又可能升高。根據發病程度可能出現鼻鏡乾燥、眼結膜充血、流淚、頸靜脈怒張等。有全身顯反應時，呈現寒戰，呼吸淺表急促，呼吸數 30～50 次/min；脈搏疾速，可達 100～120 次/min。當伴有急性瀰漫性腹膜炎時，上述全身症狀表現得更加明顯。若刺傷心包出現創傷性心包炎，則心包聽診有拍水音。

該病的病程隨異物造成創傷的程度而異。少部分病例，由於結締組織增生或異物被包埋，形成疤痕而自癒。金屬異物穿透蜂巢胃，刺傷內臟和腹膜所導致的炎性變化不同，臨床症狀也有差異。多數病例呈現慢性前胃弛緩、週期性瘤胃鼓脹，遲遲不能治癒。重劇病例，伴發穿孔性腹膜炎，病情發展急遽，往往於數天內死亡。有的繼發各類型腹腔臟器膿腫，生產性能降低，最後淘汰。

【診斷方法】可透過臨床症狀，蜂巢胃區叩診和強壓觸診，結合金屬探測儀進行檢查

做出初步判斷，無金屬探測儀時可進行蜂巢胃試痛試驗或者誘導反應。必要時可輔助 X 光檢查確診。

1. 蜂巢胃疼痛試驗 用拳頭叩擊蜂巢胃區或劍狀軟骨區觸診，或用一根木棍透過劍狀軟骨區的腹底部猛然抬舉，給蜂巢胃施加強大壓力，病牛表現敏感不安。用雙手將鬐甲部皮膚捏成皺褶，病牛表現出敏感，並引起背部下凹現象。

2. 誘導反應 應用毛果藝香鹼注射液等副交感神經興奮劑，皮下注射，促進前胃運動功能，病情隨之增劇，病牛表現疼痛不安。

【防治措施】

1. 治療方法 治療原則是及時摘除異物，抗菌消炎，加速創傷癒合，恢復胃腸功能。

（1）保守治療。

①讓病牛立於斜坡上或斜臺上，保持前軀高後軀低的姿勢，減輕腹腔臟器對蜂巢胃的壓力，促使異物退出蜂巢胃壁。同時，應用青黴素（每公斤體重 1 萬～2 萬 IU）及鏈黴素（每公斤體重 10～15mg），用生理鹽水溶解後分別肌內注射，1 次/d，連用 3～5d。

②將專用磁籠經口投入蜂巢胃中，吸出胃中金屬異物，同時應用青黴素、鏈黴素，溶解後肌內注射，效果也較好。

（2）手術治療。可進行瘤胃切開術或蜂巢胃切開術取出異物，採用前者較多，但大型的牛進行瘤胃切開術時，常達不到很好的檢查蜂巢胃的目的，宜採用蜂巢胃切開術。進行手術前後，應該用金屬探測器進行檢查，或使用 X 光檢查輔助定位。

2. 預防措施 本病情況複雜，預後不定，需以預防為主。從選址、環境管理和飼養管理等方面入手，杜絕金屬異物混入飼料中。大型養殖場通常使用電磁篩或磁性吸引器，在飼料混合過程中去除金屬異物，取得很好的效果。也可使用金屬探測器定期對牛進行檢查，於發病前發現隱患，必要時投餵磁籠幫助吸附蜂巢胃內金屬異物，以免金屬異物損傷胃壁。

【附】創傷性心包炎

創傷性心包炎是在創傷性蜂巢胃炎的基礎上發生的，尖銳異物刺傷心包而引起的心包化膿性、增生性炎症。臨床症狀除具有創傷性蜂巢胃炎的特徵外，還有頸靜脈怒張，胸下、頸下、頜下水腫。聽診心音減弱，有摩擦音、拍水音，心包穿刺有膿性、惡臭的心包液流出。治療時可根據病情採取保守療法，即大劑量使用抗生素控制炎症發展。心包積液時，採用心包穿刺、心包沖洗、心包用藥等方法進行治療。保守治療無效時，根據患病動物的體質狀況，可採取手術去除尖銳異物的方法。同時，配合抗菌消炎治療。

任務六　皺胃變位

【疾病概述】皺胃正常解剖學位置的改變稱為皺胃變位，有皺胃左方變位和皺胃右方變位。主要發生於成年高產乳牛，以消化功能障礙、叩診結合聽診檢查變位區出現鋼管音為特徵，並伴發低鈣血、低鉀血、妊娠毒血症或酮症。

皺胃左方位變位為臨床皺胃變位多發類型（圖 1-1），是指皺胃透過瘤胃下方移到左

側腹腔，置於瘤胃和左腹壁之間。皺胃右方位變位是指皺胃從正常解剖位置扭轉到瓣胃後上方，置於肝與腹壁之間。

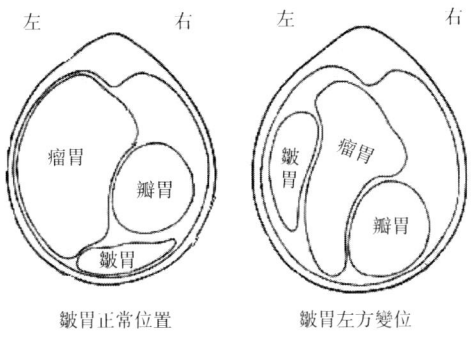

圖 1-1　牛第 11 胸椎橫切面

【發病原因】胃壁平滑肌弛緩或胃腸排空停滯是發生皺胃變位的病理學基礎。高產乳牛通常飼餵大量精飼料，使瘤胃食糜後送速度加快，且從瘤胃排入皺胃的揮發性脂肪酸濃度較高，影響皺胃蠕動及十二指腸的排空作用，導致皺胃弛緩和擴張而發生變位。其他致病因素還包括壓力、劇烈運動、橫臥保定，以及低鈣血、子宮內膜炎、皺胃炎和潰瘍、迷走神經性消化不良等疾病。本病發病原因還與品種和特殊生理期有一定關系。

1. 品種因素　皺胃變位主要發生於乳牛，其他牛較少發生，原因是乳牛後軀寬大，體型呈三角形，腹內臟器的可移動空間較大，大大增加了皺胃變位的機會。其他品種牛體型小，後軀窄，皺胃變位的機率較低。

2. 妊娠和分娩　分娩是皺胃變位最為常見的促進因素。高產乳牛皺胃左方變位，有 65％左右的病例於分娩後 8d 內發生，原因是乳牛在妊娠期間，子宮變大從腹腔底部把瘤胃推向上方，皺胃在瘤胃下方被壓到左前方。分娩後子宮回縮，瘤胃下沉，若皺胃弛緩不能迅速復原，則被壓擠在瘤胃與左腹壁中間，從而導致皺胃左方變位。

【致病機制】皺胃左方變位，是在上述致病因素作用下發生弛緩、積氣與鼓脹，在妊娠後期隨胎兒增大子宮下沉，機械性地將瘤胃向上抬高與向前推移，使瘤胃腹囊與腹腔底壁間出現潛在空隙，此時弛緩和脹氣的皺胃即沿此空隙移向體中線左側，分娩後瘤胃下沉，將皺胃的大部分嵌留於瘤胃與腹腔左側壁之間，整個皺胃順時針方向輕度扭轉，先後引起胃底部和大彎部、幽門和十二指腸變位。其後，皺胃沿左腹壁逐漸向前上方移位，向上可抵達脾和瘤胃的背囊外側，向前可達瘤胃前盲囊與胃網之間。

皺胃右方變位發生發展過程與皺胃左方變位一樣，在致病因素作用下，皺胃弛緩、積氣與鼓脹，向後方或前方移位，歷時數日或更長時間，皺胃繼續分泌鹽酸、氯化鈉，由於排空不暢，液體和電解質不能移至小腸回收，胃壁越加鼓脹和弛緩，導致脫水和酸中毒。

【臨床症狀】一般症狀出現在分娩後數日至 1～2 週（左方變位）或 3～6 週內（右方變位），無論是皺胃左方變位還是皺胃右方變位，病牛都表現食慾減退或廢絕，產奶量迅速下降 30％～50％，前胃弛緩，瘤胃收縮力減弱，蠕動音低沉或者消失，排糞量少，間或發生劇烈腹瀉，一般無體溫升高症狀。隨著病情發展，機體出現脫水、倦怠無力、體質

衰竭。此外，皺胃右方變位往往病程發展迅速，如不及時手術，死亡率較皺胃左方變位高得多。在左（右）側9～12肋間中上部叩診結合聽診有清脆鋼管音，聽診見到清脆的「叮鈴」音，是本病的示病特徵。皺胃右方變位時鋼管音範圍較皺胃左方變位大。

有的病牛可出現繼發性酮症，尤其是乾奶期加餵精飼料的乳牛，分娩後發病，多數病例的尿、乳酮體反應呈陽性現象，呼出氣體有爛蘋果味，病情急遽，陷於循環衰竭狀態。伴發出血性或穿孔性皺胃潰瘍或皺胃炎、瓣胃炎、乳腺炎及子宮內膜炎的病例，病情隨之發展和惡化。

【診斷方法】根據病牛分娩或流產後出現食慾減退、產奶量下降、酮症等典型臨床症狀，對症治療無效，叩診結合聽診有鋼管音可做出診斷。

【防治措施】

1. 治療方法

（1）藥物療法。考慮費用和護理及管理方面的限制因素，藥物療法常作為治療單純性皺胃左方變位的首選方法。主要治療思路是口服緩瀉劑與制酵劑，應用促反芻劑和擬膽鹼藥物，以增強胃腸蠕動，加速胃腸排空，促進皺胃復位。

（2）滾轉療法。滾轉療法也是治療單純性皺胃左方變位的常用方法，需一定經驗及巧勁。病牛飢餓數日並限制飲水，右側橫臥1min，然後轉成仰臥，背部著地，四蹄朝天1min，隨後以背部為軸心，先向左滾轉45°，回到正中，再向右滾轉45°，再回到正中，來回擺動若干次，每次回到正中時靜止2～3min，此時皺胃往往「懸浮」於腹中線並回到正常位置，仰臥時間越長，從鼓脹的器官中逸出的氣體和液體越多。將牛轉為左側橫臥，使瘤胃與腹壁接觸，然後馬上使牛站立，以防左方變位復發。也可以採取左右來回擺動3～5min後，突然一次以快速有力的動作擺向右側，使病牛呈右橫臥姿勢，至此完成一次翻滾動作，直至復位為止。如尚未復位，可重複進行。

（3）手術整復法。上述方法無效，尤其是皺胃與瘤胃或腹壁發生黏連時，須施手術整復。常用右肋部切口及網膜固定術，術後按常規方法進行抗菌治療和護理。

操作要點：病牛左側臥保定，腰旁及術部浸潤麻醉，於右腹下乳靜脈上4～5指寬處，以季肋下緣為中心，橫切20～25cm，打開腹腔，術者手沿下腹部向左側，將變位的皺胃牽引回右側。若皺胃鼓脹擴張時，可將網膜向後撥，把皺胃拉到創口處，將其小彎上部固定在腹肌上。

針對乳牛皺胃左方變位，診斷時若發現鋼管音清晰，邊界清楚，則可採用盲針固定法治療。

無論採取哪種療法，治療後應讓病牛先採食優質乾草，防止皺胃變位復發，促進胃腸蠕動；病牛食慾未完全恢復前，日糧中酸性成分應逐漸增加；同時注意併發症治療和對症治療。

2. 預防措施 本病預防，應合理配合日糧，特別是高產乳牛產後增加精飼料時要保證日糧中有足夠的粗飼料。適量多餵一些優質乾草，適當運動。臨產前，盡量保持正常飼養，更盡量避免產前乾奶期補飼催奶的飼養方法，保證乳牛安全分娩與健康。

第三節　胃腸疾病

任務一　胃　腸　炎

【疾病概述】 胃腸炎是胃腸黏膜及黏膜下深層組織的重劇性炎症。臨床上胃炎和腸炎往往相伴發生，故合稱胃腸炎。胃腸炎一年四季均可發生，是各種動物的常見病。常見症狀有嘔吐、腹瀉、腹痛、脫水、酸鹼平衡失調和自體中毒。

【發病原因】 胃腸炎可分為原發性和繼發性兩種。

1. 原發性胃腸炎　①飼料發霉變質，強烈刺激胃腸黏膜引起炎症反應；②動物誤食有毒物質，如蓖麻、巴豆等有毒植物，酸、鹼、磷、砷、汞、鉛以及氯化鋇等刺激性化學物質；③管理不當或使役過度，如畜舍陰暗潮濕、糞尿汙染、環境衛生不良，或過度使役、長途運輸過於疲勞、精神緊張、機體處於壓力狀態；④天氣突變、受寒感冒等疾病因素導致機體防衛功能降低時，動物受到沙門氏菌、大腸桿菌、壞死桿菌、副結核分枝桿菌等條件性致病菌的侵襲，易引起原發性胃腸炎。此外，在治療和飼養過程中濫用抗生素，造成腸道菌群失調也可引起胃腸炎。

2. 繼發性胃腸炎　常見於某些消化系統傳染病，如豬傳染性胃腸炎、流行性腹瀉、輪狀病毒感染、細小病毒感染等。某些熱性傳染病，如炭疽、豬瘟、豬丹毒、豬流感、犬瘟熱、犬細小病毒等，也有胃腸炎的特徵。也見某些寄生蟲病，如豬蛔蟲病、雞球蟲病、絛蟲病等往往併發胃腸炎。還可見於急性胃腸卡他及各種腹痛病的病程經過中，由於胃腸黏膜受損，腸道內容物異常分解，門脈血液循環障礙，繼發胃腸炎。此外，心臟病、腎病以及產科病等，也可伴發胃腸炎。

【臨床症狀】 根據病程可將胃腸炎分為急性胃腸炎和慢性胃腸炎。患胃腸炎的病畜初期多呈急性胃腸卡他症狀，主要症狀是腹瀉，病情發展較為重劇，病畜精神沉鬱。

1. 急性胃腸炎

（1）全身症狀。病畜精神沉鬱，食慾減退或廢絕，口腔、鼻鏡乾燥。反芻動物反芻和噯氣減少或停止。多數病畜體溫升高，呼吸加快、脈搏增加，眼結膜暗紅，眼窩凹陷，皮膚彈性減退，尿量減少。若病情惡化，則體溫下降至正常溫度以下，脈搏微弱，體表靜脈萎陷，精神高度沉鬱甚至昏迷。

（2）胃腸機能障礙。患胃腸炎病畜通常糞便含水量較多，炎症類型不同可能混有黏液、膿液或血液，惡臭，肛門、腹部汙穢；伴隨不同程度腹痛，病畜喜臥或回頭顧腹；豬、犬、貓等中小動物常發生嘔吐。病初腸音活潑，隨著病程發展腸音逐漸減弱乃至消失。病至後期，肛門弛緩，排便失禁或出現裡急後重的症狀。炎症僅發生於胃和小腸時，動物口腔黏膩或乾燥，氣味重，舌苔黃厚，腹瀉症狀較為輕微，往往排便遲緩、量少，糞便含水量高，軟爛，多伴發腹痛症狀。以大腸炎為主的胃腸炎，口腔症狀不明顯，但腹瀉較快出現並且重劇，糞便呈粥狀或水樣，機體脫水發展迅速，體質下降較快或出現休克，由於腹瀉導致大腸液大量丟失，因此機體酸中毒較為嚴重。

（3）脫水。若腹瀉重劇，尤其大腸炎症嚴重時，往往腹瀉發作後18～24h可見明顯脫水特徵，包括皮膚乾燥、彈性下降、眼球塌陷、眼窩凹陷、口腔、鼻鏡乾燥、血管塌陷、充盈時間延長，尿少色暗。

（4）自體中毒。病畜發生自體中毒時，呈現衰弱無力，病畜肢體末梢冷厥，局部或全身肌肉震顫、脈搏細弱，結膜、黏膜發紺，有時出現興奮、痙攣或昏睡等神經症狀。

2. 慢性胃腸炎 主要症狀同急性胃腸炎，以胃腸機能障礙為主，全身症狀不明顯，自體中毒體徵比脫水體徵明顯。病畜衰弱，精神沉鬱，食慾不定，時好時壞。此外，以胃和小腸為主的慢性胃炎，無明顯腹瀉症狀，排糞遲緩、量少，易便祕，糞球乾小有黏液。

【診斷方法】依據病畜腹痛、重劇的全身症狀、機體不同程度的脫水、腸音初期增強後期減弱或消失等症狀，結合病史、飼養管理及流行病學的調查，即可做出診斷。

透過症狀的不同組合，還可對炎症部位進行判別，如嘔吐嚴重、腸音沉衰、腹瀉不明顯，主要病變可能在胃；腹痛明顯，腹瀉出現較晚，主要病變可能在小腸；腹瀉出現早，裡急後重，糞便粥樣或水樣，脫水體徵明顯，主要病變可能在大腸。

【防治措施】

1. 治療方法 治療原則是消除病因、緩瀉止瀉、抑菌消炎、補液、解毒、強心。

（1）消除病因。先查明病因並消除，若為飼料原因則應及時更換飼料。同時，加強護理，做好圈舍衛生，及時清理糞便，保證患病動物充分休息，並使之處於適宜的環境。若正常採食，則可給予易消化食物和清潔飲水；若無法進食，則應輸液。

（2）緩瀉止瀉。緩瀉或止瀉應根據病情掌握用藥時機。緩瀉適用於排糞遲滯、胃腸有大量異常發酵內容物積滯時，常用溶劑性瀉藥，如人工鹽、硫酸鈉、液體石蠟等，配合適量防腐止酵藥（魚石脂等），但應注意補液和藥量把握，防止脫水及劇瀉。止瀉適用於糞稀如水、積糞排空仍腹瀉不止的病畜，常使用吸附劑和收斂劑，如藥用活性炭、蒙脫石、鞣酸蛋白等，效果不好還可使用功能性止瀉藥，如阿托品、山莨菪鹼-2（654-2）等，以減少機體水分和電解質的進一步丟失。

（3）抗菌消炎。抗菌消炎是抑制腸道內致病菌增殖以消除胃腸炎症的過程，是治療急性胃腸炎的關鍵措施。可根據藥敏試驗選用抗生素或抗菌藥物，也可根據經驗選擇用藥，常用黃連素、慶大黴素、氟苯尼考、喹諾酮類廣譜抗菌藥或對革蘭氏陰性菌效果較好的藥物；若懷疑為病毒引起的胃腸炎，則採取對應的病毒性傳染病防控措施。

若治療無效果則應考慮更換藥物，或結合流行病學進行進一步分析，對血液、糞便、尿液或其他病料進行進一步檢驗，必要時進行有關病原學檢查，以確定原發病，對因治療。

（4）補液、解毒、強心。急性胃腸炎病畜和重症病例，機體易發生不同程度的脫水和酸中毒，因此在治療時應注意輸液、補充電解質、擴充血容量和糾正酸中毒等。脫水嚴重時，可使用血容量擴充劑，如低分子右旋糖酐等，以達到擴充血常量和疏通微循環的作用。

（5）其他治療。體溫升高時可適當使用退熱藥，糞便帶血時要使用止血藥，如酚磺乙胺（止血敏）、卡巴克洛（安絡血）、維他命K_3等。

2. 預防措施 貫徹預防為主的原則，著重加強飼養管理，尤其要保證飼料品質好和飲水清潔。合理使役，增強體質，防止各種壓力因素的刺激，做好圈舍衛生，對容易繼發

胃腸炎的傳染與非傳染性因素的原發病應及時治療，以防止本病的發生。

任務二 腸便祕

【疾病概述】腸便祕又被稱為腸阻塞、腸梗阻，是由於腸道的運動機能和分泌機能出現紊亂，糞便長時間在腸道堆積不能向後運轉，導致某處腸道發生完全或者不完全堵塞而引起的一種急性腹痛症。

本病多見於馬屬動物和反芻動物，也見於豬、犬。

【發病原因】病因主要有以下幾點：

1. 飼養管理不當 長期飼餵大量粗飼料，粗飼料先對腸道產生興奮刺激，長久刺激則引起腸道運動和分泌功能減弱，腸內容物停滯。

2. 飲水不足 飲水不足造成的腸便祕多發於大腸段。腸內容物的消化、吸收、運動及糞便的排出，均需要水分。草食動物大腸進行纖維素消化時也對內容物含水量有一定要求，因此飲水不足也是本病常見病因。

3. 不科學的運輸、壓力、運動量不足、飼養條件突變 這些變化打破了圈養動物規律性消化，胃腸內環境劇變，胃腸植物性神經失去平衡也可導致腸便祕。

4. 一些引起腸管堵塞的因素 如異食癖、飼料中泥沙過多、腸管內存在結石或腸管狹窄、腹腔臟器黏連、各種消化道寄生蟲病等可誘發本病。

5. 高熱性疾病 如豬瘟、豬丹毒、豬肺疫、牛流行熱、馬流行性感冒等傳染病，常繼發腸便祕。

【致病機制】在致病因素作用下，腸道運動和分泌功能紊亂，腸蠕動減弱，消化液分泌減少，飼料消化不全，糞便逐漸停滯，阻塞腸腔而發生便祕；或者引起胃腸自主神經調節系統功能失調，交感神經緊張性升高、副交感神經興奮性降低，同時腸道內環境發生改變，致使腸內容物乾燥、變硬而發生便祕。

【臨床症狀】腸便祕可發生在不同腸段，共同的臨床症狀是腹痛。腹痛的程度與阻塞部位有關，阻塞發生於較細的腸管，疼痛明顯；發生於較粗的腸管，則疼痛較輕。腹痛的表現不一，有起臥不安、回頭望腹、前肢著地、後肢踢腹、臥地不起、仰臥打滾等。

一般食慾減退或廢絕，病初可排出少量乾小或鬆散粗糙的糞球，常帶有黏液，隨後排糞停止。尿液色黃量少，脫水嚴重時排尿停止。在不完全阻塞時飲食慾減退，在完全阻塞時很快廢絕。腹圍變化不大，不完全阻塞時增大不很明顯；完全阻塞而阻塞部位靠後時，腹圍增大快而明顯。腸音在病初增強，但很快減弱，嚴重時消失。反芻動物不能正常反芻，常伴發前胃弛緩和輕度鼓脹，鼻鏡乾燥，不斷努責。

如在病程中飲食慾恢復，則為病情好轉的表現。

【診斷方法】腹部疼痛是腸便祕的主要特徵。依據病史和臨床症狀判斷，如腹痛，腸鳴音很快消失，病畜的排糞量顯著減少或停止排便，不斷做努責動作，排出少量白色膠凍樣物，機體進行性脫水。

直腸檢查時，對盲腸便祕、部分小腸便祕、結腸便祕，大部分病畜可觸及阻塞塊，對探摸不到阻塞部位的病畜，便祕部前段腸管有鼓氣或積液，後段腸管萎癟，可由此對便祕部位做出判斷。阻塞塊被按壓時，病畜有痛感，以此可與正常糞球相區別。

【防治措施】

1. 治療方法 治療以通腸、鎮痛為主，輔以解毒、強心、補液等。

（1）通腸。通腸是治療腸便祕的根本方法，常用的有藥物療法及隔腸破結療法。

①藥物療法。主要應用鹽類和油類瀉劑內服。各種便祕以液狀石蠟油1 000～2 000mL，灌服；大腸便祕可選硫酸鈉或硫酸鎂250～500g，配製成8%的溶液一次灌服。內服瀉藥10～12h後，皮下注射毛果藝香鹼50～150mg可以提高治療效果。

②隔腸破結療法。主要應用於馬屬動物。術者將手伸入直腸內，根據阻塞塊的部位和程度，分別施行按壓、切壓、擠壓、捶打和直取，使阻塞塊變形、破碎或直接取出，以達到通腸的目的。對某些頑固性的阻塞，在隔腸破結後，應用適量瀉藥，可提高療效。對腹壓大、腸鼓脹嚴重的病畜要及時穿刺放氣。

（2）鎮痛。使用30%安乃近注射液皮下注射或肌內注射10～30mL或靜脈注射10～20mL；水合氯醛10～30g內服；5%水合氯醛酒精注射液100～300mL或20%硫酸鎂注射液等靜脈注射。

（3）解毒、強心、補液。可使用5%碳酸氫鈉注射液300～500mL；5%葡萄糖氯化鈉溶液或生理鹽水3 000～4 000mL；50%葡萄糖注射液100～200mL、維他命C 5～10g，一次性靜脈注射。必要時可酌情加入5%樟腦磺酸鈉注射液2～5mL靜脈注射。

（4）加強護理。病畜適當牽遛運動，以防打滾、摔跌而繼發腸變位和腸破裂。腸管未疏通以前，應禁止飼餵，僅餵清潔的飲水。腸管疏通後，逐漸恢復正常飼養。

2. 預防措施 主要是改善飼養。按時定量飼餵，防止過飢、過食；要確保日糧營養全面，不要單獨飼餵含有豐富粗纖維的飼草；秸稈等粗飼料應該進行適當的粉碎或軟化處理搭配精飼料進行飼餵；保持草料清潔衛生，以防泥沙及其他異物混入；給予潔淨而充足的飲水。

任務三　腸　變　位

【疾病概述】腸變位是腸管的自然位置出現異常變化，導致腸腔發生機械性閉塞，腸局部發生循環障礙，造成壞死、滲出、腫脹、瘀血，以及壓迫神經進而出現重劇性疝痛的總稱。腸變位病勢急、發展快、病期短，雖然發生率較低，但死亡率較高。

【發病原因】分機械性腸變位（腸嵌閉）和功能性腸變位（扭轉、纏結、套疊）兩種。

1. 機械性腸變位（腸嵌閉）　先天性孔穴或後天病理性裂孔的存在是發生機械性腸變位的主要因素。在腹壓增大的情況下，如劇烈地跳躍、奔跑、難產、交配、便祕和胃腸鼓氣等，偶然將小腸或小結腸壓入孔隙中而致病。因孔隙大小的不同，被嵌入的腸段由於腸蠕動可能繼續深入，也有可能不斷退出，在腹壓降低的情況下後者的可能性更大。大腸很少發生機械性腸變位。

2. 功能性腸變位（扭轉、纏結、套疊）　主要是飼養不當，胃腸機能紊亂所致。引起功能性腸變位的因素有突然跌倒、打滾、跳躍障礙物、突然受涼、冰冷的飲水和飼料、腸卡他性炎症、腸炎、腸內容物性狀的改變、腸道寄生蟲和全身麻醉狀態等。當腸管充盈，蠕動功能增強，甚至呈持久性痙攣收縮時，容易引起腸扭轉。當體位急遽改變，少數病例小腸或小結腸沿其繫膜根的縱軸扭轉時發生腸纏結。當各段腸管充盈度不正常，腸管蠕動機能增強或強弱不一時容易發生腸套疊。

【致病機制】在腸管運動失調、充盈度不均以及體位急促變換等激發因素作用下，某腸段發生扭轉、纏結、嵌閉或套疊，造成腸腔的機械性閉塞。

閉塞部前段胃腸內容物停滯，腐敗發酵，特別是消化液的大量分泌，引起胃或腸的鼓脹以及不同程度的脫水。十二指腸和空腸前半段變位造成的高位閉塞，脫水嚴重，丟失的主要是氯離子和鉀離子，血液 pH 升高，血漿鹼儲增多，導致鹼中毒；迴腸及大腸各段變位造成低位閉塞，脫水較輕，丟失的主要是碳酸氫根和鈉離子，血液 pH 降低，血漿鹼儲減少，導致酸中毒。

變位的腸管和腸繫膜受到絞壓，腸壁發生瘀血、水腫、出血乃至壞死，大量血液成分向腹腔和腸腔內滲漏，加上前述消化液的大量分泌，使血液濃縮，循環血量減少，導致低血容量性休克。

腸變位造成的腹痛，早、中期腹痛劇烈，病畜表現狂暴，涉及 3 種疼痛因素，即閉塞部前側腸管痙攣所致的痙攣性疼痛；胃腸積液、鼓脹所致的鼓脹性疼痛，特別是閉塞部腸繫膜受到牽引絞壓所致的腸繫膜疼痛；後期腹痛變得沉重而外觀穩靜，是因為繼發了腹膜炎並陷入內毒素性休克狀態，腹膜性疼痛佔據主導地位。

機械性腸閉塞，不同於動力性腸阻塞和異物性腸阻塞，其特徵性病理過程是變位腸管受到擠壓絞窄，腸管的血液循環嚴重障礙而導致腸壁壞死。

腸壁因缺血和瘀血而發生壞死，屏障機能衰減乃至喪失，變位部及其前段腸道內增殖的大腸桿菌等革蘭氏陰性菌以及梭狀芽孢桿菌產生大量腸毒素和內毒素，一部分經門脈通過肝，未被處理即進入體循環；一部分經淋巴系統吸收，透過胸管進入體循環；大部分透過腸壁滲入腹腔，經腹膜吸收而直接進入體循環，造成內毒素血症，引起內毒素性休克，直至發生瀰漫性血管內凝血和消耗性出血等不可逆病變。

【臨床症狀】本病的主要臨床症狀為腹痛。病初多為輕度而有明顯間歇期的腹痛，當腸腔完全閉塞後，腹痛逐漸加劇且持續。

（1）機體出現脫水。脫水症狀出現的快慢與發病的部位、程度有密切連繫。如小腸纏結或嵌閉較大腸扭轉或折轉脫水嚴重。

（2）脈搏逐漸加快，次數增多且細弱。呼吸急促甚至困難，特別是發生膈疝時。隨著疾病的發展，可視黏膜發紅至發紺，肌肉震顫，局部出汗，病畜越來越緊張、痛苦。腸音減弱，繼而很快消失。腹圍增大，腹壓增高。

（3）腸變位的性質和程度不同，病程不一。一般來講，病程 10～48h，輕者也可能拖延更長時間。凡病情發展較快，腹痛劇烈，體溫升高，脈搏快而弱，超過 120 次/min 以上，應用鎮痛藥無效者，多預後不良。

【診斷方法】病畜出現持續性劇烈性腹痛，腸音很快減弱或消失，局部肌肉震顫、出汗等臨床症狀，可疑為腸變位。結合下列檢查方法，可做出診斷。

1. 直腸檢查　腸管位置異常，呈侷限性鼓脹，有時可摸到變位局部，且病畜表現不安。

2. 腹腔穿刺檢查　不同類型的腸變位，腹腔中都可能積存一定量的液體，其性質為滲出液，多為粉紅色或暗紅色。

3. 血液學變化　血沉明顯變慢，紅血球數、血紅素含量增加，中性粒細胞增多，病初嗜酸性粒細胞消失。

4. 剖腹探查　經上述方法檢查還不能確診者，可及時選擇適當部位做剖腹探查，以

便採取適宜措施，搶救病畜。

【防治措施】

1. 治療方法　除及時應用鎮痛劑減輕疼痛刺激外，還應注意調整酸鹼平衡和脫水狀態，以維持血容量和血液循環功能，防止發生休克。

根據腸變位的種類和程度，可於早期採取剖腹手術整復腸管或剖腹切除壞死腸段做腸吻合術。手術療法在病的早期效果較佳，病至後期，療效很差。

2. 預防措施　加強飼養管理，避免驅逐、突然跌倒、跳躍障礙物、突然受涼、採食冰冷的飼料和飲水等。另外，飼料的調配應科學合理，同時做好定期驅蟲等。

第四節　肝和胰腺疾病

任務一　急性實質性肝炎

【疾病概述】急性實質性肝炎是在致病因素作用下，發生以肝組織炎症，肝細胞變性、壞死為病理特徵的一類肝疾病。常見黃疸、消化功能障礙和一定的神經症狀。各種畜禽均可發生。

【發病原因】急性實質性肝炎主要由感染性因素和中毒性因素引起。

多種細菌、病毒、寄生蟲和鉤端螺旋體等病原體感染可導致本病發生。細菌類，如鏈球菌、葡萄球菌、壞死桿菌、沙門氏菌、化膿棒狀桿菌等；病毒類，如犬肝炎病毒、鴨肝炎病毒、馬傳染性貧血病毒、牛惡性卡他熱病毒等；寄生蟲類，如弓形蟲、球蟲、肝片吸蟲、雞組織滴蟲等。

長期飼餵霉敗飼料特別是含有黃麴毒素的飼料也是目前本病常見病因之一。蕨類植物、野百合、含馬兜鈴酸植物等長期食用也有一定風險，砷、磷、銻、六氯乙烷、四氯化碳、硫酸銅、氯酸鉀、茶、甲酚等化學物質也可導致肝損傷，引起本病。

在其他疾病，如大葉性肺炎、壞疽性肺炎、心臟衰弱等疾病病程中，由於循環障礙，肝長期瘀血，二氧化碳和有毒代謝產物的蓄積，肝竇狀隙內壓增高，肝實質受到壓迫，引起肝細胞營養不良，也可導致門靜脈性肝炎。

【致病機制】肝是動物體內最大的腺器官，也是動物體的物質代謝中心。肝的功能很複雜，除膽汁參與腸道消化吸收外，還參加醣類、脂肪和蛋白質的代謝過程，因此肝損傷影響廣泛。

本病的發生機制主要是在病因作用下，肝細胞發生變性、壞死、溶解和炎性腫脹，膽汁的形成和排泄受阻，引起肝代謝和解毒功能的嚴重障礙，導致肝炎的病理現象和臨床症狀。

在肝實質性炎性變化過程中，膽汁的形成和排泄受到影響，大量膽紅素滯積，毛細管擴張、破裂，從而流入血液，血液中的膽紅素增多，引起黃疸。同時，血液中膽酸鹽過多，刺激血管感受器，反射性地引起迷走中樞興奮，心跳減慢。膽汁減少又影響脂肪的消化和吸收，導致腸道弛緩，易在病初發生便祕。繼而腸內容物腐敗和分解加劇，脂肪吸收

障礙，發生腹瀉，並因腸道中維他命 K 的合成與吸收減少，凝血酶原含量降低，形成出血性素質。

急性實質性肝炎發生時，肝不能利用隨門靜脈運至肝的葡萄糖合成糖原，機體代謝產生的乳酸、蛋白質和脂類等中間產物透過糖異生作用合成糖原也不能正常進行，因此糖原的生成和分解均減少，進而導致三磷酸腺苷（ATP）生成不足，血液中脂類和乳酸增多，血糖水準降低，甚至影響腦組織供能出現低血糖性昏迷。

由於糖代謝障礙，機體供能不足，為維持生命活動，脂肪分解代謝加強，代謝產物增加，導致血液中脂類、乳酸、酮體含量增高，發生酸中毒。

肝細胞的變性、壞死還影響蛋白質代謝，引起胺基酸的去胺基及尿素合成障礙，導致血氨過高，過量血氨擴散入腦，並與三羧酸循環中的 α-酮戊二酸結合產生麩胺酸，繼而生成麩醯胺酸；由於 α-酮戊二酸減少，三羧酸循環障礙，影響腦細胞的能量供應，病畜出現昏迷。

肝細胞蛋白質分解所形成的各類胺基酸和胺基酸轉移酶大量進入血液，使血液轉胺酶濃度等顯著增高；加上肝合成蛋白質功能顯著降低，血漿內的白蛋白、纖維蛋白原減少，膠體滲透壓下降，引起浮腫。

【臨床症狀】急性實質性肝炎初期，病畜食慾減退、消化不良、全身無力、體溫升高，繼而可視黏膜有不同程度的黃染。初便祕、後腹瀉，或便祕與腹瀉交替出現，糞惡臭且色淡。

肝腫大，嚴重病例，肝解毒功能降低，發生自體中毒，病畜往往表現極度興奮，共濟失調，抽搐或痙攣。

此外，急性實質性肝炎可轉化為慢性肝炎，病畜表現為長期消化功能紊亂，異嗜，消瘦，營養障礙，頜下、腹下與四肢下端水腫。如繼發肝硬化，則呈現肝脾症候群，發生腹腔積液。

【診斷方法】

1. 臨床檢查 根據消化不良、糞便惡臭、可視黏膜黃染等臨床表現做出診斷；叩診肝濁音區擴大，叩診和觸診時病畜均有疼痛反應，可做出診斷。

2. 尿液檢查 病初尿膽原增多，後尿膽紅素增多，蛋白尿，尿沉渣中見腎上皮細胞及管型尿。

3. 血液檢查 紅血球脆性增高，凝血酶原相關指標降低，血液凝固時間延長。

4. 肝功檢查 乳酸去氫酶（LDH）、丙胺酸胺基轉移酶（ALT）、天門冬胺酸胺基轉移酶（AST）活性增高。血清黃疸指數升高，直接膽紅素和間接膽紅素含量增高。

【防治措施】

1. 治療方法 急性實質性肝炎治療原則為排除病因、加強護理、保肝利膽、清腸止酵、促進消化並對症治療。本病病程通常較為急遽，若能及時排除病因，加強護理，對症治療，可恢復健康；若治療不及時或病情嚴重，出現自體中毒，則預後不良。

（1）排除病因，加強護理。停止飼餵發霉變質或有毒物的飼料，及時治療原發病。治療過程中使病畜保持安靜，注意休息，避免刺激和興奮；飼餵富含維他命、多汁容易消化的醣類飼料，給予優良青乾草、胡蘿蔔等，適量飼餵豆類或穀實類飼料，禁止飼餵高脂飼料。

（2）保肝利膽。25％葡萄糖注射液，牛、馬500～1 000mL；豬、羊50～100mL，靜脈注射，每天1～2次。或用5％葡萄糖生理鹽水，牛、馬2 000～3 000mL，豬、羊100～500mL，5％維他命C溶液，牛、馬30mL，豬、羊5mL，5％維他命B_1溶液，牛、馬100mL，豬、羊2mL，混合靜脈注射，每天1～2次。必要時，可用肝泰樂（葡醛內酯）溶液，牛、馬100～150mL，豬、羊30～50mL，靜脈注射，每天2次。為了利膽，可以應用適量人工鹽內服，小劑量氨甲醯膽鹼或毛果藝香鹼，皮下注射，促進膽汁分泌與排泄。另外，還應給予複合維他命B、酵母片內服，以改善新陳代謝，增進消化功能。

（3）清腸止酵。可參考前胃疾病治療，使用鹽類瀉劑和止酵劑，如硫酸鈉（或硫酸鎂）300g，魚石脂20g，乙醇50mL，常水適量混合內服。

（4）對症治療。對於黃疸明顯的病畜，可用退黃藥物，如苯巴比妥注射液或天冬胺酸鉀鎂注射液，緩慢靜脈注射。具有出血性素質的病畜，應靜脈注射10％氯化鈣注射液100～150mL，必要時肌內注射1％維他命K_3注射液10～30mL。抑制炎性促進因子的形成，減輕反應，可以用氫化可的松等腎上腺皮質激素。出現肝昏迷時可靜脈注射甘露醇注射液，降低顱內壓，改善腦循環。病畜疼痛或狂躁不安時，可應用水合氯醛等鎮靜止痛。

2. 預防措施　預防本病需加強飼養管理，防止霉敗飼料、有毒植物及化學品的中毒；加強衛生防疫，防止感染，增強肝功能。

任務二　胰　腺　炎

【疾病概述】胰腺炎是指胰腺的腺泡與腺管的炎症過程，分為急性胰腺炎與慢性胰腺炎兩種。急性胰腺炎以水腫、出血、壞死為病理特徵，慢性胰腺炎以胰腺廣泛纖維化、局灶壞死與鈣化為病理特徵。主要發生於犬，尤其是中年母犬，牛、貓也有發病，其他動物少見。

【發病原因】急性胰腺炎，病因多與以下影響胰腺功能或引起胰腺損傷的因素有關。

1. 肥胖和高血脂　動物長期飼餵高脂肪食物，又不喜運動，使機體肥胖引發急性胰腺炎。動物患有高脂血症時也極易導致胰腺炎。目前機理尚不十分明確。

2. 膽道疾病　如膽道寄生蟲、膽結石嵌頓、慢性膽道感染、腫瘤壓迫等致使膽管梗阻，膽汁逆流入胰管，並使未活化的胰蛋白酶原活化為胰蛋白酶，胰蛋白酶進入胰腺組織並引起自身消化。

3. 胰管梗阻　如胰管痙攣、水腫、蛔蟲、十二指腸炎或迷走神經興奮增強引起胰腺分泌旺盛，致使胰管內壓力增高以致胰腺腺泡破裂，胰酶逸出而發生胰腺炎。

4. 胰腺損傷　如腹部鈍性損傷、壓傷、腹部手術等損傷了胰腺或胰管，使腺泡組織的包囊內含有的消化酶原被活化而引起胰腺的自身消化並導致嚴重的炎性反應。

5. 部分傳染病　病毒、細菌或毒物經血液和淋巴入侵胰腺組織引起炎症，如犬傳染性肝炎、鉤端螺旋體病、犬貓弓形蟲病、中毒病、腹膜炎、膽囊炎、敗血症等。

慢性胰腺炎可由急性胰腺炎未及時治療轉化而來，或急性炎症後多次反覆發生演變成慢性炎症，或鄰近器官，如膽囊、膽管的感染經淋巴轉移至胰腺，致使胰腺發生慢性炎症。

【致病機制】胰腺消化液含有數種無消化作用的蛋白分解酶原，該酶原進入腸腔後，受到膽汁及腸壁分泌的腸激酶的作用轉變為活性酶，具有消化作用。在致病因素作用下，

尤其是胰腺損傷、感染產生的炎性滲出物、逆流進入胰管的膽汁等使胰蛋白酶原被活化成胰蛋白酶。該酶除對含有蛋白與脂肪的胰腺本身發生消化作用外，還能促使其他酶原變成活性酶，如彈性硬蛋白酶原成為彈性硬蛋白酶，使血管壁彈性纖維溶解而引起壞死出血性胰腺炎；磷脂酶 A 原變成磷脂酶 A，使膽汁中的卵磷脂變成溶血卵磷脂並具有細胞毒性作用，可引起胰腺細胞壞死；胰血管舒緩素原變成胰血管舒緩素，可引起胰腺及全身血管擴張，通透性增高，導致胰腺水腫；胰脂肪酶原被活化而引起胰腺周圍脂肪壞死。活性胰酶還透過血液和淋巴轉送全身，引起胰腺外器官的損傷。

如果致病因素持續作用，則使胰腺的炎症、壞死和纖維化呈漸進性發展，最後導致胰腺硬化、萎縮及內、外分泌功能減弱或消失，出現糖尿病和嚴重消化不良。

【臨床症狀】急性胰腺炎主要臨床症狀為腹痛、嘔吐、發燒、腹瀉，糞便中常混有血液。當活性胰酶累及肝和膽囊時，病畜可能出現黃疸；胰腺中胰島素的突然釋放，還可引起低血糖。血清中的鈣與腹腔中被消化的壞死脂肪組織（脂肪酸）結合成鈣皂，可引起低鈣血，甚至休克。

慢性胰腺炎病程較為遲緩，無特異性症狀。常見厭食、週期性嘔吐、腹痛、腹瀉和體重下降。由於胰腺外分泌功能減退，糞便酸臭且有大量未消化脂肪，病畜也可能因食物消化與吸收不良而出現暴食，但體重卻急遽下降。

【診斷方法】急性胰腺炎需結合臨床症狀和實驗室診斷進行綜合分析。臨床表現主要為劇烈腹痛和嘔吐等。實驗室檢查，主要見血液中澱粉酶與脂肪酶的活性同時升高，白血球增多與核左移；血脂增高、低鈣血症、一時性高血糖症。小動物還可做 X 光檢查，發病時見腹腔季肋部密度增大，右側結構模糊，十二指腸向右側移位且降段中有氣體樣物質；超音波檢查可見胰腫大增厚或顯示假性囊腫。

慢性胰腺炎可根據腹痛、嘔吐、體重下降、腹瀉及糞中含有脂肪和不消化的肉類纖維等反覆發病史做出初步診斷。胰腺發生纖維變性時，血清中澱粉酶和脂肪酶的水準不升高；X 光檢查可見胰腺鈣化或胰腺內結石陰影；超音波檢查可顯示出胰腺內有結石、囊腫等。

【防治措施】

1. 治療方法 本病需加強護理，抑制胰腺分泌，止痛鎮靜，抗休克，糾正水及電解質代謝紊亂。

（1）急性胰腺炎治療。①減少胰腺的分泌，最初 24～48h 內靜脈輸液供給營養物質，禁止從口給予食物、飲水和藥物，在病情好轉後可餵給少量易消化食物。②抑制胰腺分泌，使用抗膽鹼藥抑制胰腺分泌和病畜嘔吐，常用硫酸阿托品 0.03mg/kg，肌內注射，3 次/d，注意用量不能過多和用藥時間過長，避免出現腸梗阻。③鎮痛，為防止疼痛性休克，可使用哌替啶（杜冷丁）5～10mg/kg，肌內注射。④糾正水與電解質失衡，大量補液，調節腎的排泄功能，可用 5%～20% 葡萄糖注射液或複方氯化鈉注射液，維他命 C、維他命 B 群等靜脈注射。⑤抗感染，應用抗生素（強力黴素、氨苄青黴素為首選）制止壞死組織的繼發感染。⑥胰腺壞死時，應手術切除。

（2）慢性胰腺炎治療。飼餵高蛋白、高醣、低脂肪飼料，並混入胰酶顆粒，可維持糞便正常。山梨醇油酸酯加入飼料中，可促進脂肪的吸收。長期治療應用膽鹼可預防脂肪肝的發生。慢性胰腺炎只要不繼發糖尿病，則預後良好。在胰腺內分泌功能減退時，必須用

胰島素治療，這種病例預後不良。

2. 預防措施 主要是加強飼養管理，飼餵全價日糧，避免營養不良或脂肪過剩（犬、貓尤為注意）；做好衛生防疫，定期驅蟲，防止感染。

第五節 腹膜疾病

任務一 腹膜炎

【疾病概述】腹膜炎是壁層腹膜和臟層腹膜發生炎症的總稱。其炎症可由生物因素、理化因素損傷等引起，按發病的範圍，分為瀰漫性腹膜炎和侷限性腹膜炎；按致病機制可分為原發性腹膜炎和繼發性腹膜炎；按病程嚴重程度，分為急性腹膜炎和慢性腹膜炎，急性化膿性腹膜炎累及整個腹腔，又稱為急性瀰漫性腹膜炎；按滲出物的性質，可分為漿液性腹膜炎、纖維蛋白性腹膜炎、出血性腹膜炎、化膿性腹膜炎及腐敗性腹膜炎。各種家畜均有發病，但以牛、馬多發。

【發病原因】

1. 原發性腹膜炎 家畜常見於管理不當，受寒著涼、過勞或壓力等導致動物機體免疫防禦能力下降，條件性致病菌，如大腸桿菌、化膿桿菌、葡萄球菌等病原菌入侵而發生；貓可因冠狀病毒感染而導致貓傳染性腹膜炎。

2. 繼發性腹膜炎 主要見於鄰近器官炎症蔓延或轉移，如腹腔和盆腔器官感染性炎症的蔓延；腹壁受創傷、腹腔手術或穿刺不當而引起感染；也可繼發於其他傳染病，如豬瘟、豬丹毒、棘球蚴病、肝片吸蟲病等。

【臨床症狀】

1. 急性瀰漫性腹膜炎 常見症狀為腹痛，患病動物表現為拱背、腹壁緊張、驅之不動、觸之躲避，持續站立，強迫行走則步態謹慎、緩慢移動並發出呻吟；不願活動，不願排糞排尿，一旦排尿，尿量很多。體溫升高（牛體溫變化不明顯），呼吸淺表疾速，胸式呼吸明顯，脈搏快而弱，精神沉鬱，食慾減退或廢絕。初期腸蠕動音增強，其後蠕動減少而微弱，繼而腸管擴張，小動物可發生嘔吐。

2. 急性侷限性腹膜炎 臨床症狀與急性瀰漫性腹膜炎相似，症狀較輕，僅在病變區觸診和叩診時，才表現敏感和疼痛，體溫中度升高，脈搏稍加快。

3. 慢性腹膜炎 由於發生腹內器官和腹膜黏連而影響了消化道的正常活動，患病動物表現為消化不良和頑固性腹瀉，逐漸消瘦，其他症狀不明顯。直腸檢查可感知腹膜面粗糙和黏連情況。

【診斷方法】

1. 臨床診斷 根據病史和臨床症狀可做出初步診斷。觸診腹壁患病動物緊張、不安，叩診則疼痛加重，腹腔內滲出液多時呈水平濁音。直腸檢查，直腸內有糞便（黏性、色黑而惡臭），腹膜敏感、粗糙，胃、腸穿孔者可摸到滲出液中有飼料或糞渣。

2. 實驗室診斷

（1）小動物用X光檢查，如顯示腹腔積液和大腸鼓脹則可確診，馬和牛可用A型超音波診斷儀探查出腹腔積液的水平段，有助於確診。

（2）李凡他試驗（黏蛋白定性試驗）。在100mL量筒內裝入100mL蒸餾水，在水表面滴加2滴冰醋酸。滴入1～2滴漿膜腔穿刺液，看是否有白色雲霧狀混濁下降到50mL以下，如是則為陽性。若為陰性，則穿刺液屬於漏出液，非炎症引起，應繼續排查其他病因，如血漿膠體滲透壓降低、血管內壓力增高、淋巴管阻塞等。

【防治措施】

1. 治療方法

（1）抗菌消炎，促進炎性滲出物的吸收。用廣譜抗生素或多種抗生素聯合進行靜脈注射、肌內注射或大劑量腹腔注射。如青黴素200萬IU、鏈黴素400萬U或慶大黴素400萬U、0.25％普魯卡因注射液300mL，5％葡萄糖注射液500～1 000mL，加溫至37℃，大家畜一次腹腔內注射。小動物視體重大小酌減，每天1次，連用3～5d。

（2）鎮靜止痛。安乃近、雙氯芬酸肌內注射或經口給予減輕疼痛；大家畜可用水合氯醛或鎮靜、安定藥。

（3）防止腸鼓氣。用緩瀉劑或進行灌腸解除便祕，內服魚石脂。

（4）防止繼發性感染。對腹腔臟器穿孔、破裂或腹壁疝引起的腹膜炎，應及時進行外科手術和抗菌消炎治療。

（5）加強護理，增強病畜抵抗力。根據病畜體質狀況，可用10％葡萄糖酸鈣注射液100～200mL，40％烏洛托品注射液20～30mL，維他命C 10～15g，生理鹽水3 000～4 000mL，混合後一次靜脈注射。

2. 預防措施 避免和消除各種不良因素的刺激及影響，加強飼養管理，及時治療各種原發疾病，防止腹腔器官感染。

任務二　腹腔積液

【疾病概述】腹腔積液，俗稱「腹水」，症狀為腹腔內積聚過量的液體。根據積液的性狀，有滲出液、漏出液、乳糜液之分，甚至可能出現尿液，多為繼發，呈慢性經過。各種動物均可發生，以犬、貓、羊多見，牛、馬次之。

【發病原因】本病多由其他疾病引起。

（1）細菌、病毒等病原體感染引起的瀰漫性腹膜炎。

（2）腹腔臟器破裂、穿孔、腹腔術後感染等所引起的腹膜炎。

（3）肝寄生蟲（如片形吸蟲、血吸蟲、華支睪吸蟲等）感染引起的慢性肝疾病。

（4）淋巴管或胸導管、乳糜池阻塞與損傷。

（5）營養不良性衰竭疾病、慢性腎疾病、充血性心臟衰竭等的伴發症狀。

（6）也見於由於泌尿道炎症引起尿道阻塞以及膀胱麻痺等導致膀胱破裂，尿液流入腹腔，同時刺激腹膜發生炎性滲出，生成尿液性的腹腔積液。

【致病機制】

1. 腹腔體液滲出 病原體感染引起的瀰漫性腹膜炎，或因腹腔臟器破裂、穿孔、腹腔術後感染等所引起的腹膜炎，都可以造成腹腔積液。由於受到致病因素的直接損害和組織分解產物的作用，微血管壁內皮細胞通透性增高，使血液內分子較大的蛋白質滲出，炎

症越嚴重，滲出現象就越明顯，從而導致大量滲出液蓄積在腹腔中。

2. 腹腔體液漏出　寄生於肝的寄生蟲引起慢性肝疾病，肝硬化時，門脈壓升高，肝竇內壓力隨之增高，通透性增強，因而導致液體從竇壁大量漏出，形成大量淋巴液，超過胸導管所能通流的量時就從肝包膜及腹腔內小淋巴管溢出進入腹腔。此外，營養不良性衰竭疾病、慢性腎疾病、充血性心臟衰竭等造成血管內血液膠體滲透壓下降或靜脈回流發生障礙，使微血管內靜脈壓升高的疾病，往往造成低蛋白血症，促使血管內的液體成分透過微血管壁漏出。

3. 乳糜液形成　見於腹腔內發生結核、惡性腫瘤或絲蟲病、外傷等引起的淋巴管或胸導管、乳糜池阻塞與損傷，導致大量乳糜流入腹腔，產生乳糜性腹腔積液。

【臨床症狀】病畜精神沉鬱，食慾減退，驅之行動遲緩，腹腔積液過量，腹下部明顯膨大，觸診腹壁有波動感，衝擊腹壁有震水響聲，腹腔穿刺有大量液體流出。若伴有腹膜炎，則體溫升高，站立時常四肢集於腹下，低頭拱背，觸診腹壁敏感，強迫行走，步態謹慎；若伴有心腎衰竭，則聽診心音微弱、心搏增數、體表靜脈怒張、全身水腫等；若伴有肝病或惡性腫瘤，則日見消瘦，可視黏膜蒼白、黃染；由尿道阻塞而導致膀胱破裂者，病畜由腹痛不安轉為安靜，常伏地而臥，沒有排尿動作。

【診斷方法】根據臨床檢查及結合腹腔穿刺可診斷為腹腔積液，但要確定病因，還需進一步對穿刺液的性狀進行檢查，鑑別腹腔積液的性質。

漏出液為淡黃色透明液體或稍混濁的淡黃色液體，相對密度低於1.018，一般不凝固，蛋白質總量在25g/L以下，李凡他試驗（黏蛋白定性試驗）為陰性。細胞計數常小於$100×10^6$個/L，以淋巴細胞和間皮細胞為主。細菌學檢查為陰性。

滲出液多為深黃色混濁液體（病因不同，也可呈現紅色、黃色等顏色），相對密度高於1.018，蛋白質總量在30g/L以上，李凡他試驗為陽性。細胞計數常大於$500×10^6$個/L，根據不同病因分別以中性粒細胞或淋巴細胞為主。細菌學檢查可找到病原菌。

若腹腔積尿，根據病程的長短，積液可呈淡黃色至淡茶色，有尿臭味，加熱時尿臭味甚重。

【防治措施】

1. 治療方法　本病治療應著重治療原發病，並促進腹腔積液排出，可進行以下治療：

（1）穿刺放液。當有大量積液時，可實施腹腔穿刺，多次少量或緩慢放液。

（2）促進漏出液或滲出液的吸收和排出。用利尿藥（氫氯噻嗪、利尿素）和強心劑（樟腦磺酸鈉、洋地黃）以及用高滲葡萄糖、10％葡萄糖酸鈣靜脈注射。

（3）手術治療。膀胱及尿道漏出病例，實施修補手術時，需用大量生理鹽水清洗腹腔，並盡量排出清洗液，注入青黴素-普魯卡因注射液，以消除由尿液刺激而引起的腹膜炎症。

2. 預防措施　加強動物飼養管理，預防原發疾病。

【知識拓展】

瘤胃取鐵器的發明

牛是反芻動物，口腔黏膜感覺遲鈍，對異物識別能力差，採食迅速容易誤吞鐵絲、鐵釘等金屬異物，引起創傷性蜂巢胃炎。尖銳的鋼針或鐵絲能刺穿胃壁，傷及腹膜、心包、

心肌而引起腹膜炎或心包炎，嚴重時危及牛的生命，一度給全球畜牧業造成巨大損失。在瘤胃取鐵器發明之前，除了對飼餵的食物進行有效管理和檢查外，沒有其他很好的預防方法，而牛一旦發病，主要解決方案便是手術治療，切開胃部取出異物，治療成本和風險都很高。

1950年以後，獸醫工作者和養殖戶們想了很多方法，主要是預防金屬異物混在飼料中進入牛體內，或避免進入瘤胃內的金屬異物毫無約束地運轉到蜂巢胃而刺傷胃壁。經過經驗總結，開始有人在胃中永久性投放磁石吸附異物，很大程度上降低了發生率，但是為了保證效果，磁石需要一定的長度和大小。隨著應用觀察和經驗總結，發現磁石在胃內停留時間過長，或吸附過多金屬物質後，自身重量的相應增加和對牛蜂巢胃壁的刺激，使大部分牛的蜂巢胃壁組織糜爛病變，而且時間越長，病變越嚴重。因此，獸醫工作者又不斷進行改進。1983年，中國陝西省國營凌雲無線電場的發明家弓瑞生結合了國內外先進經驗，發明了牛胃磁鐵取出裝置並獲得了國家實用新型專利。該裝置包括磁石（金屬控制器）、金屬取出器、開口器。隨後，許多獸醫工作者在此基礎上對這套裝置又進行了改良升級，使其變得越來越輕便，同時解決了其他問題，如當吸附物不規則，特別是稍有彎曲的鐵釘類，往往取出時易脫落，或游離端對機體造成二次傷害。透過一次次改良，瘤胃取鐵器的安全性、吸附效率越來越高，操作也更簡便，得以普及應用，有效預防了本病的發生，並為治療本病提供了除手術治療外的較佳選擇。

【思考題】
1. 反芻動物前胃弛緩的治療方法有哪些？
2. 如何區別瘤胃積食和瘤胃鼓脹？
3. 創傷性蜂巢胃炎的診斷要點有哪些？
4. 試述前胃疾病治療的注意事項。
5. 乳牛皺胃左方變位和右方變位的發病原因有哪些？其診斷要點有哪些？
6. 胃腸炎的補液原則是什麼？
7. 腹腔積液的形成機理是什麼？
8. 如何診斷和治療腹膜炎？

第二章
呼吸內科病

呼吸系統與外界相通，其主要功能是進行體內外之間的氣體交換。正常情況下，呼吸器官有完善的防禦機能。但環境中的各種不良因素（病原微生物感染、物理化學刺激、過敏原等）及過度疲勞可直接破壞呼吸系統的防禦機能，引起呼吸器官發病。常見的主要症狀有流鼻液、咳嗽、呼吸困難、黏膜發紺、發燒，以及肺部聽診有囉音等。嚴重的呼吸系統疾病甚至會引起肺通氣和肺換氣功能障礙，進而導致機體酸鹼平衡失調和電解質紊亂，同時影響循環系統、中樞神經系統和消化系統功能。本章主要學習呼吸內科疾病的發病原因、臨床症狀、診斷方法、防治措施等。

【知識目標】
1. 掌握常見動物呼吸內科疾病的發病原因、臨床症狀、診斷方法和防治措施。
2. 掌握主要的呼吸內科疾病的鑑別診斷方法。

【技能目標】透過本章的學習，掌握正確診斷動物感冒、支氣管炎、肺炎、胸膜炎的技術和常用治療技術。

第一節　呼吸道疾病

任務一　感　冒

【疾病概述】感冒通常是由於氣溫驟降，機體防禦功能降低，引起以上呼吸道感染為主的一種急性熱性病。一年四季各種動物均可發生。

【發病原因】本病主要是由於寒冷的突然襲擊所致，如廄舍保溫條件差，受賊風吹襲；氣溫驟降未能及時保溫；長途運輸或使役出汗後被雨淋風吹等。此外，長期營養不良，動物抵抗力低下，也容易導致本病發生。

【致病機制】寒冷因素作用使動物機體散熱大於產熱，上呼吸道血管收縮，黏液分泌減少，氣管黏膜上皮纖毛運動減弱，黏膜屏障功能降低；機體抵抗力降低時，寄生於呼吸道的條件性致病細菌大量繁殖，乘虛而入，引起上呼吸道黏膜的炎症，動物因而出現發燒、咳嗽、流鼻液、打噴嚏等臨床症狀。

【臨床症狀】動物精神沉鬱，食慾減退，體溫升高，結膜充血，眼瞼輕度水腫，甚至

羞明流淚。遠心端，如耳尖、鼻端等發涼，皮溫不整。鼻黏膜充血，鼻塞，鼻液由水樣轉為黏液或黏液膿性經過。咳嗽，呼吸和心跳加快，肺泡音粗糙，併發支氣管炎時，聽診有乾性、濕性囉音。此外，患病牛、羊可見口腔黏膜乾燥，舌苔薄白，鼻鏡乾燥，並出現反芻減弱，瘤胃蠕動減弱等前胃弛緩症狀。豬多怕冷，喜鑽草堆，仔豬扎堆取暖尤為明顯。一般如能及時治療，可很快痊癒，如治療不及時，病程遷延容易轉為小葉性肺炎。

【診斷方法】

1. 臨床診斷 根據動物受風寒、雨淋等情況，結合體溫升高、咳嗽、流涕、皮溫不整、羞明流淚等上呼吸道炎症的症狀、不具傳染性即可做出診斷。

2. 鑑別診斷 本病應與流行性感冒、病毒等引起的感冒相鑑別，病毒性感冒傳播迅速，有明顯的流行性，往往大面積發病，依此可與感冒鑑別。如牛流行熱熱型為滯留熱，有時出現運動障礙。

【防治措施】

1. 治療方法

（1）西醫療法以解熱鎮痛為主，抗菌藥物為輔，常用藥有安乃近、安基比林、阿尼利定（安痛定）、青黴素、頭孢類藥物等，按說明書使用。

（2）中藥治療以解表清熱為主。①風熱感冒可用瘟病名方——銀翹散（金銀花45g、連翹45g、桔梗24g、薄荷24g、牛蒡子30g、豆豉30g、竹葉30g、蘆根45g、荊芥30g、甘草18g）一次煎灌服。②風寒感冒可用杏蘇散（杏仁18g、桔梗30g、紫蘇30g、半夏1g、陳皮21g、前胡24g、甘草12g、枳殼21g、茯苓30g、生薑30g）粉碎為末，一次開水沖服。

2. 預防措施 加強飼養管理，防止動物突然受寒，包括做好畜舍保溫，長途運輸或使役出汗時防止風吹雨淋等。

任務二 支氣管炎

【疾病概述】支氣管炎是馬、犬、牛、豬等動物常患呼吸道疾病，是支氣管黏膜及黏膜下深層組織的炎症。該病有急性與慢性之分。急性支氣管炎，常以重劇咳嗽及呼吸困難為特徵；慢性支氣管炎會形成支氣管周圍炎，其特徵是持續性咳嗽和遷延性病程。

【發病原因】

1. 急性支氣管炎

（1）病原微生物感染。如流感病毒、支原體、細菌感染時，使支氣管炎症變得重劇。犬急性支氣管炎主要見於乙型腺病毒、副流感病毒、犬型腺病毒、犬瘟熱病毒、呼腸孤病毒、犬肝炎病毒、支氣管敗血博德氏桿菌等感染。支氣管炎也可由真菌、寄生蟲（如牛、羊、豬的肺絲蟲，豬蛔蟲幼蟲）引起。

（2）機體抵抗力下降。動物機體抵抗力下降導致呼吸道黏膜屏障功能降低，進入呼吸道內的塵埃、異物或細菌，不能被支氣管壁的淋巴小結過濾和黏膜的白血球所吞噬，或由支氣管內黏液滯留，並可透過打噴嚏、咳嗽反射、黏膜纖毛運動等防禦機制而得以清除。寒冷、天氣驟變、長途運輸壓力、斷奶、畜舍通風不良、濕度過大等是引發支氣管炎的條件。幼畜、高齡動物及營養不良的動物因機體抵抗力低更易受到微生物入侵。

（3）欄舍空氣品質不良。動物持續吸入過熱空氣、煙氣、灰塵、有害氣體、異物等，支氣管黏膜受到過度刺激而發生炎症，從而容易感染病原菌。

2. 慢性支氣管炎 急性支氣管炎的病因未及時消除導致的病程遷延；或致病因素反覆作用、重複感染，炎症遷延，致使動物機體抵抗力下降，這些都可使支氣管炎轉為慢性經過。

動物維他命 C、維他命 A 缺乏，影響支氣管黏膜上皮的修復，降低了溶菌酶的活力，容易引發本病；影響肺循環的心臟疾病或腸道疾病，如某些慢性傳染病或寄生蟲病，如鼻疽、結核、肺線蟲等，也可繼發慢性支氣管炎。

【致病機制】 由於呼吸道黏膜屏障功能降低，機體抵抗力下降，外源性病原微生物侵染，或寄生於呼吸道的條件性致病菌大量繁殖，侵入支氣管黏膜和支氣管黏膜下基膜及結締組織，形成支氣管黏膜及支氣管周圍炎症，引發呼吸障礙的各種症狀。

【臨床症狀】

1. 急性支氣管炎 按炎症發生部位可分為大支氣管炎和細支氣管。

（1）大支氣管炎。其主要症狀是咳嗽。病初呈乾性痛咳、短咳，可見少量漿液性鼻液，之後為濕咳，有黏液性至黏液膿性鼻涕。有輕度呼吸困難，但症狀不明顯。體溫正常或升高 0.5～1℃。胸部聽診，初期可聽到乾囉音，當分泌物增多，滲出物較稀時，可聽到濕囉音和大、中水泡音。

（2）細支氣管炎。全身症狀較重，食慾減退，中燒或高燒，脈搏增數，呈呼氣性呼吸困難，結膜發紺，鼻液量少，弱痛咳，胸部聽診有乾囉音或小水泡音。叩診代償性肺泡氣腫區，呈過清音，肺界後移。

2. 慢性支氣管炎 炎症呈慢性經過，炎性浸潤及增生導致支氣管周圍炎，嚴重時支氣管狹窄或擴張。炎症遷延，支氣管黏膜長期受到刺激更易發展成為慢性肺泡氣腫。

拖延數月甚至數年的咳嗽是本病的特徵性表現。當動物飲水、採食、運動或天氣驟變時，常表現陣發性劇烈乾咳。痰量較少，有時混有少量血液，急性發作並有繼發感染時，則咳出黏液膿性痰液。人工誘咳陽性。

患病動物無併發疾病時體溫和精神狀態無明顯改變。當發生支氣管狹窄和肺泡氣腫時，則出現呼氣性呼吸困難，特別在運動、使役之時尤為明顯。

【診斷方法】

1. 臨床檢查

（1）依據熱型、咳嗽、鼻腔分泌物情況、胸部理學檢查和胸部聽診，可確診支氣管炎。

（2）根據病程拖延情況可進一步確診是急性支氣管炎還是慢性支氣管炎。慢性支氣管炎肺部聽診可有各種囉音，並隨炎症的遷延，滲出物濃稠，而呈現乾囉音。

2. 實驗室檢查 X 光檢查，急性支氣管炎一般不見異常，細支氣管炎時，可見肺紋理增強，肺野模糊。慢性變應性支氣管炎，支氣管滲出物中富含嗜酸性粒細胞，細菌檢查常為陰性。

3. 鑑別診斷 結合流行病學特點，可將原發性支氣管炎與具有支氣管炎的某些傳染病區別開來；根據體溫、全身症狀輕重、胸部檢查結果，容易區別支氣管炎與細支氣管炎。

【防治措施】

1. 治療方法

（1）抗菌消炎、止咳和祛痰。常用的藥物有青黴素、頭孢噻呋鈉、卡納黴素、恩諾沙

星、泰樂菌素等，必要時配合地塞米松（妊娠母畜禁用）治療。當痰液濃稠而排出不暢時，要使用祛痰劑，如氯化銨、酒石酸銻鉀（吐酒石）。咳嗽劇烈而頻繁時，可應用止咳劑，如複方樟腦酊、複方甘草合劑、杏仁水等。按說明書使用。

（2）中藥療法。

①外感風寒的治療宜疏風散寒、宣肺止咳。可選用荊防散和止咳散加減（荊芥、紫菀、前胡各30g、杏仁20g、紫蘇葉、防風、陳皮各24g、遠志、桔梗各15g、甘草9g），粉碎為末，馬、牛一次開水沖服（豬、羊酌減）。也可用紫蘇散（紫蘇、荊芥、防風、陳皮、茯苓、桔梗各25g、薑半夏20g、麻黃、甘草各15g），粉碎為末，生薑30g、大棗10枚為引，馬、牛一次開水沖服（豬、羊酌減）。

②外感風熱的治療宜疏風清熱、宣肺止咳。可選用款冬花散（款冬花、知母、浙貝母、桔梗、桑白皮、地骨皮、黃芩、金銀花各30g、杏仁20g、馬兜鈴、枇杷葉、陳皮各24g、甘草12g），粉碎為末，馬、牛一次開水沖服（豬、羊酌減）。也可用桑菊銀翹散（桑葉、杏仁、桔梗、薄荷各25g、菊花、金銀花、連翹各30g、生薑20g、甘草15g），粉碎為末，馬、牛一次開水沖服（豬、羊酌減）。

2. 預防措施 本病的預防，主要是加強平時的飼養管理，圈舍應保持清潔衛生、通風、溫度適宜。動物長途運輸、運動或使役出汗後應避免受寒冷和潮濕的刺激。

任務三 小葉性肺炎

【疾病概述】小葉性肺炎又稱支氣管肺炎、卡他性肺炎，是各種動物，特別是高齡動物、幼齡動物以及機體抵抗力下降的動物容易發生的一種常見病，春、秋兩季多發。其特點是支氣管及所累及的肺小葉（單個或一群肺小葉）呈現卡他性炎症，炎性滲出物中有脫落的上皮細胞和白血球。臨床上以弛張熱或間歇熱，咳嗽、呼吸數增多，叩診有囉音間或捻發音等為特徵。

【發病原因】

1. 原發疾病 原發病例多數是條件性致病菌感染或外源性病原感染而發病。條件性致病菌包括葡萄球菌、鏈球菌、肺炎鏈球菌、巴氏桿菌、副豬嗜血桿菌、壞死桿菌、副傷寒桿菌等，這些細菌通常呈無害狀態，在過勞、長途運輸、畜舍衛生不良、營養不良、受涼等因素作用下，可突破呼吸道的黏膜屏障，大量生長和繁殖，引發機體炎症。臨床上常見引起小葉性肺炎的傳染病有病毒性流感、傳染性支氣管炎等。在機體抵抗力降低的情況下，動物過多吸入氨、硫化氫等有害氣體也可引起卡他性肺炎。

2. 繼發感染 作為繼發症或伴隨症狀出現小葉性肺炎的疾病有羊痘、結核病、犬瘟熱、惡性卡他熱、口蹄疫、放線菌病、支原體肺炎等。少數寄生蟲病，如豬肺線蟲病仔豬蛔蟲病，也有小葉性肺炎的表現。

【致病機制】病因導致機體抵抗力下降，呼吸道內非特異性病原微生物生長繁殖或外源性病原入侵，造成感染，引起支氣管出現炎症，進一步引起細支氣管炎症和肺泡炎症，細支氣管黏膜分泌液增多，病畜出現咳嗽、排黏液性膿性鼻液，同時肺泡充血腫脹，有漿液性和黏液性滲出物，當炎性滲出物充滿肺泡腔和細支氣管時，出現呼吸障礙，體溫升高，呈弛張熱，嚴重者呼吸性酸中毒。

【臨床症狀】病初病畜出現支氣管炎的症狀，主要表現為咳嗽，初期為乾咳，之後發

展為短咳、痛咳、濕咳等，人工誘咳陽性。流漿液性或黏液性或膿性鼻液，初期及末期量較多。呼吸加快並有不同程度的呼吸困難。

隨著病情的發展，當多數肺泡群出現炎症時，全身症狀明顯加重。患病動物精神沉鬱，食慾減退或廢絕，黏膜潮紅或發紺，體溫升高 1.5～2.0℃，呈弛張熱或間歇熱型，脈搏隨體溫的升高而加快，第二心音增強。

【診斷方法】

1. 臨床檢查　依據病程、病史調查、臨床症狀、弛張熱（或間歇熱）結合肺部病理學進行診斷。肺部叩診，當病灶位於胸外側，可叩出濁音區；病灶位於深部則濁音不明顯。胸部聽診，病灶區呼吸音減弱，有捻發音及濕囉音；健康部位肺泡呼吸音代償性增加。當滲出物堵塞肺泡及支氣管時，病灶區肺泡呼吸音消失，病灶區較大時可聽到支氣管呼吸音。

2. 實驗室檢查　X光檢查，顯示肺紋理增強，肺野有大小不等的小片狀雲霧樣陰影。血液學檢查，可見白血球總數增加，中性粒細胞比例增大，核左移，單核細胞增多，嗜酸性粒細胞缺乏。若嗜酸性粒細胞正常，預示恢復良好。

3. 鑑別診斷　小葉性肺炎應與支氣管炎、大葉性肺炎相區別。支氣管炎肺部叩診、聽診的變化與小葉性肺炎不同，而且X光檢查很少有特徵性變化，一般僅見肺紋理增粗而無病灶陰影。大葉性肺炎則呈典型滯留熱，病程發展迅速呈定型經過；可見鐵鏽色鼻液；X光檢查見均勻一致的大片濃密陰影。

【防治措施】

1. 治療方法　治療原則為抗菌消炎、止咳祛痰、防止滲出及維護心臟功能。

病畜應置於溫暖、濕潤、通風良好的環境，給予優質青草及清潔飲水，在寒冷的冬季最好飲用溫水。

（1）抗菌消炎。最好能採集鼻分泌物做藥敏試驗，根據試驗結果選擇用藥。臨床上常用大劑量抗生素、磺胺類藥物或氟喹諾酮類藥物進行治療。常用抗生素有頭孢類、紅黴素、林可黴素、四環素、土黴素、金黴素等，療程一般為3～7d或在退熱後3d停藥。

（2）止咳祛痰。當分泌物黏稠、咳嗽頻繁時，可用溶解性祛痰劑（氯化銨、酒石酸銻鉀等）；咳嗽劇烈頻繁時，使用鎮咳止咳劑（複方樟腦酊、複方甘草合劑等）。按說明書使用。

（3）制止滲出，促進滲出物的吸收和排出。使用10%氯化鈣或10%葡萄糖酸鈣靜脈注射可防止炎性滲出；使用克遼林、來蘇兒等進行蒸汽吸入或應用利尿劑可促進炎性滲出物排出。

（4）對症治療。體溫升高時，可應用解熱劑（安乃近、複方氨基比林等）；改善消化道機能和促進食慾，可使用苦味健胃劑；心臟功能減弱使用強心劑，常用樟腦類（樟腦磺酸鈉注射液），必要時可用洋地黃類（如毒毛花苷K）；當動物缺氧明顯時，可用氧氣袋鼻腔輸給。

（5）中藥療法。可選用加味麻杏石甘湯：麻黃15g、杏仁8g、生石膏90g、金銀花30g、連翹30g、黃芩24g、知母24g、玄參24g、生地黃24g、麥冬24g、天花粉24g、桔梗21g，共為研末，蜂蜜250g為引，馬、牛一次開水沖服（豬、羊酌減）。也可用瓜蔞根100g（搗碎）、雞蛋清10個、麻油、蜂蜜各160mL，溫水沖，一次灌服；或用生石膏

150g，地骨皮 80g，側柏葉 50g，蜂蜜 150mL，水煎，一次灌服，均能收到較好的效果。

2. 預防措施 加強飼養管理，增強動物的抗病能力，避免淋雨受寒、過度使役等壓力因素的刺激；出現原發病應及時治療。

任務四 大葉性肺炎

【疾病概述】大葉性肺炎又稱纖維素性肺炎、格魯布性肺炎，是整個肺葉發生一種纖維素性炎症的過程。臨床上以高燒滯留、鐵鏽色鼻液、肺部廣泛濁音區和病理的定型過程為主要特徵。本病常見於馬、牛、羊、豬等動物。

【發病原因】

1. 生物性因素

（1）條件性致病菌（肺炎雙球菌、鏈球菌、銅綠假單胞菌、巴氏桿菌等常在菌）在動物機體抵抗力低的情況下引發的非傳染性纖維素性肺炎，多為散發病例。

（2）致病微生物傳播感染的疾病，如豬傳染性胸膜肺炎、副豬嗜血桿菌病、馬傳染性胸膜肺炎、牛出血性敗血症、豬肺疫；犬、貓、兔等巴氏桿菌引起的纖維素性肺炎。在某些疾病過程，豬瘟、炭疽、血斑病、犢牛副傷寒、禽霍亂等疾病過程中，也會有纖維素性肺炎伴隨症狀的出現。

2. 其他因素 受涼感冒、過度使役、長途運輸、胸廓受傷，畜舍衛生環境不佳，吸入煙塵或刺激性氣體，使用免疫抑制劑等均可促進本病的發生。

【致病機制】病原入侵，炎症使肺間質與肺泡充血，纖維蛋白性滲出，病原大量繁殖，經肺泡間孔和細支氣管蔓延，導致整個或多個肺葉出現病變。

自然病例，病程明顯分為 4 個階段。

1. 充血水腫期 發病 1～2d，為肺間質與實質高度充血與水腫期。肺微血管充盈，肺泡上皮脫落，滲出液為漿液性，並有白血球、紅血球積聚。氣管內富有泡沫，肺泡內仍有一定量空氣，切割肺組織放在水中，不下沉。

2. 紅色肝變期 發病 3～4d。肺泡內滲出物凝固，主要由纖維蛋白構成，其間混有紅血球、白血球。肺組織堅實，呈暗紅色，切面呈顆粒狀，近似肝，肺泡內已不含空氣，切割肺組織放在水中，很快下沉。

3. 灰色肝變期 發病 5～6d。白血球大量出現於滲出部位，滲出物開始脂肪變性，紅血球大量溶解消失，顏色由暗紅變為灰白色。剖檢時，肺組織堅硬度不如紅色肝變期。切割肺組織放在水中，很快下沉。

4. 溶解吸收期 發病 7d 左右。肺泡內細菌被吞噬、殺滅，白血球及細菌死後釋放出的蛋白溶解酶，使纖維蛋白溶解，經淋巴吸收，部分透過咳嗽隨痰液排出。肺泡上皮再生，功能得以恢復。抵抗力低下的持續感染慢性病例，溶解作用不佳出現結締組織增生、機化，最終導致肉變，或因腐敗菌繼發感染而形成肺壞疽。

【臨床症狀】患病動物突發高燒，呈滯留熱型，並持續到溶解期；動物精神狀態不佳，食慾廢絕，反芻停止；結膜充血，脈搏加快，病初體溫每升高 1℃，脈搏增加 10 次/分左右，體溫升高 2～3℃時，隨著心臟機能減弱，脈搏不再增加，變細弱；初期乾咳，溶解期呈濕咳，呼吸急促；初期有漿液性、黏液性或黏液膿性鼻液，在肝變期可能出現鐵鏽色

（黃紅色）的鼻液（馬這一症狀並非必然出現）。患病動物不願活動，喜躺臥，常臥病肺一側。

病程及預後。典型的大葉性肺炎，5～7d後，患病動物體溫開始下降，若無併發症，病程2週左右，逐漸恢復，預後良好；但溶解期或其以後繼續保持高溫，或體溫下降後又重新上升者，預後多不良。非典型大葉性肺炎，病程長短不一，輕症者很快康復，預後良好；重症者常因併發症而預後不良。

【診斷方法】

1. 臨床檢查

（1）病初體溫每升高1℃，脈搏增加10次/分左右，體溫升高2～3℃時，脈搏不再增加，後期衰竭，可作為本病早期診斷的重要依據。本病的定型經過、高燒滯留、鐵鏽色鼻液也是診斷的特徵變化。

（2）肺的理學檢查。牛胸部叩診：充血水腫期，呈鼓音或濁鼓音；灰色肝變期，為大片濁音區；溶解吸收期，重新變為鼓音或濁鼓音；肺健側或健區叩診清音。牛肺部聽診：充血水腫期，相繼出現肺泡呼吸音增強、乾囉音、捻發音、肺泡音減弱和濕囉音；灰色肝變期，肺泡音消失，出現支氣管呼吸音；溶解吸收期，支氣管呼吸音消失，再次出現囉音、捻發音；其健康部位肺組織的肺泡音增強。

大葉性肺炎一般只侵害單側肺，有時侵害兩側。多見於左肺尖葉、心葉和膈葉。

2. 實驗室檢查 血液檢查白血球總數增加，淋巴細胞比例下降，單核細胞消失，中性粒細胞增多，血小板數下降，紅血球沉降加速。

X光檢查，在病變部呈大片濃密的陰影。

3. 鑑別診斷 凡條件性致病菌引起的纖維素性肺炎病例，呈散發、不表現明顯傳染性；而由傳染性病原引起的疾病出現纖維素性肺炎經過時，疾病具有明顯傳染性，應採取傳染病的防控措施。

【防治措施】

1. 治療方法 參考小葉性肺炎治療。

（1）抗菌消炎。選用土黴素、四環素、氨基泰黴素、頭孢噻呋鈉、泰樂菌素等。也可同時靜脈注射氫化可的松或地塞米松，降低機體對各種刺激的反應性，控制炎症發展。

（2）併發膿毒血症時，可用10%磺胺嘧啶鈉溶液150mL，40%烏洛托品溶液60mL，10%葡萄糖酸鈣溶液1 000mL，混合後馬、牛一次靜脈注射（豬、羊酌減），同時用碘化鉀10g拌料飼餵，每天1次。

（3）中藥治療。可用清瘟敗毒散（石膏120g、水牛角30g、黃連18g、桔梗24g、淡竹葉60g、甘草9g、生地黃30g、梔子30g、牡丹皮30g、黃芩30g、赤芍30g、玄參30g、知母30g、連翹30g），馬、牛一次煎湯灌服（豬、羊酌減）。

（4）對症治療。體溫過高時用複方氨基比林或阿尼利定注射以解熱鎮痛。劇烈咳嗽時，可選用祛痰止咳藥。嚴重呼吸困難時可輸氧。心臟衰竭時用強心劑。

2. 預防措施 加強飼養管理，注意預防條件性致病菌引起的疾病。當懷疑是外源性病原引起的，要採取相應的防治措施。

任務五 肺氣腫

【疾病概述】由於肺泡過度擴張，肺泡壁彈性消失，導致肺泡內大量充氣，或肺泡隔破裂，導致間質充氣，統稱為肺氣腫。本病以呼吸困難、呼吸急促為特徵。根據發病過程和性質，分為急性肺泡氣腫、慢性肺泡氣腫和間質性肺氣腫3種。

（一）急性肺泡氣腫

急性肺泡氣腫是肺泡過度擴張，肺泡壁彈性減退，肺泡充滿氣體而體積增大，但肺泡未破裂。臨床上以呼吸困難為特徵。常見於急遽過度使役的動物，尤其多發生於高齡動物。

【發病原因】高齡動物因肺泡壁彈性降低，或有呼吸器官基礎疾病的動物因管腔狹窄，在過度使役、劇烈運動、長期掙扎情況下，引起持續劇烈的咳嗽而發生急性肺泡氣腫。因上呼吸道內腔狹窄，呼氣時胸膜腔內壓增加而使支氣管閉塞，空氣由肺泡向外排出困難，使肺泡充氣過度造成。

【致病機制】上呼吸道狹窄引起肺氣腫，呼氣時胸腔內壓增高，空氣從肺泡向外排出困難，殘留在肺泡內的氣體過多而使肺泡壁擴張，長時間的肺泡過度擴張使肺泡壁彈性消失，機體必須藉助呼吸肌主動收縮才能完成呼氣；呼吸肌主動收縮又壓迫肺和細支氣管，使細支氣管內腔更加狹窄，肺泡排氣更加困難而擴張程度加劇，患病動物呼吸困難的臨床症狀更加明顯，特別是運動或使役後症狀加重。

【臨床症狀】患病動物臨床上出現明顯的呼吸困難，氣喘，用力呼吸，甚至張口伸頸，呼吸頻率增加。腹肋部因腹肌的持續強度收縮而出現一條弧形的溝，即喘溝或喘線。可視黏膜發紺，有的患病動物出現低而弱的咳嗽、呻吟、磨牙等症狀。

【診斷方法】

1. 臨床檢查 出現明顯的呼吸困難，氣喘，用力呼吸，甚至張口伸頸，呼吸頻率增加。肺部叩診呈廣泛性過清音，叩診界向後擴大。肺部聽診，肺泡呼吸音病初增強，後期減弱，有時伴有乾囉音或濕囉音。

2. 實驗室檢查 X光檢查，兩肺透明度增高，膈後移及其運動減弱，肺的透明度不隨呼吸而發生明顯改變。

【防治措施】

1. 治療方法 用氨基泰黴素、頭孢噻呋鈉、泰樂菌素等抗菌消炎，用氨茶鹼配合硫酸阿托品注射緩解呼吸困難。按說明書使用。

2. 預防措施 患病動物應置於通風良好和安靜的畜舍，供給優質飼草料和清潔飲水，高齡動物避免過度使役、劇烈運動。

（二）慢性肺泡氣腫

慢性肺泡氣腫是肺泡持續性擴張而使彈性喪失，導致肺泡壁、肺間質及彈力纖維萎縮甚至崩解的一種肺疾病。高齡動物和營養不良動物易發本病，表現為高度呼吸困難、肺呼吸音減弱及肺叩診界後移的特徵。

【發病原因】原發性慢性肺泡氣腫發生於長期過度使役或迅速奔跑的家畜，急性肺泡氣腫無法恢復而導致。繼發性慢性肺泡氣腫多發生於慢性支氣管炎和毛細支氣管卡他，因呼氣性呼吸困難和痙攣性咳嗽導致發病。

【致病機制】急性肺泡氣腫無法恢復，病畜長期過度使役或劇烈運動耗氧量增加，呼吸運動加劇，使肺泡長期處於擴張狀態，肺泡壁微血管受壓迫變窄，血液循環減少，肺泡壁營養供應不足而脂肪分解，出現肺泡壁萎縮和結締組織增生，肺泡壁彈性喪失而無回縮力，導致慢性肺泡氣腫。

【臨床症狀】病畜呼氣性呼吸困難，呈現二重式呼氣，即一次呼氣運動未完成，腹肌突然強烈收縮而出現第 2 次呼氣動作。同時，可沿肋骨弓出現較深的凹陷溝，又稱喘溝或喘線，腹圍縮小，䏶窩變平，背拱且肛門凸出。黏膜發紺，容易疲勞、出汗，體溫正常。

【診斷方法】

1. 臨床檢查 根據病史和二重式呼氣特徵初步診斷。肺部叩診呈過清音，正常叩診界後移，可達最後 1～2 肋間，心臟絕對濁音區縮小。肺部聽診，肺泡呼吸音減弱甚至消失，併發支氣管炎時可聽到乾、濕囉音。因有心室肥大，肺動脈第 2 心音高朗。

2. 實驗室檢查 X 光檢查，整個肺區異常透明，支氣管影像模糊，膈穹隆後移。

3. 鑑別診斷 急性肺泡氣腫和間質性肺氣腫均發病迅速，但急性肺泡氣腫病因消除後，臨床症狀隨即消失，動物很快恢復健康。間質性肺氣腫一般肺叩診界不擴大，肺部聽診出現破裂性囉音，氣喘明顯，皮下發生氣腫，常見於頸部和肩背部，嚴重時迅速擴散到全身皮下組織。

【防治措施】

1. 治療方法 主要是對症治療，參考急性肺泡氣腫治療方法。

2. 預防措施 改善飼養管理，加強護理，將動物置於清潔、安靜、通風良好、無灰塵和煙霧的畜舍，充分休息。

(三) 間質性肺氣腫

間質性肺氣腫是由於肺泡、漏斗和細支氣管破裂導致氣體進入肺間質，在肺膜下（肺膜與小葉間隔連接處）形成網狀分布的串珠狀小氣泡的一種疾病。臨床上以突然表現呼吸困難、皮下氣腫以及迅速發生窒息為特徵。本病最常見於牛。

【發病原因】臨床上常見成年肉牛，在秋季轉入草木茂盛的草場後 5～10d 發生急性肺氣腫，俗稱「再生草熱」。主要原因是突然大量採食再生草（其中富含 L-色胺酸），經消化降解為吲哚乙酸，在某些瘤胃微生物作用下轉化為 3-甲基吲哚，機體吸收後對肺產生毒性，導致細支氣管和肺泡壁破裂，空氣進入肺間質。吸入刺激性氣體、液體，或肺被異物刺傷及肺線蟲損傷。繼發於流行熱和某些中毒性疾病。

【致病機制】致病因素的作用導致病畜發生痙攣性咳嗽或用力深呼吸，肺內壓力劇增，細支氣管和肺泡壁破裂，空氣進入肺間質，形成大大小小的氣泡遍及整個肺，部分氣體隨著肺運動遷移至縱隔，沿前胸到達動物頸部和肩部並出現皮下氣腫，甚至遍布於全身皮下組織。

【臨床症狀】突然出現急性呼吸困難，甚至窒息。病畜張口呼吸，伸舌，流涎，驚恐不安，脈搏快而弱。胸部叩診音高朗，呈過清音，肺間質充氣多且範圍廣時，則出現鼓音，肺界一般正常。聽診肺泡呼吸音減弱，但可聽到碎裂性囉音及捻發音。患病動物頸部和肩部出現皮下氣腫，有的迅速散布於全身皮下組織。本病發展迅速，由於肺組織受壓迫，患病動物經數小時或 1～2d 可因窒息而死亡。

【診斷方法】根據病史，臨床上突然出現呼吸困難、叩診呈鼓音及皮下氣腫等症狀，可做出診斷。

【防治措施】

1. 治療方法　本病無特效療法。對嚴重缺氧病例，有條件的可以輸氧。

2. 預防措施　加強護理，將動物置於安靜環境，充分休息。

任務六　壞疽性肺炎

【疾病概述】壞疽性肺炎，又稱異物性肺炎、吸入性肺炎，是指誤嚥食物、嘔吐物、藥物或腐敗細菌侵入肺，所引起的肺組織壞死和腐敗分解，以呼吸高度困難、流汙穢惡臭的鼻液或鼻液含有彈性纖維為特徵。

【發病原因】

1. 投藥方法不當致使藥物進入呼吸道　此為本病常見病因。如胃導管插管操作失誤插入氣管導致損傷或藥物進入呼吸道；經口灌服藥物速度太快、頭位過高、舌頭伸出、動物咳嗽及掙扎鳴叫等可使動物不能及時吞嚥，藥物被吸入呼吸道；動物藥浴時操作不當藥液被吸入呼吸道。濃煙、氨、灰塵等刺激性及有害的氣體進入呼吸道也可引起本病。

2. 伴有吞嚥障礙的疾病　該類疾病發生時，易出現吞嚥的食物、嘔吐物等進入呼吸道，從而引起發病。這類情況可見於咽炎、咽麻痺、食道阻塞、生產癱瘓、破傷風、麻醉或昏迷、連續嘔吐、齲裂等。

3. 機械損傷　蜂巢胃尖銳異物刺入肺、胸部創傷、肋骨骨折等機械損傷導致肺繼發感染腐敗菌會導致壞疽性肺炎發生；其他肺病（如結核病、豬肺疫、鼻疽等傳染病及小葉性肺炎、大葉性肺炎）過程中感染腐敗菌也會繼發本病。

【致病機制】腐敗菌感染後其分解作用使肺組織分解和液化，形成肺壞疽。組織蛋白質及脂肪分解產物中含腐敗性細菌、膿細胞和磷酸銨鎂結晶等，散發出乾性惡臭。肺壞疽病灶如與呼吸道相通，則腐敗的氣體隨呼氣向外排出，使動物呼氣帶有明顯的腐敗性惡臭味。隨著腐敗菌在肺組織大量繁殖，肺組織分解，病灶逐漸擴大，分解產物經呼吸道排出後，在肺內形成空洞，肺內壁附著腐爛惡臭粥狀物，呼吸道（鼻孔中）流出具有特異性臭味的汙穢滲出物。

【臨床症狀】病畜早期呈現肺炎症狀且全身症狀逐漸加劇。食慾減退或廢絕，精神沉鬱，體溫升高達40℃以上，弛張熱，濕性痛咳，呼吸急促呈腹式呼吸，甚至呼吸困難。

最具特徵的症狀是呼氣帶有乾臭或腐臭氣味，隨病程發展在病畜附近甚至遠處可聞到，當病畜咳嗽時臭味更明顯。鼻分泌物也散發腐敗臭味，呈汙穢褐灰色或綠色。病畜咳嗽或低頭時有大量分泌物流出。病情惡化伴有毒血症時，通常在1週之內死亡，個別可延續較長時間。吸入性肺壞疽，治療及時，可望治癒。

【診斷方法】根據呼出腐敗性臭味氣體、流汙穢惡臭的鼻液以及鼻液檢出彈性纖維，再結合肺部聽診、叩診變化可以確診。

1. 鼻液檢查　把鼻液收集於容器內，可見分為3層，上層為黏性的液體，有泡沫；中層為漿性液體，內含絮狀物；下層為膿液，混有很多大小不一的肺組織塊。在顯微鏡下檢查，可看到肺組織碎片、脂肪滴、棕色至黑色的色素顆粒、血球及細菌、彈性纖維。如將滲出物加10%氫氧化鉀溶液煮沸，離心後鏡檢沉澱物，可見由肺組織分解出來的彈性

纖維。

2. 胸部叩診 病灶靠近肺表面且面積較大時，叩診有半濁音或濁音；若已形成空洞，叩診有鼓音；空洞被緻密組織包圍，又充滿空氣，呈金屬音；空洞與支氣管相通，可呈現破壺音。

3. 胸部聽診 可聽到支氣管呼吸音或各種囉音，空洞部位尤為明顯，若空洞與支氣管相通，可聽到空甕性支氣管呼吸音。

【防治措施】

1. 治療方法 治療要點在於迅速排出異物，制止肺組織的腐敗性分解以及對症療法。

（1）促進異物排出。為促進分泌物排出，可讓動物站在前低後高的位置，將頭放低。同時，反覆應用呼吸興奮劑，如樟腦製劑，也可用2%鹽酸毛果芸香鹼5～10mL皮下注射（大動物），以促進支氣管分泌物和異物排出。

（2）抗菌消炎。一旦確定動物吸入異物，無論是液體還是刺激性氣體，可用青黴素、鏈黴素或林可黴素、丁胺卡納黴素、磺胺藥物等抗菌藥物肌內注射進行治療。

（3）防止自體中毒。可靜脈注射樟腦酒精液（含0.4%樟腦、6%葡萄糖、30%乙醇、0.7%氯化鈉的滅菌水溶液），馬、牛每次200～250mL，豬、羊用量酌減，每天1次。

2. 預防措施 由於本病發展迅速，病情難以控制，臨床上療效不佳，死亡率很高。因此，預防本病的發生就顯得很重要。

（1）病畜透過胃導管投ücksichtigung或灌服藥物時，必須判斷胃導管正確投入食道後方可灌入藥液，應盡量使病畜頭部放低，每次少量灌服，且不宜過快，以使病畜及時吞嚥，避免嗆入氣管。

（2）對嚴重呼吸困難或有吞嚥障礙的病畜，不能強制性經口投藥。

（3）麻醉或昏迷的病畜在未完全清醒時，不應讓其進食或灌服食物及藥物。

（4）病畜藥浴時，浴池不能太深，將頭壓入水中的時間不能過長，以免病畜吸入液體。

任務七　黴菌性肺炎

【疾病概述】黴菌性肺炎是真菌感染所導致的肺的慢性炎症。各種畜禽均可發生，在家禽還伴有氣囊和漿膜的黴菌病。

【發病原因】黴菌在自然界分布很廣，常見致病性黴菌有曲黴菌屬、隱球菌屬、組織胞漿菌屬、球孢子菌屬、皮炎芽生菌屬、毛霉屬、青霉屬、放線菌屬及放線桿菌屬。健康畜禽在自然條件下對黴菌有較強的抵抗力。高溫潮濕環境非常有利於黴菌生長繁殖，當機體抵抗力下降時，動物容易感染肺黴菌病，尤其在環境及飼料中塵埃很多的時候，更容易感染肺黴菌病並繼發細菌性疾病。馬、牛多為曲黴菌屬的煙曲黴菌感染，家禽主要是葡萄狀白黴菌、土曲黴菌、青黴菌所引起。

【致病機制】黴菌及霉孢子侵入呼吸道後，在呼吸道黏膜發育的同時，引起局部炎症反應，進一步蔓延至肺引起肺局部炎症，出現粟粒大至豌豆大的結節，或散在或融合。結節中間形成膿腫，膿性分泌物呈灰色、黃色、綠色，膿汁排出後形成空腔。家禽感染，主要侵害肺和各個氣囊，肺部的粟粒樣結節呈白色或黃色，切面乾酪樣，氣囊有黃色乾酪樣被膜。這種結節在肝、脾也會出現。

【臨床症狀】病畜常具有小葉性肺炎的症狀,從鼻孔中流出污穢黏液,顯微鏡下可見黴菌菌絲,黏膜蒼白或發紺,肺部可聽到囉音。呼吸困難,日漸消瘦,並伴有角膜混濁或潰瘍。病情較為嚴重者,機體衰竭,消瘦,病程遷延。犬黴菌性肺炎常由莢膜組織胞漿菌、皮炎芽生菌感染引起,常以肺炎或全身感染為特徵,呈現呼吸困難、膿性鼻液、消瘦、貧血,或皮下結節形成。家禽表現呼吸困難、鼻有膿性分泌物、消瘦及腹瀉等症狀。

【診斷方法】

1. 臨床檢查 依據流行病學特點、臨床症狀、病變檢查,多數可做出初步診斷。

2. 實驗室檢查 可對病灶組織進行菌絲和孢子檢查,或進行細菌分離培養。現已建立犬黴菌性肺炎特異性診斷方法,如用莢膜組織胞漿菌素做犬的皮內試驗、用皮炎芽生菌素做補體結合試驗(具體操作方法見商品說明書)。

【防治措施】

1. 治療方法 根據病情,可選用下列藥物進行治療。

(1)硫酸銅。配製1∶3 000硫酸銅溶液,讓其飲用,連用3～5d;或個別畜禽灌服。牛、馬600～2 400mL,羊、豬120～480mL,家禽3～5mL,每天1次,連用3～5d。

(2)碘化鉀內服。牛、馬2～6g,羊、豬、犬0.5～2g,禽8mg,每天3次。

(3)制黴菌素。牛、馬250萬～500萬U,家禽每公斤飼料加入35萬～70萬U,連用5～7d。

(4)抗黴菌藥。①克黴唑。內服容易吸收,馬、牛10～20g,豬、羊1.5～3g,家禽每1 000羽10g,拌料飼餵。②氟康唑。水溶性好,體內分布廣泛,吸收快,血藥峰值高,在主要器官、組織、體液中具有較好的滲透能力,副反應較小。該藥對念珠菌、隱球菌、環孢子菌、莢膜組織胞漿菌等引起的深部黴菌感染有很好的療效。但是,該藥價格高,可用於犬、貓等寵物和價值較高的經濟動物。

2. 預防措施

(1)加強飼料管理,防止飼草和飼料發霉,避免使用發霉的墊草、飼料,禁止動物接觸霉爛變質的草堆。

(2)加強畜禽欄舍清潔衛生,應每天清掃,並消毒飲水器、食槽等,以防止滋生黴菌。注意畜禽舍通風換氣,防止畜禽舍過度潮濕,均可有效預防本病的發生。

任務八 化膿性肺炎

【疾病概述】化膿性肺炎,也可稱肺膿腫,是各種家畜,特別是幼畜及營養不良、體質衰弱家畜容易發生的較為常見的疾病。

【發病原因】本病多為其他部位病變的病理性產物(特別是感染性栓子),透過血液或淋巴液轉移至肺,引起肺的化膿性炎症。皮下蜂窩織炎、淋巴結炎、黏液囊炎、肢體或髻甲部化膿、泌尿生殖系統化膿性炎症、乳腺炎均可伴發肺部轉移。初生畜敗血症也易發生化膿性肺炎。

卡他性肺炎、纖維素性肺炎、異物性肺炎、真菌性肺炎繼發化膿菌感染。化膿性栓子栓塞於肺內血管或淋巴管時,即可形成化膿灶。化膿灶可擴大、融合,或散發於多處。潘群元(1993)曾報導乳牛右肺膈葉前下方發現小兒頭大的膿腫。

【臨床症狀】先表現有原發病的基本症狀,久治不癒或時好時壞。病畜呼吸急促,口

鼻流出中等量白色泡沫狀液體，呼吸音粗糙，間有囉音和支氣管呼吸音。如病灶位於肺表面，叩診可發現濁音區。化膿灶累及血管，致使血管壁破裂，可出現肺出血或咯血，鼻腔分泌物為膿性，內含彈性纖維和脂肪晶粒，或含有肺組織碎片。病畜因膿毒血症，在短期或1～2週死亡，或死於胸膜炎。當化膿灶被結締組織包圍而形成膿腫時，多取慢性經過，在環境壓力或有其他感染的影響下，膿腫突然擴散，產生致死性的化膿性支氣管炎、胸膜炎或膿胸。

【診斷方法】根據臨床表現，如呼吸粗糙、膿性鼻液、叩診肺部有濁音區或有空洞音區等，有條件的可進行X光檢查，有助於診斷，必要時進行血液細菌分離培養以明確有膿毒血症。

【防治措施】

1. 治療方法 用青黴素、鏈黴素、磺胺類藥及時治療，以制止炎症進一步發展，促使機化。視病情嚴重程度，治療效果不確切。

2. 預防措施 為防止機體其他部位感染引起病原轉移，要積極治療原發病。同時，加強飼養管理，提高機體抵抗力，減少發病。

第二節　胸膜疾病

任務一　胸　膜　炎

【疾病概述】胸膜炎是以胸腔內積聚炎性滲出物或纖維蛋白沉著為特徵的一種胸膜炎症疾病。本病見於馬、牛、豬、犬等各種動物。

【發病原因】急性原發性胸膜炎比較少見，由於動物受涼、勞累、長途運輸等，條件致病微生物作用引起發病。胸膜炎常繼發或伴發於傳染病經過中，表現為胸膜炎或胸膜肺炎，如巴氏桿菌病、結核病、鼻疽、流感、鏈球菌病、豬丹毒、豬傳染性胸膜肺炎、副豬嗜血桿菌病等。胸壁挫傷、穿透創、胸膜腔腫瘤，也可引起胸膜炎。

【臨床症狀】病初期，病畜呼吸淺表而快速，以腹式呼吸為主，體溫升高，脈搏加快。胸壁運動受到抑制而呈斷續性呼吸。食慾減退或廢絕，精神沉鬱，病畜站立，兩肘外展，特別是馬，一般都不臥下。當胸膜炎轉為慢性病程時，體溫不高，有的間歇性發燒，呼吸困難，動物消瘦，運動乏力。

【診斷方法】

1. 臨床檢查 典型的胸膜炎根據聽診胸膜摩擦音或水平濁音，可以確診。聽診時出現胸膜摩擦音，隨呼吸運動而反覆出現，如果同時有肺炎存在，可聽到囉音或捻發音。叩診或觸壓胸壁，可引起反射性弱痛咳。病畜的體溫與脈搏均有改變，其改變程度視病原的毒力而異。

2. 實驗室檢查

尿液檢查：炎性滲出期，尿少而濃縮，蛋白尿，氯化物含量下降；在吸收恢復期，尿量增多。

血液學檢查：可見中性粒細胞增多，核左移。

X光檢查：馬在第6～7肋間，牛在第6～8肋間，豬在第7～8肋間，犬在第5～8肋間，少量積液時，心膈三角區變鈍，密度增高；大量積液時，心臟、後腔靜脈被陰影覆蓋。

3. 鑑別診斷 應注意與胸腔積液區別。後者不伴高燒、胸壁不敏感，穿刺液為漏出液。

【防治措施】

1. 治療方法

（1）強力黴素、氨基泰黴素、頭孢噻呋鈉、泰樂菌素等胸腔內注射以抗菌消炎。

（2）40%烏洛托品注射液60mL，10%葡萄糖酸鈣注射液1000mL，混合後馬、牛一次靜脈注射（豬、羊酌減），促進炎症產物吸收。

（3）可胸腔穿刺排液，但排放速度不宜過快。

（4）可用10%葡萄糖酸鈣溶液制止滲出，每天1次。

2. 預防措施 加強飼養管理，供給平衡日糧，增強機體的抵抗力。防止胸部創傷，及時治療致病微生物感染的原發病。

任務二　胸腔積液

【疾病概述】胸腔積液又稱胸水，是指胸腔內聚積大量的漏出液。胸腔積液是一種病理現象，不是獨立的疾病，與全身水腫有關，同時伴有腹腔積液、心包積液及皮下水腫，臨床上以呼吸困難為特徵。

【發病原因】臨床上常見於心臟衰竭、腎功能不全、肝硬化、營養不良、各種貧血等引起全身性水腫，逐步發展為胸腔積液。惡性淋巴瘤（特別是犬、貓）時常見胸腔積液。

【臨床症狀】少量胸腔積液，一般無明顯的臨床表現。當液體積聚過多時，動物出現呼吸頻率加快，嚴重者呼吸困難，甚至出現腹式呼吸，體溫正常、心音減弱或模糊不清。

胸部叩診呈水平濁音，水平面隨動物體位的改變而發生改變。肺部聽診，濁音區內常聽不到肺泡呼吸音，有時可聽到支氣管呼吸音。

【致病機制】充血性心臟衰竭或縮窄性心包炎等疾病可使體循環和（或）肺循環的靜水壓增加，胸膜液體滲出增加，形成胸腔積液。

肺梗死或全身性疾病累及胸膜，均可使胸膜微血管通透性增加，微血管內細胞、蛋白和液體等大量滲入胸膜腔，胸水中蛋白含量升高，胸水膠體滲透壓升高，進一步促進胸腔積液增加。

腎病症候群等蛋白丟失性疾病，慢性感染等蛋白合成減少或合成障礙性疾病，使血漿白蛋白減少，血漿膠體滲透壓降低，壁層胸膜微血管液體滲出增加，而臟層吸收減少或停止，則形成胸腔積液。

【診斷方法】臨床上根據呼吸困難、叩診胸壁呈水平濁音、胸腔穿刺有大量淡黃色液體及抽出液體的理化性質和細胞學檢查等特徵症狀，可做出診斷。

X光檢查，胸部顯示一片均勻濃密的水平陰影。

【防治措施】

1. 治療方法

（1）心臟衰竭可用5％樟腦磺酸鈉5mL，馬、牛一次肌內注射；或用5％葡萄糖1 000mL，ATP 300～500mg，輔酶A 1 500mg，維他命C 5g，馬、牛靜脈放血後，緩慢靜脈注射。

（2）可用40％烏洛托品注射液30mL，10％葡萄糖酸鈣注射液1 000mL，混合後馬、牛一次靜脈注射（豬、羊酌減）制止滲出。

（3）胸腔穿刺緩慢排出積液。

（4）如果是心性水腫則要適當限制飲水和給鹽量。

2. 預防措施 本病主要是由循環系統疾病、低蛋白症等因素引起的全身性疾病的局部表現，因此及時診斷和治療原發病是預防本病的關鍵。

【思考題】

1. 動物呼吸衰竭如何救治？
2. 上呼吸道感染的治療原則和用藥方法是什麼？
3. 肺炎有幾種類型？如何進行鑑別診斷？
4. 如何進行胸膜炎的診斷和治療？

第三章
泌尿內科病

泌尿系統是機體的重要排泄系統,由尿液生成器官(腎)和尿液儲留器官(膀胱)、排出的通道(尿路)組成。腎主要由腎小球、腎小管、集合管和血管構成。泌尿系統的主要功能是排泄代謝產物、調節水鹽代謝、維持內環境的相對恆定。此外,腎還可分泌腎素、紅血球生成素,分別具有調節血壓、促進紅血球生成和活化維他命D的作用。神經系統對泌尿活動的調節,是在大腦皮層控制下,透過盆神經、腹下神經和陰部神經來完成。體液調節在尿液生成過程中起著重要作用,它主要由抗利尿素和醛固酮進行調節。

在正常狀態下,泌尿器官,尤其是腎具有強大的代償功能。當致病因素的損傷作用超過泌尿器官或腎的自身代償能力時,就會發生不同程度的功能障礙,如尿液形成障礙、腎小球微血管網通透性障礙、尿液排出障礙等,引發腎疾病和尿路疾病。

【知識目標】
1. 了解動物常見泌尿內科病的發生、發展規律。
2. 熟悉動物常見泌尿內科病的診療技術。
3. 重點掌握動物腎炎、腎病、膀胱炎、尿道炎和尿石症等病的發病原因、致病機制、臨床症狀、治療方法及預防措施。

【技能目標】透過本章的學習,能夠根據臨床症狀選擇檢查尿液的方法以及正確診斷和治療腎炎、腎病和尿石症。

第一節　腎疾病

任務一　腎　炎

【疾病概述】腎炎是指腎實質(腎小球、腎小管)或腎間質發生炎性病理的過程。臨床上以腎區敏感和疼痛,尿量減少及尿液中出現病理產物,嚴重時伴有全身水腫為特徵。

腎炎按病程可分為急性腎炎和慢性腎炎兩種。按炎症發生的範圍可分為瀰漫性腎炎和局灶性腎炎。按炎症發生部位可分為腎小球腎炎、腎小管腎炎、間質性腎炎,臨床常見的多為腎小球腎炎及間質性腎炎。

各種動物均可發生,以馬、豬、犬較為多見,而間質性腎炎主要發生於牛。

【發病原因】腎炎的發病原因不十分清楚，目前認為與感染、中毒和各種誘發因素有關。

1. 感染性因素 此類腎炎多繼發於某些傳染病的經過之中，如炭疽、牛出血性敗血症、結核病、傳染性胸膜肺炎、豬和羊的敗血性鏈球菌病、豬瘟、豬丹毒及牛病毒性腹瀉、各類敗血症等，還可由腎盂腎炎、膀胱炎、子宮內膜炎、尿道炎等鄰近器官炎症的蔓延和致病菌透過血液循環進入腎組織而引起。

2. 中毒性因素 此類腎炎主要是誤服有毒物質（外源性毒物）引起，如有毒植物、霉敗變質的飼料、農藥和重金屬（如砷、汞、鉛、鎘、鉬等）汙染的飼料和飲水，或有強烈刺激性的藥物（如斑蝥、松節油等）；內源性毒物主要是重劇性胃腸炎、代謝障礙性疾病、大面積燒傷等疾病中所產生的毒素與組織分解產物，經腎排出而致病。

3. 誘發因素 過勞、腰部創傷、營養不良和受寒感冒均為腎炎的誘發因素。

某些藥物使用不當可引起藥源性間質性腎炎，已知的藥物有二甲氧青黴素、氨苄青黴素、頭孢菌素、磺胺類藥物等。

慢性腎炎的原發性病因，基本與急性腎炎相同，但作用時間較長，性質較為緩和。

【致病機制】近年來的試驗研究發現，有70%左右的臨床腎炎病例屬免疫複合物性腎炎，有5%左右的病例屬抗腎小球基底膜性腎炎，其餘為非免疫性所致。

機體受到外源性，如致腎炎鏈球菌的膜抗原、異種蛋白質和病毒顆粒等或內源性抗原，如因感染或自身組織被破壞而產生的變性物質，刺激產生相應的抗體，抗原與抗體在血液中形成可溶性抗原-抗體複合物，透過血液循環到達腎小球並沉積在腎小球血管結構中，活化的補體可促使肥大細胞釋放組胺，使血管的通透性升高，同時吸引中性粒細胞在腎小球內聚集，促使微血管內形成血栓，微血管內皮細胞、上皮細胞與繫膜細胞增生，從而引起腎小球腎炎。

【臨床症狀】

1. 急性腎炎 病畜精神沉鬱，體溫升高，食慾減退，消化紊亂，腎區敏感、疼痛。病畜不願運動，站立時腰背拱起，後肢叉開或齊收腹下。強迫行走時，行走小心，背腰僵硬，運步困難，步態強拘，小步前行。外部壓迫腎區或進行直腸檢查時，可發現腎腫大，敏感性增高，病畜表現站立不安，拱腰、躲避或抗拒檢查。頻頻排尿，但每次尿量較少，尿色濃暗，密度增高，嚴重時無尿。尿中含有大量紅血球時，尿呈粉紅色至深紅色或褐紅色（血尿）。尿中蛋白質含量增加。尿沉渣檢查可見透明顆粒、紅血球管型、上皮管型，以及散在紅血球、白血球、腎上皮細胞、膿細胞及病原菌等。

病程後期可見眼瞼、頜下、胸腹下、陰囊部等處發生水腫。嚴重時，可發生喉頭水腫、肺水腫或體腔積液。動脈血壓升高，第二心音增強；由於血管痙攣，眼結膜呈淡白色；病程較長時，可能出現血液循環障礙及全身靜脈瘀血。重症病畜血液中非蛋白氮升高，呈現尿毒症症狀，病畜表現全身功能衰竭，四肢無力，意識障礙或昏迷，全身肌肉陣發性痙攣，並伴有腹瀉及呼吸困難。

2. 慢性腎炎 其症狀基本同急性腎炎，但病程較長，發展緩慢，且症狀不明顯，病初病畜表現易疲勞、食慾不振、消化紊亂及伴有胃腸炎，逐漸消瘦，血壓升高，脈搏增數，硬脈，主動脈第二心音增強。病程後期病畜眼瞼、頜下、胸腹下、陰囊部或四肢末端出現水腫，重症者出現體腔積水，後期可出現全身水腫。尿量不定，尿中含少量蛋白質，

尿沉渣中有腎上皮細胞、紅血球、白血球及各種管型。血中非蛋白氮含量增高，尿藍母增多，最終導致慢性氮質血症性尿毒症。病畜倦怠、消瘦、貧血、抽搐及有出血傾向，直至死亡。典型病例主要是水腫、血壓升高和尿液異常。

3. 間質性腎炎 初期尿量增多，後期減少。尿液中可見少量蛋白及各種細胞，有時可發現透明及顆粒管型。血液肌酐和尿素氮升高，血壓升高，心肌肥大，第二心音增強。大動物直腸檢查和小動物腎區觸診可摸到腎表面不平，體積縮小，質地堅實，無疼痛感。

【診斷方法】該病主要根據病史（有無患某些傳染病、中毒，或有感冒、受寒的病史）、臨床特徵（少尿或無尿，血壓升高，腎區敏感、疼痛，主動脈第二心音增強，水腫，尿毒症）以及實驗室尿液化驗（尿蛋白，血尿，尿沉渣中有大量腎上皮細胞和各種管型及肌酐清除率測定）進行綜合診斷。在小動物臨床上最主要的還需要根據腎的生化「三個金指標」（肌酐、尿素氮、磷）以及影像學檢查結果進行綜合判斷。急性腎炎超音波影像會顯示腎明顯腫大，慢性腎炎會顯示腎萎縮。需要注意的是，當急性腎炎生化以及影像學檢查提示出現肝損傷（或出現黃疸），同時還需要對患病動物進行鉤端螺旋體的篩查。

間質性腎炎，除上述診斷根據外，直腸內觸診可查到腎硬固、體積縮小。在鑑別診斷方面，需與腎病區別。腎病是由於細菌或毒物直接刺激腎，而導致腎小管上皮變性的一種非炎性疾病，通常腎小球有輕微損害。臨床上有明顯水腫、大量蛋白尿和低蛋白血症，但沒有血尿及腎性高血壓現象。

【防治措施】

1. 治療方法

（1）藥物治療。應採用抗菌療法、免疫抑制療法和利尿消腫等措施。

①抗菌療法。一般選用青黴素，按每公斤體重，肌內注射，一次量牛、馬2萬～3萬IU，豬、羊、馬駒、犢牛1萬～2萬IU，每天3～4次，連用1週。另外，聯合鏈黴素或氟喹諾酮類藥物（恩諾沙星、環丙沙星）有很好的療效。治療時不要使用有腎毒性的藥物，如慶大黴素、卡納黴素等；當腎功能障礙時，禁用磺胺類藥物。

②免疫抑制療法。鑑於免疫反應在腎炎發病上的重要作用，在臨床上應用某些免疫抑制藥治療腎炎也會收到一定的效果。腎上腺皮質激素在藥理劑量時具有很強的抗炎和抗過敏作用，所以對於腎炎病畜多採用皮質酮類製劑治療，如氫化可的松注射液，肌內注射或靜脈注射，一次量，牛、馬200～500mg，豬、羊20～80mg，犬5～10mg，貓1～5mg，每天1次。地塞米松，肌內注射或靜脈注射，一次量，牛、馬10～20mg，豬、羊5～10mg，犬0.25～1mg，貓0.125～0.5mg，每天1次。也可配合使用如超氧化物歧化酶（SOD）、去鐵胺及別嘌呤醇等抗氧化劑，其在清除氧自由基、防止腎小球組織損傷中起重要作用。

③利尿消腫。可選用利尿藥，氫氯噻嗪，牛、馬0.5～2g，豬、羊0.05～0.2g，加水適量內服，每天1次，連用3～5d。犬每公斤體重2～4mg，內服，1～2次/d，連用3～5d後停藥。

④對症治療。當心力衰弱時，可應用強心劑，如洋地黃製劑或樟腦磺酸鈉。當出現尿毒症時，可應用11.2%乳酸鈉溶液，溶於500～1 000mL 5%葡萄糖溶液中，或5%碳酸氫鈉注射液200～500mL，靜脈注射。當出現血尿時，可應用止血劑。當有大量蛋白尿時，可應用蛋白合成藥物，如丙酸睪酮或苯丙酸諾龍補充機體蛋白。

（2）改善飼養管理。將病畜置於溫暖、乾燥、陽光充足且通風良好的畜舍內，防止繼續受寒、感冒。在飼養方面，病初可施行1~2d的飢餓或半飢餓療法。以後應酌情給予富有營養、易消化且無刺激性的醣類飼料。為緩解水腫和腎的負擔，適當限制飲水和食鹽的給予量。

（3）中獸醫療法。中獸醫稱急性腎炎為濕熱蘊結證，治法為清熱利濕，涼血止血，代表方劑「秦艽散」加減。慢性腎炎屬水濕困脾證，治法為燥濕利水，方用「平胃散」合「五皮飲」加減，蒼朮、厚樸、陳皮各60g，澤瀉45g，大腹皮、茯苓皮、生薑皮各30g，水煎服。

2. 預防措施

（1）大動物。本病應加強飼養管理，預防家畜受寒、感冒，以減少病原微生物的侵襲和感染；注意補充營養，保證飼料品質，禁止飼餵發霉、腐敗或變質的飼料，防止中毒。對患急性腎炎的病畜，需採取有效的治療措施，徹底消除病因，以防復發、慢性化或轉為間質性腎炎。

（2）犬、貓。定期體檢，防治原發病和繼發病；平時注意合理搭配飲食，減少腎負擔；注射鈎端螺旋體疫苗；注意不要飼餵會引起腎損傷的食物，如葡萄等。

任務二　腎　　病

【疾病概述】 腎病是指腎小管上皮發生瀰漫性變性、壞死的一種非炎性腎疾患。其病理變化特徵是腎小管上皮混濁腫脹、上皮細胞瀰漫性脂肪變性與澱粉樣變性及壞死，通常腎小球的損害輕微。臨床以大量蛋白尿、明顯水腫和低蛋白血症為特徵，但不見有血尿及血壓升高現象，各種動物均可發生，但以馬為多見。

【發病原因】

（1）主要發生於某些急性、慢性傳染病（如馬傳染性貧血、傳染性胸膜肺炎、流行性感冒、鼻疽、口蹄疫、結核病、豬丹毒等）的過程中。

（2）中毒病。如汞、磷、砷、氯仿、吖啶黃等中毒；真菌毒素，如採食腐敗、發霉飼料引起的真菌中毒；體內的有毒物質，如消化道疾病、肝疾病、蠕蟲病、大面積燒傷和化膿性炎症等疾病時所產生的內毒素的中毒。

（3）馬的氮尿症、出血性貧血和其他引起大量游離血紅素與肌紅蛋白的疾病可引起低氧性腎病。

（4）其他病因。見於低鉀血症引起空泡性腎病或稱滲透性腎病；犬和貓的糖尿病，常因糖沉著於腎小管上皮細胞，尤其沉積於髓質外帶與皮質的最內帶時而導致糖原性腎病；禽類痛風時因尿酸鹽沉著於腎小管而導致尿酸鹽腎病。

【臨床症狀】 一般症狀與腎炎相似，但腎病沒有血尿，尿沉渣中無紅血球及紅血球管型。

1. 急性腎病　由於腎小管上皮受損嚴重而發生高度腫脹，且被壞死細胞阻塞，臨床可見少尿或無尿，尿液濃縮，色深，密度增高。腎小管上皮變性導致重吸收機能障礙，尿中可出現大量蛋白質，當尿液呈酸性反應時，可見少量顆粒及透明管型。由於蛋白質大量丟失，導致血漿膠體滲透壓降低，出現低蛋白血症，體液瀦留於組織而發生水腫。臨床可見面部、眼瞼、耳垂、胸腹下、四肢末梢和陰囊水腫，甚至胸腔積液、腹腔積液。病程較

長或嚴重時，病畜通常伴有微熱、沉鬱、厭食、消瘦及營養不良。重症晚期出現心率減慢、脈搏細弱等尿毒症症狀。

2. 慢性腎病 慢性腎病時，尿量及比重均不見明顯變化。但由慢性腎病導致腎小管上皮細胞嚴重變性及壞死時，臨床上可出現尿液增多，比重下降，並在眼瞼、胸腹下、四肢、陰囊等部位出現廣泛水腫。

【診斷方法】

1. 尿液檢查 蛋白尿、沉渣中有腎上皮細胞、透明及顆粒管型，但無紅血球和紅血球管型。

2. 血液學檢查 輕症病例無明顯變化，重症者紅血球數減少，白血球數正常或輕度增加，血小板數偏高。血紅素含量降低，血沉加快，血漿總蛋白降低至 20～40g/L（低蛋白血症），血液中總脂、膽固醇和甘油三酯含量均明顯增高。血尿素氮（BUN）和亮胺酸胺基肽酶（LAP）升高、7-麩胺醯轉移酶（7-GT）含量升高。

3. 鑑別診斷 應與腎炎相區別。腎炎除有低蛋白血症、水腫外，尿液檢查可發現紅血球、紅血球管型及血尿。腎炎時，腎區疼痛明顯。

【防治措施】

1. 治療方法 治療原則為改善飼養，消除病因，控制感染，利尿，防止水腫及對症治療（可參看腎炎的治療）。

（1）補充蛋白。適當飼餵高蛋白性飼料以補充機體喪失的蛋白質，糾正低蛋白血症。補充機體蛋白質不足時可用丙酸睪酮，馬、牛 0.1～0.3g，羊、豬 0.05～0.1g，肌內注射，間隔 2～3d 1 次；或苯丙酸諾龍，馬、牛 0.2～0.4g，羊、豬 0.05～0.1g，一次肌內注射。

（2）消除水腫。用呋塞米（速尿）靜脈注射或口服。其用量可根據水腫程度及腎功能情況而定，一般用量，犬、貓 5～10mg，牛、馬每公斤體重 0.25～0.5g，1～2 次/d，連用 3～5d。氫氯噻嗪，口服，牛、馬 0.5～2g，豬、羊 0.05～0.1g，1～2 次/d，連用 3～4d，同時應補充鉀鹽。也可選用乙醯唑胺，成年犬 100～150mg，內服，3 次/d。或用氯噻嗪、利尿素等利尿藥。為防止水腫應適當限制飲水和飼餵食鹽。

（3）免疫抑制治療。常在治療效果不滿意時應用，以提高療效。可選用環磷醯胺，劑量參考人的用量，靜脈注射，5～7d 為一個療程。

（4）其他輔助治療。可選用抗菌藥（如喹諾酮類藥物）控制感染；為調整胃腸道機能，可投服緩瀉劑，以清理胃腸，或給予健胃劑，以增強消化機能。

2. 預防措施 參看腎炎的預防。

第二節　尿路疾病

任務一　膀胱炎

【疾病概述】膀胱炎是指膀胱黏膜及黏膜下層的炎症。臨床特徵為尿頻、尿痛、尿液

中出現較多的膀胱上皮細胞、膿細胞、血液以及磷酸銨鎂結晶。按炎症的性質，可分為卡他性、纖維蛋白性、化膿性、出血性4種膀胱炎，但臨床上以膀胱黏膜的卡他性炎症較為多見。本病多發生於母畜，常見於牛、犬，有時也見於馬，其他家畜較為少見。

【發病原因】膀胱炎主要由細菌感染、理化性刺激、炎症的蔓延、毒物影響或某種礦物元素缺乏所引起。

1. 細菌感染 主要是化膿性桿菌和大腸桿菌感染，然後是葡萄球菌、鏈球菌、銅綠假單胞菌、變形桿菌等經過血液循環或尿路感染而導致。

2. 理化性刺激 膀胱結石、膀胱內贅生物、尿瀦留時的分解產物以及帶刺激性藥物（如松節油、酒精等）強烈刺激；導尿管過於粗硬，插入粗暴，膀胱鏡使用不當損傷膀胱黏膜。

3. 炎症的蔓延 腎炎、輸尿管炎、尿道炎，尤其是母畜的陰道炎、子宮內膜炎等，極易蔓延至膀胱而引起膀胱炎。

4. 毒物影響或某種礦物元素缺乏 牛蕨中毒時因微血管的通透性升高，可引起出血性膀胱炎；缺碘可引起動物膀胱炎；馬採食蘇丹草後可出現膀胱炎。

【臨床症狀】急性膀胱炎特徵性症狀是排尿頻繁和疼痛。可見病畜頻頻排尿或呈排尿姿勢。尿量較少或呈點滴狀斷續流出。排尿時病畜表現疼痛不安。嚴重者由於膀胱（頸部）黏膜腫脹或膀胱括約肌痙攣收縮，引起尿閉。此時，病畜表現極度疼痛不安、呻吟。公畜陰莖頻頻勃起；母畜搖擺後軀，陰門頻頻開張。

直腸觸診膀胱，病畜表現為疼痛不安、膀胱體積縮小呈空虛感。但當膀胱頸組織增厚或括約肌痙攣時，由於尿液瀦留致使膀胱高度充盈。

慢性膀胱炎症狀與急性膀胱炎相似，但程度較輕，無排尿困難現象，病程較長。

【診斷方法】

1. 臨床檢查 根據尿頻、排尿疼痛、膀胱空虛等典型臨床表現不難診斷，必要時進行膀胱鏡檢查，並注意區別膀胱麻痺、尿道炎、尿結石。

2. 實驗室檢查 尿沉渣檢查中見有大量白血球、膿細胞、紅血球、膀胱上皮組織碎片及病原菌。在鹼性尿中，可發現有磷酸銨鎂及尿酸銨結晶。根據尿液成分變化可判斷炎症性質。卡他性膀胱炎時，尿中含有大量黏液和少量蛋白；化膿性膀胱炎時，尿中混有膿液；出血性膀胱炎時，尿中含有大量血液或血凝塊；纖維蛋白性膀胱炎時，尿中混有纖維蛋白膜或壞死組織碎片，並具氨臭味。

【防治措施】治療原則是抑菌消炎和採用中醫療法。

1. 抑菌消炎 母畜可用導尿管將膀胱內尿液導出後，用生理鹽水沖洗，再注入可用於黏膜消毒、收斂的藥液，沖洗膀胱2～3次，最後可將藥液排出，也可留於膀胱內待其自行排出。常用的消毒、收斂藥液有0.1%高錳酸鉀、1%～3%硼酸、0.1%雷佛奴耳溶液、0.01%新潔爾滅溶液、0.5%鞣酸溶液等。對於重症病例，最好在沖洗完成後，膀胱內注射青黴素80萬～100萬IU，1～2次/d，效果較好。同時，肌內注射抗生素配合治療。尿路消炎，口服呋喃妥因或40%烏洛托品，馬、牛50～100mL，靜脈注射。

2. 中醫療法 中獸醫稱膀胱炎為氣淋。主證為排尿艱澀，不斷努責，尿少、尿淋滴。治宜行氣通淋，方用：沉香25g，石葦25g，滑石40g（布包），當歸35g，陳皮35g，白

芍 35g，冬葵子 35g，知母 40g，黃柏 30g，梔子 30g，甘草 20g，王不留行 30g，水煎服。對於出血性膀胱炎，可服用「秦艽散」：秦艽 50g，瞿麥 40g，車前子 40g，當歸、赤芍各 35g，炒蒲黃、焦山楂各 40g，阿膠 25g，研末，水調灌服。可用「八正散」煎水灌服，配合樟腦磺酸鈉肌內注射治療豬膀胱炎。

任務二　尿道炎

【疾病概述】尿道黏膜的炎症稱為尿道炎，臨床以頻頻尿意和尿頻為特徵。各種家畜均可發生，多見於牛、馬、犬及貓。

【發病原因】尿道炎多數是尿道損傷後細菌感染引起的，如導尿時，由於導尿管消毒不徹底，無菌操作不嚴格或尿道探查的材料不合適或操作粗暴，公畜的人工採精或結石刺激等。此外，鄰近器官炎症的蔓延，如膀胱炎、包皮炎、陰道炎及子宮內膜炎時，炎症可蔓延至尿道而發病。

【臨床症狀】病畜頻頻排尿，排尿時，由於炎性疼痛致尿液呈斷續狀流出，並表現疼痛不安，此時公畜陰莖頻頻勃起，母畜陰唇不斷開張，嚴重時可見到黏液-膿性分泌物不時自尿道口流出。做導尿管探診時，手感緊張，甚至導尿管難以插入。觸診或導尿檢查時，病畜表現疼痛不安，並抗拒或躲避檢查。

【診斷方法】
1. 臨床檢查　根據臨床症狀，如疼痛性排尿，尿道腫脹、敏感，以及導尿管探診和外部觸診即可確診。

2. 實驗室檢查　鏡檢尿液中存在炎性細胞，但無管型和腎、膀胱的上皮細胞。

3. 鑑別診斷　尿道炎的排尿姿勢與膀胱炎的很像，但採集尿液檢查，尿液中無膀胱上皮細胞。尿道炎通常預後良好，若發生尿路阻塞、尿瀦留或膀胱破裂，則預後不良。

【防治措施】尿道炎的治療原則是確保尿道排泄通暢，消除病因，控制感染，結合對症治療。

1. 治療方法

（1）手術治療。尿瀦留而膀胱高度充盈時，可施行手術治療或膀胱穿刺。

（2）控制感染。一般選用氨苄青黴素，按每公斤體重肌內注射，馬、牛、羊、豬 4～11mg，犬 25mg，2 次/d。或用恩諾沙星注射液肌內注射，各種動物用量為 5～10mg/kg。

（3）中藥療法。豬發生尿道炎時，可用夏枯草 90～180g，煎水，候溫內服，早晚各 1 劑，連用 5～7d。

2. 預防措施　主要是預防人為因素造成的尿道損傷，導尿、尿道探查、人工採精時嚴格無菌操作。

任務三　尿石症

【疾病概述】尿結石又稱尿石症，是指尿路中鹽類結晶凝結成大小不一、數量不等的凝結物，刺激尿路黏膜導致頻繁排尿，引起出血性炎症（血尿）和泌尿道阻塞性疾病。臨床上以腹痛、排尿障礙和血尿為特徵。本病各種動物均可發生，主要發生於公畜。常見於去勢公肉牛、公水牛、公山羊、公馬、公豬、公犬、公貓。尿石最常見的阻塞部位為陰莖乙狀彎曲後部和陰莖尿道開口處。

一般認為，尿結石形成的起始部位是腎小管和腎盂。多是由於不科學地飼餵致使動物體內營養物質尤其是礦物質代謝紊亂，繼而使尿液中析出的鹽類結晶，以脫落的上皮細胞等為核心，凝結成大小不均、數量不等的礦物質凝結物。有的尿結石呈砂粒狀或粉末狀，阻塞於尿路的各個部位，中獸醫稱之為「沙石淋」。

【發病原因】尿結石的成因目前不十分清楚，但普遍認為是伴有泌尿器官病理狀態下的全身性礦物質代謝紊亂的結果。其發生與下列因素相關。

1. 飼料因素　不科學的飼料搭配是誘發動物尿石症最重要的因素。長期飼餵高鈣、低磷和富矽、富磷的飼料，可促進尿結石形成。如中國南通棉區群眾長期以來習慣使用「棉餅＋棉稭＋稻草」的飼料搭配模式飼餵水牛，該地區水牛常發生尿石症；中國各地引進的波爾山羊，因過多地飼餵精飼料而引起尿石症；犬、貓偏食雞肝、鴨肝等易引起尿石症。據報導，加拿大阿爾帕特地區由於土壤中矽含量過高，使牧草中二氧化矽的含量過高而引起矽性尿石症。

2. 飲水不足　飲水不足是尿結石形成的另一重要原因。在寒冷季節，舍飼的水牛飲水量減少，是促進尿石症發生的重要原因之一；在農忙季節，過度使役加之飲水不足，使尿液中某些鹽類濃度增高。與此同時，由於尿液濃稠，尿中黏蛋白濃度增高，促進了結石的形成。

3. 肝功能降低　如有些品種犬（如達爾馬提亞犬）因肝缺乏尿酸和氨轉化酶發生尿酸鹽結石，該品種犬有近 25％尿結石是磷酸銨鎂尿結石。

4. 某些代謝、遺傳缺陷　體內代謝紊亂，如甲狀旁腺激素分泌過多、甲狀旁腺功能亢進等，使體內礦物質代謝紊亂，會出現尿鈣過高，可促進尿結石的形成。英國鬥牛犬、約克夏犬的尿酸遺傳代謝缺陷易形成尿酸銨結石，或機體代謝紊亂易形成胱胺酸結石。

5. 維他命 A 缺乏或雌激素過剩　可使上皮細胞脫落，從而促進尿結石的形成。

6. 尿路病變　尿路病變是結石形成的重要條件。①當尿路感染時，多見於變形桿菌和葡萄球菌感染，可直接損傷尿路上皮，尿路炎症能引起組織壞死，使其脫落，促使形成結石核心，感染菌能使尿素分解為氨，使得尿液變為鹼性，有利於磷酸銨鎂尿結石的形成。②當尿路梗阻時，可導致腎盂積液，使尿液瀦留，易發生晶體沉澱和感染，以致尿路結石的形成。③當尿路內有異物（如導管、縫線、血塊等）存在時，可成為結石的核心，尿中晶體鹽類沉著在其表面而形成結石。

7. 慢性疾病　週期性尿液瀦留、磺胺類藥物（某些乙醯化率高的磺胺製劑）、慢性原發性高鈣血症及某些重金屬的中毒，食入過多的維他命 D、高降鈣素等作用，會損傷近段腎小管，影響鈣重吸收，都能增加尿液中鈣和草酸的分泌，從而促進草酸鈣尿結石的形成。

8. 其他因素　由於尿液中檸檬酸濃度降低與尿素酶的活性升高引起尿液 pH 的變化而促進尿結石的形成。

【致病機制】一般認為尿結石形成的條件是，有結石核心物質，如黏液、凝血塊、脫落的上皮細胞、壞死組織碎片、紅血球、微生物、纖維蛋白和砂石顆粒等的存在，當尿液的理化性質發生改變，尿中保護性膠體穩定性受到破壞，晶體鹽類與膠體物質之間的比例發生變化，某些鹽類化合物過度飽和，以致從溶解狀態中析出，附著於尿結石核心物質上逐漸形成結石。

【臨床症狀】目前一般認為尿結石形成於腎，隨尿轉移至膀胱，易在膀胱中增大體積，在轉移過程中常在輸尿管和尿道形成堵塞。尿結石形成初期一般無症狀表現，只有發生堵塞或刺激泌尿系統各器官時才表現症狀。

尿結石發生的部位及損害程度不同，所呈現的臨床症狀有差異，常見以下兩種表現。

1. 刺激症狀 病畜排尿困難、排尿不暢，頻頻做排尿姿勢，叉腿、拱背、縮腹、舉尾、陰戶抽動、努責、嘶鳴，可見排出線狀或點滴狀混有膿汁和血凝塊的紅色尿液。

2. 阻塞症狀 由於結石阻塞尿路，病畜出現尿流變細、淋漓或無尿排出而發生尿瀦留。因阻塞部位和阻塞程度不同，其臨床症狀也有一定差異。結石位於腎盂時，多呈腎盂腎炎症狀，有血尿。阻塞嚴重時，有腎盂積水，病畜腎區疼痛，運步強拘，步態緊張。當結石移行至輸尿管並發生阻塞時，病畜腹痛劇烈。直腸內觸診，可觸摸到其阻塞部近腎端的輸尿管顯著緊張而且膨脹。膀胱結石時，可出現疼痛性尿頻，排尿時病畜呻吟，腹壁抽縮。尿道結石，公牛多發生於乙狀彎曲或會陰部，公馬多阻塞於尿道的骨盆中部。當尿道不完全阻塞時，病畜排尿痛苦且排尿時間延長，尿液呈滴狀或線狀流出，有時有血尿。當尿道完全被阻塞時，則出現尿閉或腎性腹痛現象，病畜頻頻舉尾，屢做排尿動作但無尿排出。尿路探診可觸及尿結石所在部位，尿道外部觸診，病畜有疼痛感。直腸內觸診時，膀胱尿液充滿，體積增大。若長期尿閉，可引起尿毒症或發生膀胱破裂。

【診斷方法】根據臨床上出現的頻尿、排尿困難、血尿、疼痛、膀胱敏感、膀胱硬固、膨脹等症狀可做出初步診斷。非完全阻塞性尿結石可能會與腎炎或膀胱炎相混淆，只有透過直腸觸診進行鑑別。尿結石也可透過觸診或插入導尿管來診斷是否有結石以及阻塞位置。犬、貓等小動物一般透過X光影像確診。尿結石病畜，在尿路，尤其膀胱或尿道，可見有大小不等的結石顆粒。同時，還應注意飼料構成成分及尿結石化學組成，綜合判斷做出診斷。

【防治措施】

1. 治療方法 本病的治療原則是消除尿結石，控制感染，對症治療。可透過減少飲食中尿結石成分的攝取量來降低其在尿液中的濃度、消除感染、改變尿液的pH，或用藥物增加尿液量。

（1）利尿法。當有尿結石可疑時，通常需要改善飼養，給予病畜流體飼料和大量飲水。必要時可投服利尿劑形成大量稀釋尿液，以降低尿液晶體濃度，減少析出並防止沉澱，如利尿素、乙酸鉀等。

（2）沖洗法。對於粉末狀或沙粒狀尿結石，將導尿管消毒後，塗擦潤滑劑，緩慢插入尿道或膀胱，注入消毒液體，反覆沖洗，可將尿結石洗出。

（3）尿道擴張法。當尿結石嚴重時，可用消旋山莨菪鹼使尿道平滑肌鬆弛，促進結石順利排出。

（4）手術療法。當上述方法不能排出尿結石並形成阻塞時，多數採用外科手術摘除尿結石。有的可在陰莖乙狀彎曲上方做尿道造口，有的可在此部位做陰莖截斷，以解除尿液不能排出之急。但手術治療對許多病例遠期療效往往不夠理想。犬、貓膀胱結石常用手術療法。如不採用對因防治方法，即使透過外科手術一時摘除了尿結石，病畜仍有可能生成新的結石。

（5）中獸醫療法。中獸醫稱尿結石為「沙石淋」。根據清熱利濕，通淋排石，病久者腎虛並兼顧扶正的原則，一般多用排石湯（石葦湯）加減：海金沙40g，雞內金30g，石

葦30g，海浮石40g，滑石40g，瞿麥30g，扁蓄30g，車前子40g，澤瀉40g，生甘尤40g，水煎服。

2. 預防措施

（1）合理調配飼料日糧。應特別注意日糧中鈣、磷、鎂的平衡，尤其是鈣、磷的平衡。一般建議鈣、磷比例維持在1.2∶1或者稍高一些［(1.5～2.0)∶1］，當飼餵大量穀皮飼料（含磷較高）時，應適當增加豆科牧草或豆科乾草的飼餵量。羊應注意限制日糧中精飼料飼餵量，尤其是控制蛋白質的飼餵量十分重要。若精飼料飼餵過多，尤其是高蛋白日糧，不但使日糧中鈣、磷比例失調，而且增加尿液中黏蛋白的數量，自然會增加尿石症發生的機率。適當飼餵富含維他命A的飼料可在一定程度上減少尿結石發生機率。

（2）保證有充足的飲水，可減少尿液中鹽類析出沉澱的可能性，從而預防尿結石生成。平時應適當增餵多汁飼料或增加飲水，以稀釋尿液，減少對泌尿器官的刺激，並保持尿中膠體與晶體的平衡。

（3）適當補充鈉鹽和銨鹽，據報導，在育肥犢牛和羔羊的日糧中添加3％～5％的氯化鈉，對尿結石有一定預防作用。在加拿大阿爾帕特地區為預防肉牛矽石性尿石症的發生，食鹽飼餵量高達精飼料量的10％。在飼料中添加適當的氯化銨，對預防磷酸鹽結石也有較好的效果。

（4）對家畜泌尿器官炎症性疾病應及時治療，以免出現尿潴留。

（5）飼養犬、貓建議飼餵商品日糧，若有偏食雞肝、鴨肝的習慣宜予以糾正。一旦發生尿石症，可根據尿結石化學成分的特點，飼餵有防病作用的商品日糧。

【知識拓展】

一、中藥牛黃的發現

戰國時期，扁鵲在勃海（今河北任丘）一帶行醫。有一天，他在家中製藥，從藥罐中取出煅製好的礞石（一種中藥），放在桌上整理。這時，門外傳來一陣喧鬧聲，鄰居陽寶來了。陽寶家中養了一頭老黃牛，不知何故，近兩年來日漸消瘦，以致不能耕作，陽寶就把牛殺了。誰知，竟然發現牛的膽囊裡有像牛頭一樣的東西，甚為奇怪，便提著膽囊來給扁鵲看。扁鵲剖開膽囊，裡面掉出幾枚蠶豆大小的深黃色結石。他取了兩枚放在桌上，仔細查看。

陽寶回到家裡，發現父親的病又發作了，在床上抽搐，急忙請扁鵲過來。扁鵲看到病人雙眼上翻，喉中嚕嚕有聲，十分危急。他吩咐陽寶：「快！去我家把桌上礞石拿來。」陽寶氣喘吁吁地將東西拿來，扁鵲也未細看，匆忙研成細末，給陽寶的父親服下，不一會，病人停止了抽搐，氣息平穩，神志清醒。

扁鵲回到家裡，發現礞石還在桌上，而牛結石卻不見了，忙問家人：「誰拿走了結石？」回答是：「剛才陽寶過來取藥，說是您吩咐的呀！」這個偶然的差錯使扁鵲感到驚奇：難道牛的結石也有藥效？於是，第2天他有意識地將藥方中的礞石改換為牛結石使用。3天後，陽寶父親的病奇蹟般地好了。一種新藥誕生了。因為牛的膽結石為深黃色，扁鵲就稱之為「牛黃」。中藥牛黃作為中醫瑰寶之一已在中國乃至世界的中醫傳承至今。

二、牛黃的藥用價值

牛黃是牛科動物黃牛或水牛的膽囊、膽管或肝管中的結石。在膽囊中產生的稱「膽

黃」或「蛋黃」，在膽管中產生的稱「管黃」，在肝管中產生的稱「肝黃」。

牛黃完整者多呈卵形，質輕，表面金黃至黃褐色，細膩而有光澤。中醫學認為牛黃氣清香，味微苦而後甜，性涼。可用於解熱、解毒、定驚。內服治高熱神志昏迷、癲狂、小兒驚風、抽搐等症，外用治咽喉腫痛、口瘡癰腫、尿毒症。

三、中藥資源的合理開發利用

天然牛黃很珍貴，國際上的價格要高於黃金，目前大部分使用的是人工牛黃。雖然現在市面上有人工牛黃可以替代天然牛黃，但是在藥效上兩者還是有顯著的差異，並且隨著當今世界經濟和人類醫藥保健事業的快速發展，國際上興起了回歸自然、崇尚使用天然藥物的熱潮，然而對天然資源可持續利用規律卻認識不足，或受經濟利益的驅動，對一些天然野生動植物資源進行了掠奪式採挖、捕殺，造成很多天然野生動植物種類的蘊藏量急遽減少，有的甚至瀕臨滅絕。

我們必須認識到天然資源的開採與利用需要做到人類與自然和諧相處，與野生動物和諧相處，方能可持續發展。

2021 年 10 月 13 日，聯合國《生物多樣性公約》第十五次締約方大會第一階段會議透過《昆明宣言》。本次會議是聯合國首次以生態文明為主題召開的全球性會議。大會以「生態文明：共建地球生命共同體」為主題，旨在倡導推進全球生態文明建設，強調人與自然是生命共同體，強調尊重自然、順應自然和保護自然，努力達成公約提出的到 2050 年實現生物多樣性可持續利用和惠益分享，實現「人與自然和諧共生」的美好願景。

【思考題】
1. 泌尿系統疾病對機體的危害有哪些？
2. 腎炎的發病原因有哪些？急性腎炎有哪些臨床症狀？
3. 腎炎的治療原則是什麼？如何選擇和使用治療腎炎的藥物？
4. 膀胱炎如何診斷和防治？

第四章
營養代謝內科病

營養代謝性疾病包括營養性疾病和代謝障礙性疾病。前者是指動物所需的某類營養物質缺乏所致的疾病；後者是指營養物質在體內代謝過程的一個或多個代謝環節出現異常，導致機體內環境紊亂而引起的疾病。營養代謝性疾病是重要的群發性疾病，影響動物生長發育和生產性能，給畜牧業生產造成十分嚴重的經濟損失。本章主要闡述醣、脂肪、蛋白質代謝障礙疾病，維他命缺乏症、鈣磷代謝障礙疾病和微量元素缺乏症。

【知識目標】

（1）掌握營養代謝性疾病的發病原因、臨床症狀和診斷方法，重點識別乳牛酮症、仔豬低血糖症、家禽痛風、脂肪肝症候群及肉雞腹水症候群的診斷方法和防治措施。

（2）掌握維他命缺乏症的發病原因、臨床症狀和診斷方法，重點掌握維他命 A、維他命 B 群、維他命 D、維他命 E 缺乏症的診斷方法和防治措施。

（3）掌握微量元素缺乏症的發病原因、臨床症狀和診斷方法，重點掌握佝僂病、軟骨病、異食癖、仔豬缺鐵性貧血、硒缺乏症、鋅缺乏症的診斷要點和防治措施。

【技能目標】

（1）能進行乳牛酮症、仔豬低血糖症、家禽痛風、脂肪肝症候群及肉雞腹水症候群的臨床診斷，會測定血糖和血酮的含量，能設計血糖、血酮測定的步驟和方法。

（2）能進行維他命 A、維他命 B 群、維他命 D、維他命 E 缺乏症的臨床診斷，能設計疾病的治療方案。

（3）能進行佝僂病、軟骨病的臨床診斷，能看懂 X 光檢查結果，能設計血鈣檢查的步驟及方法。

（4）能進行異食癖、仔豬缺鐵性貧血、硒缺乏症的臨床診斷，能設計疾病的治療方案。

第一節　醣、脂肪、蛋白質代謝障礙疾病

任務一　乳牛酮症

【疾病概述】乳牛酮症又稱醋酮症、產後消化不良及低血糖性酮症等，是高產乳牛產後因醣類和揮發性脂肪酸代謝紊亂所引起的一種全身性功能失調的代謝性疾病。臨床上以

食慾減退、體重減輕、產奶量下降、酮血、酮尿及酮乳和低血糖症為特徵，可伴有神經症狀。本病自首次報導後，在世界許多國家乳牛生產中廣泛發生，造成了相當大的經濟損失。在中國，隨著乳牛業快速發展，乳牛酮症尤其是亞臨床型酮症的發生率呈現明顯的上升趨勢，已引起中國獸醫學者和乳牛飼養管理者的廣泛關注。

乳牛酮症多發生於母牛產後2～6週內的泌乳盛期，尤其是在產後3週內；各胎齡母牛均可發病，尤其以3～6胎高產胎次的母牛多發，第1次產犢的青年母牛也常見發生；產奶量高、舍飼缺乏運動且營養良好的4～9歲母牛發病較多。該病一年四季均可發生，冬、春季節發病較多，在高產牛群中，臨床型酮症的發生率占產後母牛疾病的2%～20%，亞臨床型酮症的發生率占產後母牛疾病的10%～30%。

【發病原因】

1. 日糧能量不足　反芻動物的能量和葡萄糖主要來自瘤胃微生物酵解大量纖維素所生成的乙酸、丙酸和丁酸，三者稱為揮發性脂肪酸。因此，凡是造成瘤胃揮發性脂肪酸減少的因素，如飼料供應過少、品質低劣，或飼料單一、營養不全，或蛋白質過多或不足、胺基酸不平衡，可可溶性糖和優質青乾草不足，或精飼料（高蛋白、高脂肪飼料）過多等，均可引起日糧在瘤胃中停留的時間過短、發酵不完全，造成生糖的丙酸減少和生酮的丁酸增加，從而使母牛醣類的來源不足，引起能量負平衡，導致體脂肪大量分解，產生酮體，引起酮症。

2. 產前過肥、缺乏運動　乾奶期供應的能量水準過高，採食較多的精飼料，缺乏運動，致使母牛產前過度肥胖，嚴重影響產後採食量的恢復，同樣會使機體生糖物質缺乏，引起能量負平衡，產生大量酮體，由此種原因引起的酮症稱消耗性酮症。產前過肥在酮症的發生上具有特殊意義，過肥的牛比中等膘度的牛酮症的發生率要高1～2倍。

3. 產後泌乳高峰和採食高峰不同步　乳牛產後4～6週，已達到泌乳高峰期，營養需求量也達到最高，而乳牛產犢後12週內食慾較差，一般在產後10～12週才能恢復到最大食慾和採食量，在中間相差約6週，攝取的營養物質和產奶消耗間呈現負平衡，尤其能量和葡萄糖的來源不能滿足高產乳牛泌乳消耗的需要。所以，高產乳牛群酮症的發生率高。

4. 營養元素缺乏　維他命A、維他命B_{12}和微量元素鈷、銅、鋅、錳、碘等缺乏在酮症的發生上具有一定意義，特別是鈷，它是合成維他命B_{12}的成分，也參與丙酸的生糖作用。

5. 肝疾病　肝是糖異生的主要場所，原發性或繼發性肝疾病都可影響糖異生作用，使血糖濃度下降，尤其是肝脂肪變性。肥胖母牛發生脂肪肝時，引起肝糖原儲備減少和糖異生作用減弱，最終導致酮症發生。飼料黃麴毒素超標，可直接損害肝引起肝功能障礙，也是酮症發生的原因之一。

6. 飼料腐敗　飼料加工儲存不當，特別是品質不良的青儲飼料，其乙酸、丁酸含量高，可增強生酮作用。

【致病機制】

1. 糖代謝對酮體含量的影響　研究發現，酮體主要成分為乙醯乙酸、β-羥丁酸以及丙酮，其合成原料是脂肪酸β-氧化產生的乙醯輔酶A。在三羧酸循環中，經血液循環到達肝外組織的乙醯乙酸、β-羥丁酸被氧化成乙醯輔酶A，接著其與草醯乙酸結合進入三羧酸

循環，從而為組織提供所需能量。產後乳牛在泌乳高峰時，乳糖、乳脂合成需要大量葡萄糖，很容易導致體內葡萄糖供應不足，而乳牛體內葡萄糖供應不足就會引起草醯乙酸參與葡萄糖的合成，從而使得草醯乙酸濃度下降，進而使乙醯輔酶A無法進入三羧酸循環，最終導致酮體含量增加。反芻動物對醣類的吸收和利用比較少，其所能能量大部分來自揮發性脂肪酸，尤其是丙酸，它可在肝中生成葡萄糖，而乙酸和丁酸在葡萄糖充足的情況下生成脂肪，轉變為乙醯輔酶A，參與三羧酸循環。當瘤胃微生物菌群發生異樣時，揮發性脂肪酸的組成就會發生改變，主要產生乙酸和丁酸，丙酸生成減少，而乙酸和丁酸具有生酮傾向，丙酸具有生糖傾向，葡萄糖的減少導致乙酸和丁酸產能受阻，進而轉入生酮，使酮體含量升高。

2. 脂肪和蛋白代謝對酮體含量的影響　機體利用脂肪供能的過程是：脂肪先分解為游離脂肪酸，然後其被運送至肝，接著在肝中，游離脂肪酸被氧化分解成大量乙醯輔酶A，最後乙醯輔酶A在草醯乙酸的氧化下產生能量。當機體利用脂肪供能時，如果草醯乙酸含量不夠，則會導致多餘的乙醯輔酶A聚集在肝中，透過酶的作用，生成丙酮，進而生成酮體。當機體同時動用脂肪和蛋白質供能時，一部分蛋白質會轉變為生酮胺基酸，另一部分會分解為生糖胺基酸，前者可直接轉變為酮體，後者先轉變成丙酮酸，然後去羧結合輔酶A生成乙醯輔酶A，其與草醯乙酸大量結合，生成丙酮，進而生成酮體。

3. 激素對酮體含量的影響　胰高血糖素、胰島素、腎上腺素三者與血糖濃度息息相關，當機體血糖濃度降低時，胰高血糖素會分泌增多，胰島素會分泌減少，腎上腺素會分泌增多，在3種激素共同作用下，使肝糖原、脂肪、肌肉蛋白分解，生成葡萄糖、游離脂肪酸和甘油、生酮胺基酸，進而生成酮體。當酮體不斷積累，含量升高，從而進入血液，最終使血酮水準升高，發生酮症。

【臨床症狀】依據有無明顯的臨床症狀將乳牛酮症分為臨床型酮症和亞臨床型酮症兩種類型。

1. 臨床型酮症　常在產後幾天至幾週內出現，以消化紊亂和神經症狀為主。病牛表現為食慾減退，尤其是精飼料採食量減少，喜食墊草或汙物，最終拒食。糞便初期乾硬，表面被覆黏液，後多轉為腹瀉，腹圍收緊、明顯消瘦。精神沉鬱，凝視，步態不穩，伴有輕癱。有的病牛嗜睡，常處於半昏迷狀態，但也有少數病牛狂躁、激動，無目的地吼叫，向前衝撞。嚴重者在乳汁、呼出的氣體和尿液中有酮體氣味（爛蘋果味）。病牛泌乳量明顯下降，乳汁的乳脂含量升高，乳汁易形成泡沫，類似初乳狀。尿呈淺黃色，水樣，易形成泡沫。

2. 亞臨床型酮症　病牛無明顯臨床症狀，但由於亞臨床型酮症會引起母牛泌乳量下降，乳品質降低，體重減輕，生殖系統疾病和其他疾病發生率增高，仍然會引起嚴重的經濟損失，且臨床中多見，應予以注意。

【診斷方法】

1. 臨床檢查　酮症診斷主要是根據飼養條件、發病時間（多發生在產後4～6週），病牛出現減食、產奶量低、神經症狀和呼出氣體有酮體氣味等症狀，並結合發病史可以做出初步診斷。在臨床實踐中，常用酮體試紙或酮體測試儀進行診斷。但需要指出的是，所有這些測定結果必須結合病史和臨床症狀進行分析才能確診。

2. 實驗室檢查　血酮、乳酮及尿酮含量變化有可靠的診斷意義。當血清中酮體含量

為17.2～34.4mmol/L（200mg/L）時為亞臨床型酮症的參考指標，在34.4mmol/L以上，為臨床型酮症參考指標。乳酮含量超過0.516 mmol/L，尿酮含量超過13.76mmol/L，也可作為臨床型酮症的參考指標。

3. 鑑別診斷 酮症診斷需要與前胃弛緩及生產癱瘓相區別。前胃弛緩沒有神經症狀，病牛體液無酮味，尿、乳檢查無大量酮體；生產癱瘓多發生於牛產後1～3d，病牛體溫下降，病初多呈抑制狀態，呼出氣體、乳及尿中無酮體，透過補鈣治療有效，而酮症透過補鈣療效不顯著。

【防治措施】

1. 治療方法

（1）補糖法。靜脈注射50％葡萄糖溶液500～1 000mL，維他命C 50mL、氫化可的松100mL，加肌內注射維他命B_{12} 5mL，每天2次，連用3～5d；也可選用20％葡萄糖溶液腹腔注射，嚴禁口服、皮下注射或肌內注射。重症可在應用大劑量葡萄糖的同時，肌內注射維他命B_1 3～5g、胰島素100～200IU，以促進葡萄糖進入細胞和脂肪合成過程，減少酮體生成。

（2）補充生糖先質。為了增加體內生糖物質的來源，可內服丙酸鈉100～250g，每天1～2次，連用7～10d；丙三醇（甘油）200～500mL，連服數日；乳酸鈉或乳酸鈣每次450g，內服，每天1次，連用2次；重複給予丙二醇或甘油，灌服或飼餵，可增加療效。

（3）激素療法。體質較好的病牛，可用促腎上腺皮質激素200～600IU，一次性肌內注射，並配合使用胰島素，有較好的療效。此外，應用糖皮質激素治療酮症也有助於病牛迅速恢復，但治療初期會引起泌乳量下降。

（4）其他療法。包括鎮靜、健胃助消化等，如水合氯醛，具有抑制中樞興奮、破壞瘤胃中澱粉及刺激葡萄糖的產生和吸收，提高瘤胃丙酸的產量等作用。可用加水口服方式投餵水合氯醛，首次劑量為30g，隨後每次7g，2次/d，連用數天。有資料報導，用0.15％的半胱胺酸500mL靜脈注射，每3d重複1次，治療酮症，效果尚好。用5％碳酸氫鈉500～1 000mL靜脈注射，可糾正酸中毒，用於該病的輔助治療。

2. 預防措施 酮症發生的原因比較複雜，在生產中應採取綜合防治措施。

（1）加強飼養管理，保證充足的能量攝取。

（2）做好酮症的監測工作。

（3）對於易感牛群，可在母牛產犢後每天口服丙二醇350mL，連續10d；或口服丙酸鈉120g，2次/d，連用10d，可有效預防酮症發生。

任務二 仔豬低血糖症

【疾病概述】仔豬低血糖症是新生仔豬血糖含量降低引起的，以虛弱、體溫下降、肌肉無力、全身綿軟及昏睡，甚至驚厥為特徵的營養代謝性疾病。本病主要發生於1週齡以內的仔豬，死亡率高達50％～100％。本病是危害較為嚴重的疾病，由仔豬低血糖症引起的仔豬死亡數占總死亡數的15％～35％。

【發病原因】

（1）母豬營養不佳。妊娠母豬飼料單一，造成蛋白質、礦物質和維他命缺乏，分娩後乳汁減少、稀薄，甚至無奶，從而導致胚胎發育不良，新生仔豬體質衰弱，生活力低下。

（2）仔豬飢餓。新生仔豬飢餓時間過長是該病發生的直接原因。由於同窩仔豬過多，母豬乳頭和乳量不能滿足其需求；同窩個體體質差異大，弱者吃奶不足或困難；餵奶時間間隔過長等而造成飢餓。

（3）豬舍潮濕陰冷。新生仔豬所需的臨界溫度為23～25℃，冬春季氣溫較低，消耗熱能過多，不僅引起低血糖，而且還能降低機體的防禦能力和適應性。

（4）母豬疾病導致泌乳抑制或無乳，如母豬子宮內膜炎、乳腺炎、無乳症候群（MMA）等，可能引發仔豬低血糖症。

【致病機制】新生仔豬腦組織對低血糖比較敏感，且腦組織機能所需的能量往往透過其他糖原氧化提供，當腦組織無法獲得足夠的糖原時就需要從血液中攝取葡萄糖進行氧化，但由於新生仔豬的各項機能還未完全發育，調控糖代謝的能力低下，往往會出現糖原不足而引起低血糖症。此時，中樞神經系統與其他依靠葡萄糖的組織機能活動受到抑制，從而表現出驚厥，並陷入昏迷，呈現低血糖症。

【臨床症狀】仔豬多在出生後2d內發病，病初表現為不安、發抖、被毛逆立、尖叫、不吮乳、怕冷、喜鑽在母豬腹下、相互擠鑽。繼而臥地不起，四肢綿軟無力，出現陣發性神經症狀，有的頭向後仰，四肢做游泳狀划動；有的四肢伸直，微弱怪叫；有的四肢向外叉開伏臥，或蛤蟆狀俯臥。瞳孔散大，眼神呆滯，體表感覺遲鈍或消失，體溫低。最後，仔豬出現驚厥，空口咀嚼、流涎、角弓反張、眼球震顫、前後肢收縮、昏迷或死亡。最後，仔豬出現驚厥，空口咀嚼、流涎、角弓反張、眼球震顫、前後肢收縮、昏迷或死亡。本病死亡率很高，可達100％。

【診斷方法】

1. 臨床檢查 一般情況下，依據仔豬出生後吮乳不足的發病史，結合發病仔豬的日齡（1週內）、臨床表現（體溫降低、虛弱、神經症狀）及臨床葡萄糖治療（給病仔豬腹腔注射5％～20％葡萄糖注射液10～20mL）的積極療效，可以做出診斷。

2. 實驗室檢查 採集發病仔豬的血液樣本，測定其血常規和血生化指標，可發現血糖下降為每100mL 5～50mg（正常值為每100mL 90mg），血液中非蛋白氮及尿素氮明顯升高。

3. 鑑別診斷 在診斷本病時，還應與新生仔豬細菌性敗血症、細菌性腦炎、病毒性腦炎等能引起明顯驚厥的疾病相區別。

【防治措施】

1. 治療方法

（1）治療原則。補糖、保溫。

（2）治療措施。5％～10％葡萄糖液20～40mL，腹腔注射或分點皮下注射，每4～6h 1次，直至症狀緩解，並能自行吮乳時為止。也可口服20％～25％葡萄糖溶液5～10mL，每2h1次，連用數天。餵飲白糖水也有一定效果。同時，對發病仔豬進行保溫處理，可採用紅外線燈、電暖器、煤爐等提高豬舍溫度，並維持在27～32℃，提高療效。

2. 預防措施

（1）加強對妊娠母豬的飼養管理，給予全價飼料以加強營養，保證母體在妊娠期供給胎兒足夠的營養和分娩時有足量優質的乳汁。

（2）新生仔豬吃奶要早，間隔時間要短。

（3）對個體小、體質差、吃不上奶或吃奶不足的仔豬可分批哺乳，發現有低血糖症的

仔豬應及時補糖。

任務三　家禽痛風

【疾病概述】痛風是由於嘌呤代謝障礙或腎受到損傷使尿酸鹽在動物體內組織器官中沉積的營養代謝障礙性疾病。本病以雞為多見，即家禽痛風。臨床上可分為關節型和內臟型兩種，以病雞行動遲緩、腿、翅關節腫大，厭食，跛行，衰弱，腹瀉、排白色糞便為臨床特徵。其病理特徵是血液中尿酸鹽水準增高，屍體剖檢時見到關節表面或內臟表面有大量白色尿酸鹽沉積。痛風是常見的禽病之一，集約化飼養的雞群更常見。

【發病原因】

1. 尿酸生成過多

（1）日糧中蛋白質水準過高。大量飼餵富含核蛋白和嘌呤鹼的高蛋白飼料是引發病發的主要原因之一。高蛋白飼料是指飼料中粗蛋白質含量超過28％，這類飼料有動物內臟（肝、腸、腦、腎、胸腺、胰腺）、肉屑、魚粉、大豆、豌豆等。據報導，如果在雞的日糧中加入去脂肪的馬肉和5％的尿素，使日糧中粗蛋白質的含量達40％，則肯定會引起雞的痛風；如果用含粗蛋白質38％的日糧飼餵幼火雞也可引起痛風，而把粗蛋白質含量降低到20％時，痛風則停止發生，病雞逐漸康復。

（2）遺傳因素。在某些品系的雞中，存在著痛風的遺傳易感性。例如，有遺傳性高尿酸血症關節型痛風的品系雞在同等高蛋白水準飼餵下更易發病，限制飼料蛋白水準可以延緩或防止遺傳性關節型痛風的發生。

2. 尿酸排泄障礙

（1）傳染因素。家禽患腎型傳染性支氣管炎、傳染性法氏囊病、禽腺病毒感染、雞包涵體肝炎和雞產蛋下降症候群（EDS-76）等傳染病，患雞白痢、球蟲病、盲腸肝炎，以及患淋巴性白血病、單核細胞增多症和長期消化紊亂等疾病，都可能引起腎炎、腎損傷，造成尿酸排泄障礙從而繼發或併發痛風。

（2）中毒因素。主要是一些嗜腎性化學毒物、化學藥品及黴菌毒素。常見能引起腎損傷的化學毒物有重鉻酸鉀、鎘、鉈、鋅、鉛、丙酮、石炭酸、升汞、草酸。化學藥品主要是磺胺類藥；黴菌毒素是重要的中毒因素，常見的有青黴菌毒素、赭曲霉毒素、黃麯黴菌毒素、桔青黴菌毒素等。

（3）營養因素。最常見的是禽日糧中長期缺乏維他命A，導致腎小管和輸尿管上皮細胞發育不全、代謝障礙，造成尿酸排出受阻；高鈣低磷，或鎂過高均可引起尿石症而損傷腎，導致尿酸排泄受阻；飲水不足或食鹽過多可造成尿量下降，尿液濃縮從而引起尿酸排泄障礙。

【致病機制】家禽痛風主要是由於尿酸（嘌呤類化合物代謝的最終產物）代謝異常引起。正常情況下，雞體內生成與分解嘌呤的速度處於比較穩定的狀態，即尿酸生成與排泄保持相對恆定，在二者發生失調後，會生成大量尿酸，超過腎排泄能力，使其在血液中不斷蓄積，透過血液循環進入組織中生成尿酸鹽，並在內臟、軟組織、關節部位以及軟骨等處沉積，還會在腎小管和輸尿管內大量沉積而發生家禽痛風。

【臨床症狀】病禽表現為全身性營養障礙，食慾不振，逐漸消瘦，羽毛鬆亂，精神委頓，冠蒼白，不自主地排出含有大量尿酸鹽的白色黏液狀稀糞。母雞產蛋量減少，甚至完

全停產。臨床上，根據尿酸鹽在體內沉積的部位不同將痛風分為內臟型痛風和關節型痛風。

1. 內臟型痛風 此型最常見，常呈急性經過，主要是呈現全身性營養障礙，病禽出現明顯的胃腸道紊亂症狀，腹瀉，糞便白色（其中含大量尿酸鹽），厭食、衰弱、貧血，有的突然死亡。血液中尿酸水準增高。最典型的病理變化是在內臟漿膜上，如心包膜、胸膜、腹膜、腸繫膜、肝、脾、胃等器官的表面覆蓋一層白色的尿酸鹽沉積物。腎腫大、顏色變淺，表面及實質中有雪花狀花紋。輸尿管有石灰樣尿酸鹽結石。病禽發育不良、消瘦、脫水等。本病死亡率較高，容易造成重大損失。

2. 關節型痛風 此型較少見，一般呈慢性經過。病雞食慾減退，羽毛鬆亂，多在趾關節發病，也可侵害腿部其他關節，關節腫脹，初期軟而痛，界限多不明顯。中期腫脹部逐漸變硬，形成不能移動或稍能移動的結節，結節有豌豆大或蠶豆大小。後期，結節軟化或破裂，排出灰黃色乾酪樣物，局部形成出血性潰瘍。病禽往往呈蹲坐或獨肢站立姿勢，行動困難，跛行。病變較典型，在關節周圍出現軟性腫脹，切開腫脹處，有米湯狀、膏樣的白色物流出，關節表面有白色尿酸鹽沉積，有的關節表面發生潰爛或壞死。

【診斷方法】

1. 臨床檢查 根據病因、病史和臨床特徵及病理變化可做出初步診斷。

2. 實驗室檢查 採集病禽血液檢測尿酸含量，血液中尿酸水準持久增高至 15mg/dL 以上即可確診。或採集腿、腳腫脹處的內容物進行顯微鏡觀察，見到細針狀或放射狀尿酸鹽結晶即可結合臨床特徵及病理變化確診。

3. 鑑別診斷 本病應注意與維他命 D 缺乏症相區別。主要是病因、臨床症狀和病理變化不同。維他命 D 缺乏症是由於機體維他命 D 攝取或生成不足而引起的鈣磷代謝障礙，致使骨組織鈣化不全的營養代謝性疾病，以食慾不振，生長受阻，骨病變，雛禽多發為特徵。長期舍飼，皮膚缺乏太陽紫外線照射，同時飼料中形成維他命 D 的前體物質缺乏是引起家禽維他命 D 缺乏的根本原因。病程一般較短。禽最早在 10 日齡時出現明顯症狀，通常在 4～8 週齡發病。除了生長遲緩、羽毛生長不良外，主要呈現以骨極度軟弱為特徵的佝僂病。產蛋禽往往在缺乏維他命 D 2～3 個月才開始出現症狀。主要表現為產薄殼蛋和軟殼蛋的數量顯著增多，隨後產蛋量明顯減少，孵化率也明顯下降，病重母禽表現出「企鵝型」的特別姿勢，禽的喙、爪和龍骨逐漸變軟，胸骨常彎曲；但關節和內臟無尿酸鹽沉積症狀，也無趾關節和跗關節腫脹症狀；血液中尿酸水準正常而血清鹼性磷酸酶（ALP）活性明顯上升，血鈣、血磷水準常低於正常水準。

【防治措施】

1. 治療方法 尋找病因，積極治療原發病。可用阿托方（2-苯基喹-4-甲酸）0.2～0.5g/只，2 次/d，口服，但伴有肝、腎疾病時禁止使用，此藥可增強尿酸的排泄和減少體內尿酸的蓄積及減輕關節疼痛。可給雞飲用 1％碳酸氫鈉溶液、0.5％人工鹽、0.25％烏洛托品溶液。也可用嘌呤醇（7-碳-8-氯次黃嘌呤）10～30mg/只，2 次/d，經口給藥，此藥與黃嘌呤結構相似，是黃嘌呤氧化酶的競爭抑制劑，可抑制黃嘌呤的氧化，減少尿酸的形成；但用藥期間可導致急性痛風發作，給予秋水仙鹼 50～100mg，3 次/d，能使症狀緩解。在雞的飲水中加入 5％的碳酸氫鈉、適量的氨茶鹼和維他命 A 或維他命 C 有效。在飼料中加 2％魚肝油乳劑，並增加病禽光照時間，適當增加運動。不嚴重的痛風病例可逐

漸康復。一般可在飼料中添加 0.2％的碳酸氫鈉，用 4d 停 3d，改用多種維他命和 5％的葡萄糖溶液飲水。若發現是飼料中蛋白質比例過高引起的痛風，則應立即換成蛋白質含量適宜的飼料飼餵。

2. 預防措施

（1）根據家禽不同生理時期的營養標準，合理配製日糧。動物性蛋白不能過高，有充足的複合維他命，尤其是維他命 A；有一定量的青綠飼料和草粉；加強運動和光照，飲水要充足，飼養密度不能過大；防止過量和長期給藥，特別是對腎功能有損害的藥物，如磺胺類要盡量不用和減少用量。據報導，在種雞飼料中摻入沙丁魚或牛糞（牛糞中含維他命 B_{12}）能防止本病的發生。

（2）接種合適的疫苗預防該病，如腎型毒株雞傳染性支氣管炎活疫苗。

總之，本病必須以預防為主，如積極改善飼養管理，減少富含蛋白的日糧，改變飼料配合比例，供給富含維他命 A 的飼料等措施，可預防本病發生或降低本病的發生率。

任務四　脂肪肝症候群

（一）家禽脂肪肝症候群

家禽脂肪肝症候群，又稱脂肪肝出血症候群，是以肝發生脂肪變性為特徵的一種營養代謝性疾病。臨床上以病禽個體肥胖、產蛋量減少，個別病禽因肝功能障礙或肝破裂、出血而死亡為特徵。該病主要發生於籠養產蛋雞，但平養的肉用型種雞及蛋雞也有發生。

【發病原因】

1. 飼料因素

（1）日糧中能量高而蛋白低，能量過剩導致脂肪合成增加。

（2）飼料中缺乏膽鹼、菸鹼酸、錳、蛋胺酸、維他命 E 等營養素。

（3）飼料中黴菌毒素（如黃麴毒素、青黴菌毒素）和菜籽餅含量過多。

2. 其他因素　遺傳背景對脂肪肝症候群有重要影響，如高產蛋量品系對脂肪肝症候群較為敏感，由於產蛋量高與雌激素活性高有關，而雌激素可刺激肝合成脂肪。此外，高產籠養、飼養密度大、環境溫度高、壓力頻繁都會促使脂肪肝症候群發生。這可能與籠養時活動量小、能量消耗少而使脂肪過度沉積，以及在溫度過高等壓力條件下代謝加快而失去平衡有關。

【致病機制】雞蛋成分有脂類、蛋白質、維他命及礦物質等，當母雞開產後，為了滿足產蛋需要，機體會透過蛋白質飼料獲得充足的蛋白質，並且透過日糧中的醣類轉化成脂肪。此時，肝合成脂肪的能力增強，體內的脂肪也越來越多。禽類主要是在肝內進行脂肪合成，合成後就以低密度脂蛋白的形式輸送到血液中，透過心臟和肺進入大循環，然後再輸送到脂肪組織中儲存起來。如果肝內的脫脂蛋白或合成磷脂的原料過少，或是血漿中的低密度脂蛋白水準升高，或是抑制形成極低密度脂蛋白，都會導致輸出肝脂的速度減慢，從而導致過量脂肪在肝中儲存。如果飼料中合成脂蛋白所需要的親脂因子不足，如缺乏維他命 E、維他命 B 群、蛋胺酸、生物素和膽鹼等，會阻礙低密度脂蛋白的合成和運轉，從而引起脂肪肝症候群。黴菌毒素侵害也能夠降低肝細胞的功能和阻礙脂類代謝，引起脂肪肝症候群。

【臨床症狀】發病和死亡的家禽多數為過度肥胖母禽，其體重比正常的高出 20％。尤

其是體況良好的雞、鴨更易發病。發病雞、鴨全群產蛋率下降，有的停止產蛋。常突然發病，喜臥、腹下軟綿下垂，冠和肉髯褪色，甚至蒼白。嚴重者嗜眠、癱瘓，體溫41.5～42.8℃，進而肉髯和冠及腳變冷，可在數小時內死亡。一般從發病到死亡約12d。

剖檢病禽，可見肝肥大、邊緣鈍圓、油膩，呈黃色，表面有出血點和白色壞死灶，質地脆，易破碎如泥樣，用刀切時，在刀的表面有脂肪滴附著。腹腔有大量脂肪沉積，腸繫膜等處有大量脂肪沉積。肝破裂時，腹腔內有大量凝血塊或在肝包膜下可見到小的出血區，也可見有較大的血腫。有的病禽心肌變性呈黃白色，有的腎略變黃，脾、心臟、腸有不同程度的小出血點。

【診斷方法】根據病因、發病特點、臨床特徵和特徵性病理變化，一般可做出診斷。

但要注意與脂肪肝和腎病症候群相鑑別，後者主要發生於肉仔雞，肝和腎均有腫脹，多死於突然嗜睡和麻痺。

【防治措施】

1. 治療方法 本病無特效治療方法，每公斤飼料中加入22～110mg膽鹼，連用7d，有一定效果。在每噸日糧中補加氯化膽鹼1 000g、維他命E 10 000IU、維他命B_{12} 12mg、肌醇900g，連續餵10d，有一定的效果。

2. 預防措施

（1）飼料配方要科學，日糧能量要合理。透過限飼，或在飼料中摻入一定比例的粗纖維（如苜蓿粉）；或添加富含亞麻酸的花生油等來降低能量的攝取。

（2）添加某些營養物質。在飼料中添加膽鹼、肌醇、甜菜鹼、蛋胺酸、維他命E、維他命B_2、錳、亞硒酸鈉等對預防和控制脂肪肝症候群都有一定作用。

（3）重視蛋用雞育成期的日增重。在8週齡時應嚴格控制體重，不可過肥。開產後，加強飼養管理，適當控制光照時間，保持舍內環境安靜，溫度適宜，不餵發霉變質的飼料，盡量減少噪音、捕捉等壓力因素，對預防脂肪肝症候群也有較好的效果。

（二）貓脂肪肝症候群

貓脂肪肝症候群是由於脂質蓄積於肝細胞而造成肝腫大的一類疾病，是寵物貓潛在的致命性疾病之一。貓脂肪肝症候群在各個季節均可發病，主要症狀為四肢無力、皮膚發黃、眼結膜炎、嗜睡、厭食等。貓的身體比較肥胖時，發生率會顯著升高，如病情得不到及時有效的控制，將會導致貓出現肝衰竭和死亡。

任何階段的貓均有可能患病，最易患病的群體為中年貓和肥胖貓，母貓發生率高於公貓。

【發病原因】

1. 原發性因素 原發性脂肪肝症候群通常是由飲食問題造成的，當貓長時間食用低蛋白、高脂肪食物時就很容易出現脂肪肝症狀；活動不足導致肥胖、環境突變、壓力反應等也可誘發本病。患病貓在食慾不振的情況下，其外圍組織中含量過高的脂肪會分解為一種游離脂肪酸進入肝，蓄積於肝細胞。

2. 繼發性因素 易繼發於慢性肝炎和急性肝炎、寄生蟲病、慢性胰腺炎及各種慢性代謝性疾病。

【致病機制】一般認為貓受到環境改變、日糧更換、驚嚇等刺激或患病厭食多天後，就會有大量脂肪分解為脂肪酸進入肝。貓不同於其他動物，本身缺乏蛋白質儲備，若其不

能從食物中獲得這種物質，就只能靠消耗自身的脂肪來獲能。在病理情況下，病貓由於厭食，使得體內 L-肉毒鹼和蛋白質，尤其是蛋胺酸和精胺酸缺乏，影響粒線體外的自由脂肪酸或活化所產生的脂醯輔酶 A 進入粒線體內部，致使肝中的脂肪酸不能正常代謝及轉運，而以甘油三酯的形式在肝蓄積，使得肝不能發揮正常的生理功能。資料統計表明，當肝的脂類物質含量超過肝總重的 5% 時，就可導致貓出現脂肪肝症候群。

【臨床症狀】腹圍比較大、體態肥胖的貓發生脂肪肝症候群的機率比較大。在患病初期，貓會出現精神沉鬱、食慾不振、嗜睡等症狀，後期會出現比較嚴重的行動遲緩、全身無力的症狀，體重會在短時間內嚴重下降。如病情無法得到持續有效的控制，導致貓出現如呼吸急促、發燒、脫水、嘔吐等症狀，某些患脂肪肝症候群的貓體溫甚至超過 40℃，呼吸頻率超過 30 次/min，心跳超過 140 次/min。由於肝受損，貓會出現黃疸，牙齦及內耳部位的皮膚同時發黃。隨著病情加重，病貓會出現比較嚴重的中樞神經系統損傷及代謝系統紊亂，主要症狀為昏迷、抽搐、流口水等。

【診斷方法】

1. 臨床檢查 臨床問診病貓大多厭食，臨床觸診可見多數病貓肌肉組織消失，特別是後肢和臀部的肌肉表現明顯，肝輕度腫大。

2. 實驗室檢查 確定是否患有脂肪肝症候群的重要依據是肝的生化指標及超音波檢查結果，脂肪肝的確診則需要對肝活組織樣本的細胞學或組織病理學進行評估判斷。通常較為常見的幾種檢查方式為超音波檢查、血常規檢查及細胞學檢查。

（1）超音波檢查。對病貓的肝進行超音波檢查，可見肝瀰散性回聲顯著增強，在遠場及近場位置，貓肝的回聲較低，肝腫大明顯，血管清晰度降低。

（2）血常規檢查。對病貓進行血常規檢查，出現比較嚴重的膽紅素尿以及高膽紅素血症，鹼性磷酸酶（ALP）及麩丙轉胺酶（ALT）均出現大幅升高（總膽紅素 TBil 參考值，0~10.3 μmol/L；ALP 參考值，14~120IU/L；ALT 參考值，8.2~100IU/L），在飯後病貓的膽汁酸濃度也會出現一定程度的升高，存在肝性腦病的貓會出現比較嚴重的血氨升高。

（3）細胞學檢查。對病貓透過肝刺穿進行組織採樣，透過蘇丹Ⅲ染色進行醫學檢查，染色後的脂肪肝組織會呈現瀰散性脂質蓄積現象，即肝細胞內出現脂肪液泡，說明被檢測的貓患有脂肪肝症候群。

【防治措施】

1. 治療方法 治療原則是營養支持和治療併發症，目的是恢復蛋白質和脂肪的代謝，恢復肝功能。

（1）支持療法。禁止飼餵高蛋白、高能量日糧。許多病貓會出現不同程度的脫水，應適當補充體液和電解質，如果出現嘔吐，則應補鉀。

（2）強制性營養療法。如果病貓食慾廢絕，可採取經鼻腔投放胃導管，灌服流質飼糧。飼餵量隨時間不斷增加，第 1 天投餵正常量的 1/3~1/2，第 2 天投餵正常量的 2/3，第 3 天投餵正常量，投餵的食物應加熱到合適溫度，防止貓嘔吐。應緩慢投餵，以免食道被堵塞。如果胃導管堵塞，需用溫水沖洗，在除去胃導管前 8 h 和除去胃導管後的 12h 內禁止飲食。

2. 預防措施 標準的體重、良好的飲食習慣和好的性格可以減少本病發生。肥胖是

本病的常見原因，但減肥時過度限制飲食，會誘發本病。

任務五　肉雞腹水症候群

【疾病概述】 肉雞腹水症候群，又稱雛雞水腫病、肉雞肺動脈高壓症候群、心衰症候群和雞高原海拔病，是由多種致病因子造成的慢性缺氧，機體代謝紊亂而引發的一種非傳染性群發性疾病。臨床特徵是右心室嚴重擴張肥大，肝顯著腫大，肺積水形成瘀血，腹腔中存在大量積液。

【發病原因】

1. 遺傳因素　快大型肉雞品種，肉雛雞生長快，新陳代謝旺盛，但其循環系統發育相對滯後，心肺供氧不足，這樣就會導致肉雞右心衰竭，肝瘀血，門靜脈不暢通，從而造成雞腹水。

2. 管理因素　飼養環境不達標，管理不科學，也會導致雞缺氧，引起肺功能失常而發生腹水症候群。如雞舍通風不良，飼養密度過大，雞舍內空氣流通不暢，易使氨氣、一氧化碳和硫化氫等有害氣體濃度過高，含氧量下降，二氧化碳吸入量多都是引發該病的重要因素。

3. 營養因素　①為提高雞的生長速度，日糧中的蛋白濃度高，雞生長過快，對氧氣的需要增加而導致缺氧。②飼料中鈉鹽含量過高，會使機體組織細胞與血液間的滲透壓差明顯加大，體液調節機能減弱；日糧中維他命E及硒缺乏，細胞膜和微血管壁易受脂肪過氧化物的損害，造成腹膜及腹腔器官的細胞膜和微血管壁的體液滲出增多，從而形成腹水。

4. 用藥和疾病因素　在治療和預防過程中，使用藥物不當可能導致雞的肝腎的損傷，或由於一些疾病，如呼吸道疾病造成肺功能損傷，從而影響了呼吸供氧能力，導致了肉雞血氧飽和度降低，誘發了肉雞腹水。

【致病機制】 肉雞通常生長發育快速，需要較多的能量和氧氣，在缺氧因素的影響下，先是損傷肺，導致肺微血管壁變厚，管壁變得狹窄，促使肺動脈血壓明顯升高，抑制右心室泵出血液進入肺部，從而造成右心室明顯肥大和逐漸衰竭。當右心室功能衰竭後，會阻礙全身血液回流，使其在外周血管中淤積，造成腹腔器官瘀血。最後隨著血壓升高，會導致血液中液體從血管中滲出，並不斷在腹腔積存，從而發生腹水。

【臨床症狀】 病初無明顯症狀，病雞通常羽毛蓬鬆，常以腹部著地，站立困難，不願行走，無食慾，呼吸困難，冠髯髮紺，腹部羽毛稀疏或無毛，抓捕時一些雞突然身體震顫而死。後期腹部膨大，呈水袋狀，觸壓有波動感，腹部皮膚變薄發亮。嚴重者皮膚瘀血發紅，有的病雞站立困難，以腹部著地呈企鵝狀，行動緩慢，呈鴨步樣。病程一般7~14d，死亡率為10%~30%，最高達50%。不同飼養規模的雞場均有發生，尤其小規模飼養場發病較多。

【診斷方法】 根據病雞腹部膨大，腹部皮膚變薄發亮，站立時腹部著地，行走呈企鵝狀，觸診腹部有波動感等臨床特徵性症狀，剖檢腹腔有數量不等的液體，即可做出初步診斷。

對病死雞進行病理剖檢，有助於確診。死雛雞全身明顯瘀血，大量紅棕色液體聚集在其腹腔中，偶有纖維蛋白凝塊，可見肝縮小或腫大，邊緣鈍圓，表面有一層膠凍樣物質；

腎腫大、充血；肺水腫；脾萎縮；腸壁充血；剖檢胸腔可見心臟腫大，右心室擴張，心壁變薄，心肌鬆弛，心包積液或有膠凍樣物質存在。

【防治措施】

1. 治療方法　本病一旦發生，雖然單純治療難以奏效，但使用藥物治療可有效降低病雞死亡率。肉雛雞發病時，應及時查找原因並消除病因，限制飲水，使用利尿藥減少腹水，並調整飼料中鈉的含量。可使用一些抗生素，如鏈黴素、慶大黴素、丁胺卡納黴素、新黴素等藥物，以防止大腸桿菌病、支原體病等繼發感染。

2. 預防措施

（1）改進遺傳育種。由於肉雞腹水症候群的發生與仔雞的品種和年齡有關，存在嚴重的遺傳傾向。通常來說，外來肉雞品種比本地雞品種腹水症候群發生率高。因此，飼養快大型肉雞時，選擇耐缺氧且心臟、肺等器官系統較發達且發育較快的品系，並且選擇適合本地區飼養的肉仔雞品種。

（2）加強環境管理。缺氧是導致肉雞腹水症候群發病的主要原因。因此，在寒冷的冬季，首先，注意防寒保暖，同時也要解決好通風換氣的問題，減少雞舍內氨氣和二氧化碳等有害氣體的含量，保持空氣新鮮，維持舍內氧氣含量充足，減少有害氣體。其次，保持舍內濕度適中，及時清除舍內糞汙，保持舍內清潔，並做好消毒工作，給雞提供一個舒適的生長環境。

（3）加強飼料調配，科學飼餵。根據雞實際生長需要科學配製飼料，不盲目追求生長速度，飼料能量按各階段正常生長需要比例配置，以控制肉雞體重。可從第2～3週開始，飼料中蛋白質含量略低，礦物質、多維含量要充足，脂肪含量不能過高，用植物油代替動物脂肪。不餵發霉、變質的飼料，飼料中藥品添加合理、鹽分不能超標等。

第二節　維他命缺乏症

維他命是維持動物機體正常代謝和機能所必需的一類低分子化合物。這類物質在體內既不是構成身體組織的原料，也不是能量的來源，而是一類調節物質，雖然其需求量很少，但是卻在物質代謝中起重要作用。這類物質由於體內不能合成或合成量不足，因此大多數維他命必須從食物中獲得，僅少數可在體內合成或由腸道微生物產生。每一種維他命對動物機體都有其特定的功能，機體缺乏時可引起相應的缺乏症，如代謝機能障礙，生長停滯，生產性能、繁殖力和抗病力下降等，嚴重的甚至可引起死亡。

任務一　維他命 A 缺乏症

【疾病概述】維他命 A 缺乏症是由於畜禽機體內維他命 A 或胡蘿蔔素缺乏或不足所引起的一種營養代謝性疾病。臨床上以生長發育遲緩、上皮角化、夜盲症、繁殖功能障礙以及機體免疫力下降等為特徵。本病各種畜禽均可發生，但以犢牛、羔羊、雛禽、仔豬、毛皮動物等幼齡動物多見。多發生在冬、春青綠飼料缺乏的季節。

動物體內沒有合成維他命 A 的能力，其維他命 A 的來源主要是動物肝、乳汁、蛋等

動物源性飼料，魚肝和魚油更是其豐富來源。植物性飼料中維他命 A 則主要以維他命 A 原（胡蘿蔔素）的形式存在，如青綠飼草、胡蘿蔔、黃玉米、南瓜等都是其豐富來源，胡蘿蔔素在體內吸收後可轉化成維他命 A。

【發病原因】

1. 飼料中維他命 A 或胡蘿蔔素缺乏或不足 長期飼餵胡蘿蔔素和維他命 A 缺乏的飼料而未添加維他命 A；哺乳仔畜因母乳中維他命 A 含量不足，或是斷奶過早，都易引起維他命 A 缺乏。

2. 飼料中維他命 A 和胡蘿蔔素被破壞 飼料調製、加工、儲存不當，如飼料儲存時間過長、儲存溫度過高、烈日曝曬、高溫處理或雨淋發霉變質，會造成胡蘿蔔素受到破壞，長期飼用可致病。此外，維他命 A 與礦物質一起混合等，尤其是在維他命 E 缺乏和不飽和脂肪酸被氧化破壞的情況下，胡蘿蔔素和維他命 A 容易被氧化，可使胡蘿蔔素的含量降低和維他命 A 的活性下降。

3. 機體對維他命 A 的需求量增多，而補充不足 產奶期的高產乳牛、妊娠和哺乳期的動物、生長期的幼禽、高產期的蛋禽及肥育期的肉禽對維他命 A 的需求量明顯增加；肝、腸道疾病和環境溫度過高也使機體對維他命 A 的需求量增多；長期腹瀉，患熱性病的動物，維他命 A 的排出和消耗增多。

4. 機體對維他命 A 或胡蘿蔔素的吸收、轉化、儲存、利用發生障礙 動物長期多病，特別是患肝、腸道疾病時，維他命 A 和胡蘿蔔素吸收障礙，胡蘿蔔素的轉化受阻，儲存能力下降，即使飼料中維他命 A 或胡蘿蔔素含量足，也會發生維他命 A 缺乏症。

此外，飼養管理條件不良，畜舍汙穢不潔、潮濕、寒冷、通風不良、過度擁擠，動物缺乏運動以及陽光照射不足等因素都可誘導發病。

【致病機制】維他命 A 是維持動物機體呼吸道、消化道、生殖道、眼結膜和皮脂腺等上皮細胞正常生理功能所必需的物質。其參與視網膜上視紫質的合成，以加強眼對弱光的適應能力，調節體內醣類、蛋白質和脂肪的代謝，並調節甲狀腺素、腎上腺皮質激素的功能，促進機體骨骼的生長發育；能促進上皮細胞合成黏多醣和組織的氧化還原過程，維持細胞膜結構的完整性和通透性，使機體增加抗病能力。當維他命 A 缺乏時，上述功能都會減弱或喪失，使黏膜乾燥並角質化發病。如視紫質的合成發生障礙，視網膜對弱光的感光能力降低就會出現夜盲症；淚腺上皮角質化，容易發生乾眼和角膜炎症，導致角膜混濁、軟化、潰瘍甚至穿孔，並為消化道、呼吸道、泌尿生殖道黏膜的炎症創造條件；性腺上皮角質化受損時，可導致生殖機能障礙，使母雞產蛋量下降、公雞精子活力下降，嚴重影響種蛋受精和孵化率；同時，黏膜角質化的損傷，還使機體的免疫功能降低，病菌易透過損傷的黏膜侵入機體而致病。

【臨床症狀】各種動物發病，均有生長發育緩慢、視力障礙、皮膚乾燥脫屑、幼畜骨骼成形不全、繁殖力下降、神經症狀、免疫功能下降等共同的臨床表現。但因動物種類不同，組織器官對維他命 A 缺乏的反應有異。

1. 夜盲 夜盲是所有動物尤其是犢牛表現出的較早的臨床症狀之一。病畜表現在黎明、黃昏或月光等暗光下視力障礙，看不清物體，盲目前進，行動遲緩或碰撞障礙物。

2. 眼球乾燥 僅發生於犢牛，表現為角膜增厚及混濁不清；其他動物可見從眼中流出稀薄的漿液性或黏液性分泌物，隨後出現角膜角質化、增厚、雲霧狀、晦暗不清，甚至

出現潰瘍和羞明。禽類表現為流淚，眼內流出水樣或乳樣滲出物，眼瞼內有乾酪樣物質積聚，常將上下眼瞼黏在一起，角膜混濁不透明，最後角質軟化，眼球下陷，甚至穿孔或失明。

3. 皮膚病變 病牛可見皮膚有大量沉積的糠樣垢，蹄部有乾燥的縱向裂紋或形成鱗狀蹄，尤以馬屬動物較明顯。病豬可見被毛粗糙、乾燥、蓬鬆、雜亂、豎立、毛尖爆裂，也可觀察到豬脂溢性皮炎。禽類口腔和食道黏膜分布有許多黃白色小結節或覆蓋一層白色豆腐渣樣的薄膜，剝離後黏膜完整併無出血潰瘍現象。

4. 繁殖性能下降 雄性動物雖可保持性慾，但生精小管的生精上皮細胞變性退化，正常有活力的精子生成減少；小公羊睪丸明顯小於正常睪丸。雌性動物發情週期紊亂，孕畜可因胎盤損害導致流產、產死胎或產弱仔、胎兒畸形，易發生胎衣不下。

5. 神經症狀 患病動物還呈現中樞神經損害的病徵，如顱內壓增高引起的腦病，視神經管縮小引起的目盲，以及外周神經根損傷引起的骨骼肌麻痺。

6. 抗病力低下 維他命 A 缺乏引起黏膜上皮完整性受損，腺體萎縮，極易繼發鼻炎、支氣管炎、肺炎、胃腸炎等疾病，或因抵抗力下降而繼發感染其他疾病。

【診斷方法】

1. 臨床診斷 通常根據長期缺乏青綠飼料及未補充維他命 A 的病史，結合夜盲、眼睛乾燥症（乾眼病）、共濟失調、驚厥等臨床症狀，維他命 A 治療有效等，可初步診斷。視盤水腫和夜盲症的檢查是早期診斷反芻動物維他命 A 缺乏的最容易的方法。共濟失調、癱瘓和驚厥是豬發生維他命 A 缺乏症的早期症狀。

2. 實驗室診斷 實驗室檢驗動物血漿中維他命 A 水準，如降到 $50\mu g/L$（正常在 $100\mu g/L$ 以上），就可能出現臨床症狀。同時，結合脊髓液壓力檢測、眼底檢查、結膜片檢查做出診斷。

3. 鑑別診斷 在臨床上應注意與其他疾病進行鑑別。雞應與白喉型雞痘、傳染性支氣管炎、傳染性鼻炎等進行鑑別；豬主要與偽狂犬病、病毒性腦脊髓炎、食鹽中毒、有機砷和有機汞中毒相鑑別。

【防治措施】

1. 治療方法

（1）治療原則。補充維他命 A、改善飼養管理條件。

（2）治療措施。可補充維他命 A 製劑和魚肝油。維他命 AD 滴劑：馬、牛 5～10mL；犢牛、豬、羊 2～4mL；仔豬、羔羊 0.5～1mL，內服。濃縮維他命 A 油劑：馬、牛 15 萬～30 萬 IU；豬、羊、犢牛 5 萬～10 萬 IU；仔豬、羔羊 2 萬～3 萬 IU，內服或肌內注射，每天 1 次。魚肝油內服，馬、牛 20～60mL，豬、羊 10～30mL，駒、犢 1～2mL，仔豬、羔羊 0.5～2mL，禽 0.2～1mL。禽類還可以在飼料中補加維他命 A，雛雞按每公斤飼料添加 1 200IU，蛋雞按每公斤飼料添加 2 000IU。但是，維他命 A 劑量過大或使用時間過長會引起中毒，應予注意。

2. 預防措施 平時應注意日糧的配合和維他命 A 與胡蘿蔔素的含量，特別是在飼料缺乏季節，青乾草收穫時，要調製、保管好，防曝曬和雨淋發黴變質，放置時間不宜過長，盡量減少維他命 A 與礦物質接觸的時間，豆類及豆餅不要生餵，要及時治療肝膽和慢性消化道病。妊娠、泌乳和處於壓力狀態下的動物適當提高日糧中維他命 A 的含量。

任務二　維他命 B 群缺乏症

【疾病概述】維他命 B 群有 12 種以上，被世界一致公認的有 9 種，包括維他命 B_1（硫胺素）、維他命 B_2（核黃素）、維他命 B_3（菸鹼酸）、維他命 B_5（泛酸）、維他命 B_6（吡哆醇）、維他命 B_7（生物素）、維他命 B_9（葉酸）、維他命 B_{11}（水楊酸）、維他命 B_{12}（鈷胺素）等。由於維他命 B 群都是水溶性的、都是輔酶，以及需要相互協同作用，因此被歸類為一族。維他命 B 群是所有機體組織必不可少的營養素，是食物釋放能量的關鍵，它參與調節新陳代謝，維持皮膚和肌肉的健康，增進免疫系統和神經系統的功能，促進細胞生長和分裂（包括促進紅血球的產生，預防貧血發生）。維他命 B 群在體內滯留的時間只有數小時，必須每天補充。

維他命 B 群的來源很廣，在青綠飼料、酵母、麩皮、米糠及發芽的種子中含量極高，只有玉米中缺乏菸鹼酸。此外，大部分維他命 B 群都能透過動物消化道中的微生物來合成，如瘤胃可合成維他命 B 群；母畜乳汁中含有豐富的維他命 B 群。犢牛和羔羊，由於瘤胃功能不健全，如果維他命 B 群供給不足，易發生維他命 B 群缺乏症；而豬、禽等動物由於腸道合成維他命 B 群的量不能滿足機體的需要，應不斷補充。當維他命 B 群當中的某一種缺乏或不足時，都可稱為維他命 B 群缺乏症。

一、維他命 B_1 缺乏症

維他命 B_1（即硫胺素）缺乏症是由於體內維他命 B_1 缺乏或不足所引起的一種以神經功能障礙為主要特徵的營養代謝病，也稱多發性神經炎或硫胺素缺乏症。本病多見於犢牛、羔羊以及雛禽等幼齡動物，偶爾見於牛、羊、豬、馬和兔等。

【發病原因】分為原發性維他命 B_1 缺乏和繼發性維他命 B_1 缺乏兩種。

1. 原發性維他命 B_1 缺乏

（1）飼料中青綠飼料、酵母、發酵飼料以及蛋白性飼料缺乏或不足，也未添加維他命 B_1，或單一地飼餵穀實類飼料易引起發病。

（2）日糧飼料飼餵前經過水浸泡、高溫蒸煮、鹼化處理等，造成了維他命 B_1 被破壞或丟失。

（3）家畜妊娠後期、泌乳期間和發病高燒時，對維他命 B_1 的需求量增多，也易發本病。特別在 16 週齡前的犢牛，瘤胃還不具備合成維他命 B_1 的能力，仍需從母乳或飼料中攝取，因此其維他命 B_1 缺乏主要是由於母乳以及代乳品中維他命 B_1 含量不足所致。

2. 繼發性維他命 B_1 缺乏

（1）硫胺素頡頏因子所致的缺乏。米糠、油菜籽、棉籽和亞麻籽中含有抗硫胺素因子；抗球蟲藥氨丙啉的化學結構與硫胺素相似，能競爭性地頡頏硫胺素的吸收致其缺乏。

（2）硫胺素酶可以使硫胺素失去生物活性導致缺乏。蕨菜、問荊、木賊等植物含有硫胺素酶，芽孢桿菌屬的細菌能產生硫胺素酶，一些淡水魚類、蛤類含有硫胺素酶，可使硫胺素被破壞。如動物大量採食上述植物、動物飼料或被汙染的飼料後可發生維他命 B_1 缺乏症。

（3）抗生素的不合理使用導致硫胺素合成障礙所致的缺乏。長期大量應用廣譜抗生

素，易使動物胃腸機能紊亂，微生物菌群平衡破壞，硫胺素合成障礙，易引起維他命 B_1 缺乏。

【致病機制】維他命 B_1 主要是參與糖代謝過程中 α-酮酸的氧化去羧反應。正常情況下，神經組織所需的能量主要靠糖氧化供給，當缺乏維他命 B_1 時，醣類代謝不完全，造成丙酮酸和乳酸在神經組織的堆積，同時能量供應減少，以至於影響神經組織及心肌的代謝和機能，從而出現多發性神經炎。在臨床上病豬主要表現為易於疲勞，心跳加快，食慾不振，嘔吐，腹瀉，生長不良，皮膚和黏膜發紺，呼吸困難，急遽消瘦，突然死亡。有人認為維他命 B_1 能抑制膽鹼酯酶，減少乙醯膽鹼的水解，而乙醯膽鹼有增加胃腸蠕動和腺體分泌的作用，能促進消化。當維他命 B_1 缺乏時，則膽鹼酯酶活性增強，乙醯膽鹼迅速被水解，使其量比正常低，動物出現消化不良、食慾不振等症狀。故臨床上常將維他命 B_1 作為治療神經炎、心肌炎、消化不良、食慾不振的輔助藥。

【臨床症狀】維他命 B_1 缺乏主要表現為食慾下降、發育不良、多發性神經炎等，因患病動物的種類和年齡不同而有一定差異。

1. 禽類 雛雞多在維他命 B_1 缺乏 2 週內發病，常表現為突然發生多發性神經炎；成年雞飼餵缺乏維他命 B_1 的日糧，一般在 3 週後發病，也呈多發性神經炎症狀，主要表現為進行性肌麻痺，頭頸後仰而呈「觀星姿勢」，最後倒地不起，體溫可降低至 36℃ 以下，呼吸頻率逐漸降低。一般經 1～2 週後衰竭死亡。腎上腺肥大，十二指腸腸腺擴張，後期黏膜上皮消失。

2. 犢牛與羔羊 腦神經損傷明顯，主要呈現神經症狀，易興奮，痙攣，圓圈運動，共濟失調，四肢抽搐呈驚厥狀。倒地後，牙關緊閉、眼球震顫、角弓反張。重症病犢牛多反覆發作，有的犢牛呈現腦灰質軟化症。有時發生腹瀉、厭食及脫水，最終昏迷死亡。

3. 豬 仔豬表現為厭食，生長停滯；嘔吐，腹瀉，跛行，虛弱，心動過緩，心肌肥大。後期體溫下降，心搏亢進，呼吸困難，黏膜發紺，最終衰竭死亡。間或出現陣發性-強直性痙攣發作，可突然死亡。

4. 犬、貓 犬、貓的維他命 B_1 缺乏可引起對稱性腦灰質軟化症，小腦橋和大腦皮質損傷。表現為食慾不振，嘔吐，脫水，伴發多發性神經炎，頭向腹側彎，驚厥，共濟失調，麻痺，四肢強直性痙攣，最後半昏迷，甚至死亡。

【診斷方法】
1. 臨床診斷 根據飼料成分分析、多發性神經炎及角弓反張等主要臨床症狀，結合病理剖檢變化（心肌弛緩、肌肉萎縮、大腦典型壞死病灶等）進行診斷。同時，應用診斷性的治療，即給予足夠量的維他命 B_1 後見到明顯的療效，可驗證診斷。

2. 實驗室診斷 實驗室檢測結果典型指標是血漿中丙酮酸、乳酸含量增高（正常動物血液丙酮酸濃度參考值，20～30μg/L；乳酸濃度參考值，<5mmol/L），硫胺素含量降低（硫胺素濃度參考值，80～100μg/L）。

3. 鑑別診斷 本病的診斷應注意與雛雞傳染性腦脊髓炎相區別，一般雞傳染性腦脊髓炎有頭頸、晶狀體震顫；僅發生於雛雞，成年雞不發生是本病的特點。

【防治措施】
1. 治療方法 維他命 B_1 嚴重缺乏的病例，可用維他命 B_1 注射液治療，犢牛為 50mg，成年牛、馬為 200～500mg，豬、羊 25～50mg，犬 10～25mg，雞 2～5mg，每 3h 皮下注

射或肌內注射 1 次，3d 為 1 個療程。

2. 預防措施 為預防發病，應注意保持日糧組成的營養全價性，供給富含維他命 B_1 的飼料，如添加優質青草、發芽穀物、米糠或飼用酵母。當飼料中含有磺胺藥或氨丙啉時，應多供給維他命 B_1 以防止頡頏作用。在用乾料飼餵時，目前普遍採取補充複合維他命 B 添加劑的方法。

二、維他命 B_2 缺乏症

維他命 B_2（核黃素）缺乏症是由於體內核黃素缺乏或攝取不足所引起的一種以生長緩慢、皮炎、肢麻痺（禽）、胃腸及眼的損害為主要特徵的營養代謝病。本病多發於禽類和豬，偶見於反芻動物。

【發病原因】維他命 B_2 廣泛分布於動植物性飼料中（其中酵母和糠類含量最高），許多動物消化道內微生物也能合成。因此，自然條件下，維他命 B_2 缺乏並不多見。當長期飼餵缺乏維他命 B_2 或被熱、鹼、紫外線作用破壞了維他命 B_2 的日糧；因胃腸、肝胰疾病，使維他命 B_2 消化吸收障礙；長期大量使用抗生素或其他抑菌藥物，造成維他命 B_2 內源性生物合成受阻；壓力、妊娠或哺乳母畜，生長發育過快的幼齡動物，維他命 B_2 的需求量增加，若未及時補充，均容易造成維他命 B_2 缺乏。禽類由於幾乎不能合成維他命 B_2，如僅以禾穀類飼料飼餵，更易引起維他命 B_2 缺乏。

【致病機制】維他命 B_2 是許多氧化還原酶輔基的成分，當維他命 B_2 缺乏時會影響輔基的合成，影響機體的生物氧化，使營養代謝發生障礙。

【臨床症狀】病畜主要表現眼、皮膚和神經系統的變化。初期一般精神不振，食慾減退，生長發育緩慢，體重降低。皮膚增厚、脫屑、發炎，被毛粗糙，局部脫毛乃至禿毛。眼流淚，結膜和角膜發炎、晶狀體混濁（白內障），乃至失明，口唇發炎及潰瘍。繼則出現神經症狀，共濟失調、痙攣、麻痺、癱瘓。各種動物臨床症狀有所不同。

1. 禽類 多發於育雛期和產蛋高峰期。雛雞表現腹瀉，生長緩慢，消瘦衰弱，以飛節著地，爪內曲，呈「曲爪麻痺症」；機體極度消瘦，胃腸道空虛。成年雞特徵性病變為坐骨神經和臂神經顯著腫大、變軟，尤其是坐骨神經的變化更為顯著，其直徑比正常的粗 4～5 倍，質地軟、無彈性，神經髓鞘退化。母雞肝腫大、柔軟和脂肪變性，產蛋量下降，種蛋蛋白稀薄，孵化率低。即使幼雛孵出，多數都帶有先天性麻痺症狀，體小，水腫，出現「結節狀絨毛」。

2. 豬 豬的臨床表現是發病初期生長緩慢，消化擾亂，嘔吐，腹瀉，皮膚粗糙脫屑或脂溢性皮炎，被毛粗亂無光，鬃毛脫落；眼結膜損傷，角膜混濁，白內障，甚至失明；步態不穩或強拘，多臥地不起，嚴重者四肢輕癱；妊娠母豬還可發生流產、早產、產弱仔，或泌乳性能不良，或不孕。

3. 犢牛、羔羊 表現為厭食，生長遲緩，腹瀉，口唇、口角炎症，流涎，流淚，並伴有脫毛，有時呈現全身性痙攣等神經症狀。

4. 馬 表現急性卡他性結膜炎，畏光，流淚，視網膜和晶狀體混濁，視力障礙。

【診斷方法】

1. 臨床診斷 主要是根據飼養管理情況、臨床表現，參考病理剖檢變化（皮膚病變，角膜、晶狀體混濁，實質器官營養不良，外周神經、腦神經細胞脫髓鞘，重症病雛坐骨神

經和臂神經顯著增粗）進行診斷。治療性試驗可進行驗證診斷。

2. 實驗室診斷　紅血球麩胱甘肽還原酶和紅血球麩胱甘肽氧化酶係數測定是目前評價維他命 B_2 營養狀況的良好指標。動物維他命 B_2 缺乏時，紅血球內維他命 B_2 含量下降，全血中維他命 B_2 含量低於 $0.039\ 9\mu mol/L$。

3. 鑑別診斷　本病的診斷應與狂犬病、禽類神經型馬立克病相區別，同時還應與畜禽的其他維他命缺乏症相區別。

【防治措施】

1. 治療方法　查明並清除病因，調整日糧配方，增加富含維他命 B_2 的飼料，如全乳、脫脂乳、肉粉、魚粉、苜蓿、三葉草及酵母等，或給予複合維他命B製劑，特別要注意對幼畜、種畜的增補。嚴重的病例，肌內注射維他命 B_2 注射液，每公斤體重 $0.1\sim 0.2mg$，連用1週。核黃素拌料或內服，犢牛 $30\sim 50mg/d$，豬 $50\sim 70mg/d$，仔豬 $5\sim 6mg/d$，犬 $10\sim 20mg/d$，雛禽 $1\sim 2mg/d$，連用 $8\sim 15d$。也可飼餵酵母和複合維他命B製劑。

2. 預防措施　健康草食動物一般不會缺乏維他命 B_2。為預防維他命 B_2 缺乏，主要應保持飼餵富含維他命 B_2 的全價飼料，對妊娠、泌乳的母畜和生長較快的幼畜應根據需求及時增量，控制抗生素大劑量長期使用。

三、維他命 B_{12} 缺乏症

維他命 B_{12}（鈷胺素）缺乏症是由於體內維他命 B_{12} 缺乏或攝取不足所引起的一種以機體物質代謝紊亂，生長發育受阻，惡性貧血及繁殖功能障礙為主要特徵的營養代謝病。本病多呈地區性發生，缺鈷地區發生率較高。動物中以豬、禽和犢牛較為多發。

維他命 B_{12} 是促紅血球生成因子，具有抗貧血作用。廣泛存在於動物性飼料中，其中肝含量最豐富，其次是腎、心臟和魚粉中，但植物性飼料中除豆科植物的根外，幾乎不含維他命 B_{12}。牛羊的瘤胃微生物、馬屬動物的盲腸和其他動物大腸內的微生物都可利用鈷合成維他命 B_{12}。家禽體內合成維他命 B_{12} 的能力很小。

【發病原因】本病起因於外源性缺乏，間或內源性生物合成障礙。

1. 外源性因素　主要見於畜禽長期採食植物性飼料，而動物性飼料缺乏，或幼畜長期飼餵維他命 B_{12} 含量低下的代用乳。此外，地方性缺鈷或飼料中鈷頡頏物過多，以及蛋胺酸、可消化蛋白質缺乏時，也可出現維他命 B_{12} 缺乏症。

2. 內源性因素　長期大量使用廣譜抗生素類藥物，引起胃腸道中微生物區系紊亂或破壞，必然影響維他命 B_{12} 合成；胰腺機能不全、慢性胃腸炎等會造成胃黏蛋白分泌減少，影響機體對維他命 B_{12} 的吸收和利用；當肝損傷，肝功能障礙時，維他命 B_{12} 不能轉化為甲基鈷胺，影響胺基酸、膽鹼、核酸的生物合成，也可出現維他命 B_{12} 缺乏症。

【致病機制】維他命 B_{12} 參與體內許多代謝過程，其中最重要的是核酸和蛋白質的生物合成，促進紅血球的發育和成熟。維他命 B_{12} 缺乏時可引起嚴重貧血，還影響組織的代謝，如腸道上皮的改變和神經系統的損害。

【臨床症狀】一般表現食慾減退或異嗜、生長緩慢、發育不良、可視黏膜蒼白、皮膚

濕疹、神經興奮性增高、共濟失調、脂肪肝等症狀。但畜禽種類不同，臨床表現常有一定差異。

1. 豬 病初生長停滯，皮膚粗糙，背部有濕疹樣皮炎。逐漸出現惡性貧血症狀，如皮膚、黏膜蒼白、紅血球體積增大、數量減少。消化不良、異嗜、腹瀉。運動障礙、後軀麻痺、倒地不起，多有肺炎等繼發感染。成年豬繁殖機能障礙，易發生流產、死胎、畸形、產仔數減少，且仔豬生活力弱，多於生後不久死亡。

2. 牛 表現異嗜、貧血、衰弱乏力，母牛產奶量明顯下降。犢牛生長緩慢或停滯，皮膚、被毛粗糙、肌肉弛緩無力、共濟失調。

3. 禽 一般以籠養雞發病較多。雛雞表現生長發育緩慢，飼料轉化率降低，貧血，脂肪肝，死亡率增加。成年雞產蛋量減少，孵化率低下，胚胎發育不良，多半死亡。孵出的雞弱小且多畸形。剖檢可見胸腺、脾、腎上腺萎縮，肝和舌頭呈現肉芽瘤組織的增殖和腫大，發生典型的小球性貧血。

【診斷方法】

1. 臨床診斷 常根據病史、飼料分析結果（鈷和維他命 B_{12} 含量低下）、臨床表現（貧血、皮疹、消化不良）、病理剖檢變化（消瘦、黏膜蒼白貧血、肝變性、脊髓側柱和後柱營養不良）做出初步診斷。

2. 實驗室診斷 血液生化檢測可做輔助診斷，動物缺乏維他命 B_{12} 時，血液與肝中鈷含量降低（正常動物鈷含量參考值，$30\sim60\mu g/kg$），尿中甲基丙二酸濃度顯著升高（正常情況下尿中甲基丙二酸含量極低），呈現巨球性貧血。

3. 鑑別診斷 本病應與鈷缺乏、泛酸缺乏、葉酸缺乏及幼畜營養不良相區別。

【防治措施】

1. 治療方法 發病後在查明原因的基礎上，調整日糧組成，給予富含維他命 B_{12} 的飼料，如全乳、魚粉、肉粉、大豆副產品等。必要時用維他命 B_{12} 注射液治療，馬、牛 $1\sim2mg$，豬、羊 $0.3\sim0.4mg$，雞 $2\sim4\mu g$，肌內注射，每天或隔日 1 次。反芻動物不需補加維他命 B_{12}，只要口服硫酸鈷即可。

對貧血嚴重的病例，還可應用葡聚糖鐵鈷注射液、葉酸或維他命 C 等製劑。由於胃腸疾病引起維他命 B_{12} 缺乏的病畜，應積極治療原發病。

2. 預防措施 應加強飼養管理，合理搭配飼料，保證日糧中含有充足的維他命 B_{12} 和鈷，同時根據機體不同階段的需要及時補充或增加。對缺鈷地區的牧場，應給土壤施鈷肥（硫酸鈷，$1\sim5kg/hm^2$）或在飼料中添加維他命 B_{12}（如種雞，日糧中添加維他命 B_{12}）等方法以預防疾病的發生。此外，還應積極治療畜禽胃腸疾病。

任務三 維他命 D 缺乏症

【疾病概述】維他命 D 缺乏症是指由於機體維他命 D 生成或攝取不足而引起的以鈣、磷代謝障礙為主的一種營養代謝病。臨床上主要表現為食慾下降，生長阻滯，骨骼病變，幼年動物發生佝僂病，成年動物發生軟骨病。各種動物都可出現維他命 D 缺乏症，其中幼年動物較為多發。

【發病原因】機體維他命 D 的來源主要有兩個，即外源性維他命 D（維他命 D_2）和內源性維他命 D（維他命 D_3）。維他命 D_2 主要由植物中麥角固醇經紫外線照射後而產生，又

稱麥角鈣化醇。維他命 D_3 是哺乳動物皮膚中的 7-去氫膽固醇經紫外線照射而產生的，又稱為膽鈣化醇。維他命 D 本身並不具備生物活性，只有經肝腎的羥化生成 1，25- 二羥維他命 D_3 後，才能發揮對鈣磷的調節功能。

飼料中維他命 D 缺乏或皮膚受陽光照射不足是引起動物機體維他命 D 缺乏的根本原因。動物長期舍飼或冬天陽光不足，缺乏紫外線照射，長期飼餵幼嫩青草或未被陽光照射而風乾的青草，致體內合成維他命 D 不足，可發生維他命 D 缺乏症。

胃腸道疾病、肝膽汁分泌不足、日糧中維他命 A 過量影響動物對維他命 D 的吸收，肝疾病影響維他命 D 的代謝。長期胃腸功能紊亂、肝腎衰竭等，也可造成維他命 D 缺乏。

幼年動物生長發育階段、母畜妊娠泌乳階段、蛋雞產蛋高峰，應增加維他命 D 的飼餵量，若補充不足，容易導致維他命 D 缺乏症。

日糧中鈣、磷比例為 (1～2)：1 時，動物對維他命 D 需求量少，當鈣、磷比例偏離正常比例太大時，維他命 D 的需求量增加，如未能適當補充，也可造成維他命 D 缺乏症。

【致病機制】維他命 D 及其活性代謝產物相當於一種內分泌激素，與降鈣素、甲狀旁腺激素（PTH）一起參與機體鈣、磷代謝的調節，保持血液鈣、磷濃度的穩定，以及鈣、磷在骨組織的沉積和溶出，從而維持骨骼和牙齒的正常生長發育。

維他命 D 缺乏造成腸道吸收鈣、磷減少，血鈣、血磷水準降低，以致甲狀旁腺功能代償性亢進，甲狀旁腺激素分泌增加，PTH 促進骨鹽溶解，抑制腎小管對磷的吸收，其結果是血鈣維持正常水準或偏低，但血磷水準明顯降低，鈣磷乘積下降，導致骨質礦化不全、骨樣組織堆積，從而出現一系列佝僂病的表現和血液生化的改變，表現為成年動物因骨骼不斷溶解而發生軟骨病，幼年動物因成骨作用受阻而發生佝僂病。

【臨床症狀】幼年動物主要表現為佝僂病的症狀。病初表現為異嗜，消化紊亂，消瘦，生長緩慢，喜臥，跛行。隨著病情發展，患病的動物可出現四肢彎曲變形，呈「X」或「O」形站立姿勢，關節腫大，邁步困難，不願運動，肋骨與肋軟骨結合處呈串珠狀腫，胸廓扁平狹窄。家禽喙軟，四肢彎曲易折。

成年動物主要表現為軟骨病。初期表現異嗜，消化紊亂，消瘦，被毛粗亂無光；繼之出現運步強拘，拱背站立，腰腿僵硬，跛行或四肢交替站立，喜臥，不願起立。病情進一步發展，出現骨骼腫脹彎曲，四肢疼痛，肋骨與肋軟骨結合處腫脹；尾椎彎軟，被吸收，易骨折；額骨穿刺呈陽性，肌腱附著部易被撕脫。產蛋母禽產軟殼蛋和薄殼蛋增多。

【診斷方法】

1. 臨床診斷 根據動物年齡、飼養管理條件、病史和臨床表現（骨彎曲變形、關節腫大、肋骨呈念珠狀等），可以做出初步診斷。

2. 實驗室診斷 透過血液生化檢測，測定血鈣、血磷水準，鹼性磷酸酶活性，結合骨的 X 光檢查結果可以確診。不同動物臨床生化指標參考範圍見表 4-1。

表 4-1　不同動物臨床生化指標參考範圍

	犬	貓	馬	牛	綿羊	山羊	豬
鈣（Ca）(mg/dL)	8.7～12	7.9～11.9	10.2～13.4	8.0～11.4	9.8～12	9.8～12	9.5～11.5
磷（P）(mg/dL)	2.5～6.2	2.5～7.3	1.5～5.4	4.6～8.0	4.0～7.3	3.7～8.5	5.0～9.3
鹼性磷酸酶（ALP）(IU/L)	22～114	16～65	30～227	18～153	27～156	61～283	41～176

【防治措施】

1. 治療方法　臨床常用維他命 D 製劑治療。內服魚肝油，馬、牛 20～40mL，豬、羊 10～20mL，駒、犢 5～10mL，仔豬、羔羊 1～3mL，禽 0.5～1mL。維丁膠性鈣注射液，牛、馬 2 萬～8 萬 IU，豬、羊 0.5 萬～2 萬 IU，肌內注射。維他命 D 注射液，成年畜每公斤體重 1 500～3 000 IU，幼畜每公斤體重 1 000～1 500 IU。維他命 AD 注射液，馬、牛 5～10mL，豬、羊、駒、犢 2～4mL，仔豬、羔羊 0.5～1mL，肌內注射。應用維他命 D 治療，犬每次 1 000～1 500 IU，肌內注射，每次間隔 15d，共用 2～3 次，同時口服魚肝油 500～1 000 IU。對於大群動物發生維他命 D 缺乏症，可以在日糧中添加維他命 D 粉劑，全群治療。

在使用上述藥物治療維他命 D 缺乏症時，不可長期大劑量使用，應視動物種類、年齡及發病情況適當調整用量及時間，以免造成中毒。一旦出現維他命 D 中毒，應首先停止使用維他命 D 製劑，並給予低鈣飼糧，靜脈輸液，糾正電解質紊亂，補充血容量，使用利尿藥物，促進鈣排出，以使血鈣恢復到正常水準，同時可用糖皮質激素類藥物解救。

2. 預防措施　預防動物維他命 D 缺乏症首先要保證動物有足夠的運動和陽光直接照射，並注意供給富含維他命 D 的飼草飼料。同時，要注意日糧中的鈣、磷含量及比例。對患有胃腸、肝腎疾病影響維他命 D 吸收和代謝的患病動物應及時對症治療。此外，還應注意日糧中其他脂溶性維他命的含量充足。

任務四　維他命 E 缺乏症

【疾病概述】動物生長過程中，維他命 E 需求量很少，但不可或缺。當維他命 E 缺乏時常表現為腦軟化症、滲出性素質、白肌病、成年動物繁殖障礙等營養性疾病。

【發病原因】

（1）使用缺硒或低硒區的穀物特別是玉米作為飼料，加之在飼料中未補充足夠量的維他命 E，均會導致本病發生。

（2）飼料加工和儲存不當。維他命 E 廣泛存在於青綠飼料中，但極其不穩定，在空氣中易氧化。因此，飼料經過曝曬、烘烤、酸漬、霉敗、雨淋、水浸等，或儲存時間過久，均可使維他命 E 受破壞，含量降低或缺乏，引起動物發病。

（3）飼料中添加較多魚肝油，發生酸敗，使維他命 E 受破壞。

（4）飼料中維他命 E 供應不足。幼齡動物處於生長期、母畜處於妊娠期對維他命 E 的需求量增加，維他命 E 添加不足將導致發病。

(5) 某些寄生蟲病及其他慢性腸道疾病，使維他命 E 的吸收利用降低等。

【致病機制】正常生理情況下，機體內產生的自由基參與新陳代謝，不斷生成，又不斷地被清除，其生成速度和清除速度保持相對平衡，因而不對機體產生氧化損傷。維他命 E 是動物體內抗氧化防禦系統中的成員，也是體內生物膜的重要組成部分，能起到穩定膜結構的作用，防止機體在代謝過程中產生的過氧化物和自由基對膜的損害，從而保護生物膜的完整性。

當硒和維他命 E 缺乏時，自由基的產生與清除失去穩態，自由基堆積。這些化學性質十分活潑的自由基與細胞膜的不飽和脂肪酸磷脂膜（脂質膜）發生「脂質過氧化反應」，使丙二醛交聯成 Schiff 鹼（是一類在氮原子上連有烷基或芳基的較穩定的亞胺），破壞蛋白質、核酸、醣類和花生四烯酸的代謝，造成細胞膜、細胞器膜的功能和結構損傷，導致細胞死亡，使組織發生變性、壞死，出現相應臨床症狀，如微血管內皮細胞受損，可使微血管通透性增加，產生水腫、出血等；紅血球膜受損，產生溶血，出現貧血症狀；神經髓鞘和神經細胞軸突的膜受損，出現神經系統症狀；骨骼肌細胞變性、壞死導致運動姿勢異常和運動障礙；心肌變性壞死，豬心臟病變表現為「桑葚心」，禽類為滲出性素質等。

【臨床症狀】

1. 白肌病　白肌病是維他命 E 缺乏所致幼畜的一種以骨骼肌和心肌的纖維化，運動障礙，呼吸困難，消化功能紊亂為特徵。剖檢主要病變是骨骼肌、心肌、肝、腎、腦等部位顏色淡似煮肉樣，質軟易脆，橫斷面呈灰白色斑紋狀。

2. 雞腦軟化症　雞腦軟化症是維他命 E 缺乏所致的以小腦軟化為主要病變，以共濟失調為主要臨床症狀的疾病。多發於 2～7 週齡的雛雞。雞發育不良，特有症狀為運動障礙，共濟失調，頭向上或向下彎曲，角弓反張。剖檢時可見小腦發生軟化、腫脹、出血、壞死。鏡檢可見軟腦膜血管、顆粒層、分子層的微血管以及小腦中央白質區充血。

3. 黃脂病　黃脂病是指使用大量不飽和脂肪酸飼餵動物，維他命 E 供給不足，使機體脂肪組織變為黃色、淡褐色的疾病，多發於豬、兔。一般出現食慾不振，精神倦怠，被毛粗亂，腹腔積液，低血色素性貧血，繼而呼吸困難，後軀麻木，不能走立，最後陣發性痙攣而死亡。剖檢可見屍僵不全，皮下水腫並呈膠凍樣浸潤，腹腔積液，皮下脂肪和體脂呈不同程度的黃色，肝呈黃褐色，腎呈灰紅色，其橫斷面呈淡綠色，淋巴結水腫、出血，脂肪有魚臭味兒。

4. 仔豬肝營養不良與「桑葚心」　這是豬硒與維他命 E 缺乏常見的症狀之一。肝營養不良多見於 21 日齡至 4 月齡仔豬，仔豬發病急，往往無症狀死亡；慢性者，出現呼吸困難、黏膜發紺、貧血、消化不良、腹瀉等。冬末春初易發，死亡率高。「桑葚心」豬外表健康，幾分鐘後，大聲嚎叫而死，皮膚可出現紫紅色斑點，心臟擴張，沿心肌纖維走向出現多發性出血，紫紅色外觀似桑葚樣。

5. 小雞滲出性素質　本病是飼料缺硒或維他命 E 引起的一種以腹部、翅下、大腿皮下水腫為特徵的疾病，以 28～42 日齡的雛雞多發，又稱小雞水腫病。臨床上主要在胸腹下出現淡藍色水腫，病雞閉目縮頸，伏臥不動，運動障礙，共濟失調，貧血，衰竭死亡。

6. 動物的不孕、不育　維他命 E 缺乏還可引起動物不孕、不育，如公畜睪丸發育不

全、精子量少且活力降低，母畜胚胎發育障礙、死胎、流產。

【診斷方法】

1. 白肌病　根據地方缺硒病史、飼料分析、臨床特徵（骨骼肌功能障礙及心臟變化）、屍檢肌肉的特殊病變以及用硒製劑防治的良好效果做出診斷。

2. 雛腦軟化症　根據飼料分析、共濟失調的主要特徵及腦軟化的病理變化做出診斷。

3. 黃脂病　根據飼料分析及病理變化做出診斷。

4. 仔豬肝營養不良與「桑葚心」　可根據臨床症狀、剖檢病變、飼料及內臟硒含量做出診斷。

5. 小雞滲出性素質　根據臨床症狀、剖解變化，不難做出診斷。

【防治措施】

1. 治療方法

（1）患有腦軟化症的病畜，口服5IU維他命E，連用3d。患有滲出性素質、白肌病的病畜，在1kg飼料中摻入20IU維他命E、0.2mg亞硒酸鈉、2g蛋胺酸，連用3週。患病成年雞，每公斤飼料摻入20IU維他命E，或者50g大麥芽也可，降低青綠飼料飼餵量，連用2週。對於病情嚴重的病例，按2～3mg/只肌內注射維他命E，連用3d可治癒。在飲水中加入0.005％亞硒酸鈉-維他命E注射液效果較好。

（2）針對豬的維他命E缺乏，新生仔豬因寒冷、早產感染等因素引起的皮膚脂肪硬化和水腫，肌內注射維他命E 5～10mg/頭，每天1次，連用5d。成年豬用醋酸生育酚1g/頭，0.1％亞硒酸鈉液10～20mL/頭，皮下注射或肌內注射，連用3d。

2. 預防措施　為防止維他命E缺乏症，配製日糧時應注意：

（1）飼料不宜長期存放，久儲後應補充亞硒酸鈉-維他命E粉。

（2）養殖戶自行加工的飼料，應添加魚粉。

（3）維他命E應適量投餵，不宜長期超量餵給，維他命E和硒還有協同作用，硒增加時可適當減少維他命E的用量。

第三節　鈣磷代謝障礙疾病

鈣和磷都具有重要的生理功能，而且它們的代謝是相互影響的。鈣和磷是動物體內含量最多的無機鹽，約有99％的鈣和85％的磷以羥磷灰石即骨鹽的形式沉積於骨組織中，僅一小部分鈣磷存在於體液及軟組織內。在甲狀旁腺素、降鈣素及1,25-二羥維他命D_3的直接調控下，機體的鈣磷攝取與排出處於動態平衡並保持體內鈣磷含量恆定，血中的鈣磷含量相對恆定及其乘積常保持一定的常數，血液中的鈣磷與骨中的鈣磷相互影響、相互制約並維持動態平衡。在病理因素作用下，這種動態平衡被打破，或飼料中鈣磷比例失調使鈣磷結合成為一種不溶性的磷酸三鈣，機體不能吸收就排出體外，均可導致鈣磷代謝障礙。

任務一　佝　僂　病

【疾病概述】佝僂病是指幼畜和幼禽在生長發育過程中，由於維他命 D 缺乏及鈣、磷代謝障礙所致的成骨細胞鈣化不足、持久性軟骨細胞肥大及骨骺增大的骨營養不良性疾病。臨床症狀是消化紊亂、異嗜癖、長骨彎曲及跛行。本病常見於犢牛、羔羊、仔豬和幼犬。

【發病原因】

1. 日糧維他命 D 不足　斷奶後的幼齡動物長期採食未經太陽曬過的飼草，或飼料中維他命 D 供應不足，導致鈣、磷吸收發生障礙，引起佝僂病的發生。

2. 鈣、磷不足或比例不當　飼料中鈣、磷比例不平衡現象即比例高於或低於(1～2)∶1，加之維他命 D 缺乏，生長較快的幼畜就會發生佝僂病。

3. 光照不足　母畜長期舍飼或漫長的冬天光照不足，7-去氫膽固醇不能轉變為維他命 D_3 導致母乳缺乏維他命 D_3，從而引起哺乳幼畜發生佝僂病。

4. 維他命 A、維他命 C 缺乏　維他命 A 是胚胎發育和幼畜骨骼生長發育所必需的，能參與骨骼有機質膠原和黏多醣的合成；維他命 C 是羥化酶的輔助因子，促進骨膠原的合成。因此，缺乏維他命 A、維他命 C，會發生動物骨骼畸形。

5. 斷奶過早或胃腸疾病發生　幼畜斷奶過早導致消化紊亂或長期腹瀉等胃腸疾病時，影響機體對維他命 D 的吸收，從而引起佝僂病。

6. 慢性肝、腎疾病發生　動物患慢性肝、腎疾病時，維他命 D 在肝、腎內羥化轉變功能喪失，活化受阻，造成具有生理活性的 1,25-二羥維他命 D_3 缺乏而引起佝僂病。

7. 缺乏運動　動物長期舍飼，缺乏運動，骨骼的鈣化作用降低，骨質硬度下降。

8. 某些微量元素缺乏或過多　微量元素鐵、銅、鋅、錳、碘、硒的缺乏或鍶、鈹含量過多均可促進佝僂病的發生。

9. 內分泌功能障礙　甲狀腺、胸腺等功能障礙時，影響鈣、磷的代謝和維他命 D 的吸收利用，也可促進佝僂病的發生。

【臨床症狀】

1. 幼畜一般症狀　精神沉鬱，食慾減退，消化紊亂，異嗜癖，營養不良，喜臥地，發育緩慢或停滯。

2. 特徵變化　患病動物關節腫大，骨端增大，弓背，長骨畸形，跛行，步態僵硬，甚至臥地不起；四肢骨骼有變形，呈現「O」形腿或「X」形腿；出牙期延長，齒形不規則易磨損，咀嚼困難；肋骨與肋軟骨結合處有串珠狀腫大；鼻、上頜腫大，隆起，顏面增寬，呈「大頭」。幼禽可表現為喙變形，易彎曲，俗稱「橡皮喙」；脛、跗骨易彎曲，胸骨脊彎曲成「S」狀，肋骨與肋軟骨結合處及肋骨與胸椎連接處呈球形膨大，排列成串珠狀；腿軟無力，關節增大，嚴重者癱瘓。

【診斷方法】

1. 臨床檢查　根據動物的年齡、飼養管理條件、生長遲緩、異嗜癖、運動困難以及牙齒和骨骼變形等特徵，可初步診斷。

2. 實驗室檢查　骨的 X 光檢查及骨的組織學檢查，可以幫助確診。

【防治措施】

1. 治療方法 有效的治療是補充維他命 D 製劑，如魚肝油或濃縮維他命 D 油、維他命 AD 注射液、維他命 D₃ 注射液等。也可用 10％氯化鈣注射液或 10％葡萄糖酸鈣注射液靜脈注射；或根據動物體重口服乳酸鈣、碳酸鈣等。

2. 預防措施

（1）加強妊娠後期母畜的飼養管理，保證幼畜從母乳中獲得充足的維他命 D。

（2）加強幼畜的護理，特別是斷奶後，在日糧中按維他命 D 的需求量給予合理補充，保證舍飼動物得到足夠的日光照射或在欄舍中安裝紫外線燈定時照射。

（3）日糧應由全價飼料組成，鈣、磷的比例應維持在（1～2）：1。

任務二　軟　骨　病

【疾病概述】軟骨病是軟骨內骨化作用完成後的成年動物發生的鈣、磷代謝障礙的一種骨營養不良性疾病。病理特徵是軟骨內骨化完全，呈現骨質疏鬆並形成過剩的未鈣化的骨基質。臨床特徵是消化紊亂、異嗜癖、骨質變軟疏鬆、姿勢異常發生跛行。本病主要發生於磷缺乏的牛和綿羊，特別是年老而又高產的母牛；豬主要由於鈣缺乏導致纖維素性骨營養不良。

【發病原因】由於飼料和飲水中的磷含量不足，導致鈣、磷比例不當是引起本病的主要原因，但不同種類的動物，在致病因素上也有一定的差異。

1. 牧草磷缺乏 放牧的反芻動物軟骨病通常由於牧草中磷含量不足，導致鈣、磷比例不平衡而發生。

2. 日糧鈣缺乏 在飼餵精飼料的肥育牛、高產乳牛及圈養的豬、禽，軟骨病一般是由於日糧缺乏鈣所致。

3. 鈣、磷和維他命 D 缺乏或鈣、磷比例不當 在成年動物，骨骼中的鈣與磷的比例約為 2：1，因此要求飼料中的鈣與磷的比例要與骨骼中的相適應。日糧中鈣、磷供應不足或比例不當、維他命 D 缺乏及光照不足等均可導致骨骼鈣、磷吸收不良。寵物犬、貓因長期飼餵鈣少而磷多的動物肝或肉，且在室內飼養，缺乏陽光照射，是發生軟骨病的主要原因之一。

4. 患有慢性肝和腎疾病 常見於乳牛，患有慢性肝、腎疾病，從而影響維他命 D 的活化，使鈣、磷的吸收和成骨作用障礙發生鈣化不全。

5. 某些微量元素不足 日糧中鋅、銅、錳等微量元素不足也會影響骨的形成和代謝。

【臨床症狀】患病動物臨床主要以消化紊亂、異嗜癖、跛行和骨骼系統嚴重病變等為特徵，與佝僂病基本類似。病初無明顯特徵症狀，病畜先是食慾減退、消化紊亂、異食癖；當缺鈣時間持續較長，則見骨骼變形，表現為尾椎被吸收，最後 1 尾椎或 2 尾椎吸收消失，甚至多數尾椎排列不齊、變軟或消失；肋骨腫脹、畸形，肋軟骨腫脹呈串珠樣，似串糖葫蘆；四肢外形異常，後肢呈「X」形，肘外展，站立時前肢向前伸，後肢向後拉得很遠，呈特殊的「拉弓射箭」姿勢；病畜弓腰肢體低直，後肢抽搐，常見提肢彈腿，出現跛行。

【診斷方法】

1. 臨床檢查 根據病畜年齡、性別、妊娠及泌乳情況，結合臨床症狀，如蹄變形、尾椎吸收、後肢抽搐等，可做出初步判斷。

2. 實驗室檢查 分析日糧組成中鈣、磷含量及其比例。

【防治措施】

1. 治療方法　病初如及時治療，收效較大。如症狀已趨明顯，則恢復較難。

（1）早期病例。早期出現異嗜癖時，可及時補充骨粉，牛、羊給予骨粉 250g/d，5～7d 為一療程，可以痊癒；給豬使用魚粉或雜骨湯也有很好的效果。

（2）嚴重病畜。飼料中補充骨粉和脫氟磷酸氫鈣，如是低鈣高磷飼料引起，則同時配合靜脈注射 20％葡萄糖酸鈣注射液 500mL，或 10％氯化鈣注射液 200～300mL，每天 1 次，連續注射 3～5d；可以配合肌內注射維他命 D 或維他命 AD 注射液 5～20mL，隔日 1 次，連續 3～5d，或內服魚肝油。如是高鈣低磷飼料引起，則靜脈注射無機磷酸鹽進行治療。

2. 預防措施　在發病地區，尤其對妊娠母牛、高產乳牛，飼養過程中重點注意飼料搭配，充分重視礦物質的供應與比例，鈣、磷比以 1.5：1 為宜；調整維他命 D 含量、補飼骨粉等。有條件的實行戶外曬太陽和適當運動。

任務三　生產癱瘓

【疾病概述】生產癱瘓是指母畜產前癱瘓和產後癱瘓，產後癱瘓也稱產乳熱和臨床分娩低鈣血症，是一種急性的、嚴重的代謝機能紊亂疾病，其主要特徵是全身肌肉無力、步態不穩、站立困難或臥地不起。癱瘓前食慾減退或拒食，行動遲緩，喜飲清水，糞便乾硬，有拱地、異食行為；癱瘓後，出現呆滯、背弓、站立不能持久、交換踏步、後軀搖擺無力，嚴重時知覺喪失、臥地不起。如不及時治療，母畜泌乳量下降，拒絕哺乳，影響幼畜生長發育甚至造成幼畜死亡。此病多見於乳牛產後 3d 內，其他動物也可發生。

【發病原因】高產母畜產前產後癱瘓與其體內鈣的代謝密切相關，血鈣下降為其主要原因。

1. 日糧中鈣磷不足　飼養管理不善，母畜妊娠期間日糧不平衡，鈣、磷含量及其比例不當是引起本病發生的根本原因，當日糧中鈣、磷不足時，母畜產前產後就會動用骨骼中的鈣和磷，長期如此，就會導致母畜體內鈣、磷缺乏，特別是高產母畜發生率更高，在泌乳量達到高峰時，病情大多趨於嚴重。

2. 母畜缺乏運動和光照　母畜缺乏運動和光照，維他命 D 合成不足，導致血鈣含量低，引發氣血虧缺，肌酸肢麻，容易產後癱瘓。

3. 初乳中鈣丟失過量　母畜產後鈣調節功能紊亂，鈣隨初乳丟失的量超過了由腸吸收和從骨中動員的補充量，導致血鈣含量下降，導致低鈣血症發生。

【臨床症狀】根據病程分為 3 個階段：

1. 前驅症狀　此階段呈現出短暫的興奮和搖搦。病畜食慾廢絕，站立不動，出現四肢肌肉震顫，搖頭、伸舌和磨牙。驅之步態跟蹌，左右搖擺，共濟失調，倒地後，興奮不安，極力掙扎再次站起後，四肢無力，步行幾步後又摔倒臥地。

2. 癱瘓臥地　此階段表現為病畜臥地不能站起，呈現伏臥或躺臥兩種姿勢。伏臥病畜四肢縮於腹下，頸部常彎向外側，呈「S」狀，若將其頭部拉向前方後，鬆手後又恢復原狀。躺臥病畜四肢伸直，側臥於地。體溫可低於正常。心音微弱，心率加快可達 90～100 次/min。鼻鏡乾燥，尾軟弱無力，肢端發涼，瞳孔散大，對光感覺反射減弱，肛門鬆弛，反射消失。

3. 昏迷狀態　此階段病畜精神高度沉鬱，心音極度微弱，心率可增至 120 次/min，

頸靜脈凹陷，眼瞼閉合，全身軟弱不動，呈昏睡狀，如治療不及時，常可致死亡。

【診斷方法】根據母畜妊娠後期或產後1～3d內癱瘓、體溫低於正常值、心跳加快、臥地後知覺消失、昏睡等特徵可做出初步診斷。

【防治措施】

1. 治療方法　治療原則是提高血鈣含量和減少鈣的流失，輔以其他療法。

（1）鈣劑療法。靜脈注射20%葡萄糖酸鈣液500～1 000mL，或5%氯化鈣液500～700mL，每天2～3次。氯化鈣、氫化可的松或地塞米松聯合靜脈注射則療效更好。多次使用鈣劑而效果不顯著者，可用10%硫酸鎂注射液150～200mL、5%磷酸二氫鈉注射液500～1 000mL，與鈣劑交替使用，能促進痊癒。

（2）乳房充氣法。將消毒過的導乳管插入已洗淨消毒的乳頭內，並接乳房送風器，向內打氣，打入氣體量以乳房皮膚緊張、乳區界線明顯為準。為防止注進空氣逸出，打滿氣的乳區將其乳頭用繃帶紮緊。氣體量不足，影響療效；氣體量過多，易引起乳腺腺泡損傷。

（3）牛奶療法。對產後癱瘓久的病畜，可用新鮮的、健康母畜的乳汁300～400mL，分別透過乳頭管注入病畜乳區內，可起到治療作用。因注射的鮮奶很快被吸收，機體中樞神經系統的機能得到迅速恢復。

2. 預防措施

（1）重視日糧中鈣、磷的供應量及其比例。一般飼料中鈣、磷比以2∶1為宜。

（2）提供良好的飼養環境，加強母畜的飼養管理，增強機體的抵抗力，控制精飼料餵養量，防止過肥。

（3）對臨產前母畜肌內注射維他命D_3製劑，每天1次，直到分娩止。

第四節　微量元素缺乏症

任務一　異食癖

【疾病概述】異食癖是指由於環境、營養、內分泌和遺傳等多種因素引起動物以舔食、啃咬食物以外的異物為特徵的一種複雜的疾病症候群，如母豬食胎衣，仔豬相互啃咬尾巴、耳朵和腹側。最常見的是禽啄癖。

【發病原因】

1. 營養因素　常見於日糧營養配製不合理，如玉米含量偏高，蛋白質缺乏，特別是含硫胺基酸缺乏，是造成異食癖高發的重要原因；或者維他命缺乏，如維他命B群或維他命D缺乏，可導致體內的代謝機能紊亂而誘發異食癖；或者礦物質缺乏、比例失調，特別是鈉鹽的不足是常見原因；日糧中粗纖維的含量偏低，家禽無飽食感或飲水不足等因素均可導致本病發生。

2. 管理因素　飼養密度過大，動物（如豬、禽類）之間相互接觸和衝突頻繁，為爭奪飼料和飲水位置，相互攻擊咬鬥，常易誘發惡癖。光照過強或光照時間過長，光色不適

（青色光和黃色光），易導致禽的啄癖；高溫高濕，通風不良，再加上空氣中氨氣、硫化氫和二氧化碳等有害氣體的刺激易使禽煩躁不安而引起啄癖；不同品種、日齡和強弱的禽混群飼養，不定時、不定量餵料，突然更換飼料等因素均易誘發啄羽。

3. 生理因素 雛禽的好奇感、性成熟時體內激素分泌增加可誘發啄癖，換羽過程中的皮膚癢感也可使禽發生自啄現象。豬體內激素的刺激導致豬情緒不穩定也可發生咬尾現象。

4. 疾病因素 一些臨床和亞臨床疾病已被證明是異食癖的一個原因。體內外寄生蟲透過直接刺激或產生毒素作用引起異食癖。禽白痢、沙門氏菌病、大腸桿菌病的早期表現出啄癖；家禽有體表創傷、出血或炎症也可誘發啄癖；母禽輸卵管或泄殖腔外翻可誘發啄肛；禽發生消化不良或球蟲病時，肛門周圍羽毛被糞便汙物黏連，也容易引起啄癖。

5. 壓力因素 如噪音過大、驚嚇、停電等因素均易誘發啄羽。

【臨床症狀】 異食癖一般多以消化不良開始，接著出現味覺異常和異食症狀。患病動物常舔食牆壁、啃咬牆土、瓦礫、吞嚥被糞便汙染的飼草或墊草等異物。吞吃異物的性狀、在消化道滯留的部位不同，臨床症狀也不相同。患病動物易驚恐，初期對外界刺激的敏感性增高，後期則遲鈍。被毛鬆亂無光澤、皮膚乾燥、彈力減退、拱腰、磨牙，開始多便祕，其後腹瀉，或便祕腹瀉交替出現。

1. 啄肛 多發於雛禽，在同群雛禽中常常發現一群雛禽追啄一隻雛禽的肛門，造成雛禽的肛門受傷出血，嚴重時直腸脫出，引起死亡。

2. 啄羽 以雛雞、中鴨多發。雛雞、中鴨在開始生長新羽毛或換小毛時易發生；飼養密度過大或圈養雞也可發生，先由個別雞自食或互相啄食羽毛，可見背後部羽毛稀疏殘缺，新生羽毛粗硬，品質差而不利於上市銷售或屠宰加工利用。

3. 啄蛋 常見於圈養蛋雞，飼料中缺鈣或蛋白質不足，產薄殼蛋和無殼蛋，或雞舍內的產蛋箱不足時，產蛋高峰期母雞在地面上產蛋，雞蛋被其他雞踏破後，成群的母雞圍起來啄食破蛋，日久就形成啄蛋癖。產蛋箱內光線太強或光照時間過長，也常引起雞群啄蛋癖。

4. 啄趾 幼雞喜歡互相啄食腳趾，引起出血或跛行症狀。

5. 異食 吃一些不能吃的東西，如石塊、糞便、牆壁等。母豬有食胎衣的惡癖，仔豬有相互啃咬尾巴、耳朵和腹側的惡癖，初生駒有採食母馬糞的惡癖。

【診斷方法】 根據臨床症狀就可以進行診斷。但欲做出病原（因）學診斷，則須從病史、臨床症狀、飼料成分分析、血清學、病原學檢查等方面具體分析。

【防治措施】

1. 治療方法 一旦發現有異食癖的動物，應盡快調查引起異食癖的具體原因，及時排除，同時採取以下措施：

（1）隔離措施。及時將被咬傷的動物挑出，隔離飼養，以免引誘其他動物的追逐、咬傷、啄食。

（2）藥物治療。對出現咬尾現象的豬群採用飲水中添加甲喹酮（安眠酮）的方法，能迅速制止咬尾。具體做法是：體重約 50kg 的豬，按 0.4g/頭，研碎後加入水中飲用，10～30min 後咬尾行為完全消失，且不易復發。咬傷部位應及時用 0.1% 高錳酸鉀溶液等清洗消毒，並塗上碘酊，以防感染化膿。嚴重者實施手術，服用抗菌消炎藥物或淘汰。

2. 預防措施

（1）合理飼養。①應根據動物不同生長階段的營養需要，餵給全價配合飼料，當發現有異食癖時，可適當增加礦物質和複合維他命的添加量。②餵料要做到定時、定量，不餵發霉變質的飼料。

（2）合理分群。應把來源、體重、體質、性情和採食習慣等方面相近的動物分群飼養，每群動物的多少，視圈舍設備、動物日齡以及飼養方式等而定。

（3）飼養密度要適宜。以既不影響動物正常生長、發育、繁殖，又能合理利用欄舍面積為原則。

（4）圈舍環境控制。圈舍應有良好的通風、溫度調控及糞汙處理系統，以利於防暑降溫、防寒保溫、防雨防潮，保證欄舍乾燥衛生，通風良好。在雞，要避免強光照射，可適當利用紅光，有利於抑制過度興奮的中樞神經系統。

（5）定期驅蟲與殺蟲。根據當地的外界氣溫、寄生蟲種類及發病規律，對所飼養的動物從出生到出欄進行定期驅蟲，及時殺滅體表疥、虱等外寄生蟲感染。

（6）適時斷尾和斷喙。對用於育肥的雜交仔豬，應在去勢後育肥，可提高育肥性能和胴體品質，又可防止咬尾的發生。對仔豬斷尾是控制咬尾症的有效措施，方法是在仔豬出生當天，在離尾根大約1cm處，用鈍口剪鉗將尾巴剪掉，並塗上碘酊，或者仔豬出生後1～2d內打耳號，進行斷尾。規模化養雞生產中，雛雞在6～9日齡時進行斷喙（切除部位為上喙是從喙尖到鼻孔的1/2處，下喙是從喙尖至鼻孔的1/3處），必要時60日齡再斷喙1次，可有效防止啄癖。

任務二　仔豬缺鐵性貧血

【疾病概述】仔豬缺鐵性貧血又稱仔豬營養性貧血或鐵缺乏症，是由於仔豬體內鐵含量不足或攝取量減少引起的一種營養代謝性疾病。臨床上以貧血、消瘦、活力下降和生長發育受阻為特徵（血紅素含量降低、紅血球減少），主要發生於2～4週齡仔豬。集約化豬場較易發生本病，通常發生率高達90％，以冬春季節發生率較高。

【發病原因】

（1）幼齡仔豬生長階段對鐵的需求量大，儲存量低，母乳中含鐵量低，供應不足或吸吮不足所致。

（2）飼料中缺鐵或其他原因影響到鐵的吸收。

【臨床症狀】

（1）15～21日齡最易發病，輕症經過，仔豬增重率比正常仔豬明顯降低，食慾減退，容易誘發腸炎、呼吸道感染等疾病，輕度呼吸加快。嚴重經過，仔豬頭頸部水腫，被毛逆立，可視黏膜蒼白，輕度黃染，呼吸加快，心跳加速，體溫不高。消瘦的仔豬週期性出現腹瀉與便祕。

（2）另一類型的仔豬則不見消瘦，外觀上可能較肥胖，且生長發育較快，24週齡時，可在運動中突然死亡。

【診斷方法】根據臨床症狀及病理剖檢可做出診斷。剖檢可見屍體蒼白消瘦，心臟擴張，肝腫大且有脂肪變性呈灰黃色，肌肉淡紅色，血液較稀薄，肺水腫或發生炎性病變，腎實質變性。

結合血液檢查結果，如紅血球計數、血紅素含量測定，以及鐵製劑特異性治療的療效明顯，可做出診斷。

【防治措施】

1. 治療方法

（1）注射補鐵。肌內注射補鐵製劑在生產上應用較普遍。右旋糖酐鐵製劑，如右旋糖酐鐵注射液、右旋糖酐鐵鈷合劑等，3～4日齡仔豬肌內注射100～150mg/頭，10～14日齡再注射1次。為了避免肌內注射局部疼痛，應進行深部肌內注射。

（2）內服補鐵。散養戶舍飼豬欄內放入紅土、泥炭土（含鐵質），以利仔豬採食補充鐵質，是緩解本病的有效方法。

2. 預防措施　加強妊娠母豬和哺乳母豬的飼養管理，飼餵富含蛋白質、無機鹽（鐵、銅）和維他命的日糧。妊娠期母豬於產前2d至產後1個月，每天補充硫酸亞鐵20g，或在母豬產仔前後各1個月內補充水解大豆蛋白螯合鐵，可有效防止仔豬缺鐵性貧血的發生。

任務三　硒缺乏症

【疾病概述】硒是維持動物機體正常生理功能的必需微量元素，具有清除過氧化物自由基和保護細胞膜正常結構完整的功能，當動物機體硒缺乏和攝取不足時，細胞膜出現脂質過氧化、變性和壞死。臨床上以雞滲出性素質、白肌病，仔豬腹瀉、肝營養不良和桑葚心等為特徵。

【發病原因】

1. 原發性因素　見於飼料中缺硒。土壤缺硒（<0.5mg/kg）直接導致植物性飼料缺硒（<0.05mg/kg），間接又使動物性食品中硒含量不足，中國有2/3的土地面積缺硒，並形成了一個缺硒帶。

2. 繼發性因素　硒的頡頏元素是造成硒缺乏症的繼發因素。飼料中鋅、銅、鎘、砷及硫酸鹽含量過高的情況下，即使硒供給量充足，也可使硒的吸收率和利用率下降，而發生硒缺乏症。

【臨床症狀】

（1）動物機體硒缺乏時，主要發生胃腸平滑肌、骨骼肌、心肌等各種肌組織變性。臨床症狀有姿勢異常、運動障礙、以頑固性腹瀉為主的消化機能紊亂、心率快、脈搏無力、尿蛋白呈紅色，多數動物數小時至數天內死亡。

（2）不同動物的特徵性病理變化，仔豬出現心肌變性、桑葚心、猝死、肌紅蛋白尿、心內膜及外膜下有黃白色或灰白條紋；犢牛表現消化不良、站立不穩、肢體麻痺、角膜混濁、失明；幼禽出現貧血、冠白、腹下浮腫呈紫色，俗稱「滲出性素質」。

【診斷方法】

（1）依據地區性缺硒史做出診斷。

（2）結合臨床表現和病理變化做出診斷。

【防治措施】

1. 治療方法

（1）對不明原因腹瀉補硒。0.1％亞硒酸鈉注射液，豬12mg，雞0.05mg，一次肌內注射，10～20d再注射1次。

(2) 飼料補硒。雛禽可在10kg飼料添5mg亞硒酸鈉，連餵7～10d。

(3) 飲水補硒。10L水加5mg亞硒酸鈉，連用5～10d。

2. 預防措施 孕畜分娩前1～3個月，每4週注射1次0.1%亞硒酸鈉液10～20mL；仔豬3日齡、15日齡、30日齡各注射1次0.1%亞硒酸鈉液1～2mL，也可日常飼料補硒0.1mg/kg。

任務四 鋅缺乏症

【疾病概述】鋅缺乏症是由於機體組織內鋅含量不足而導致動物體物質代謝和造血功能發生障礙，皮膚角化過度，毛（羽）缺損，生長發育受阻以及創傷癒合緩慢的疾病。多見於豬、羊、牛和雞，犬、貓偶有發生。

【發病原因】

1. 飼料中鋅含量不足是導致原發性鋅缺乏的主要原因 飼料中鋅的含量因植物種類不同而異。一般蛋白質食物中鋅含量較高，如牡蠣等海洋生物、魚粉、骨粉、酵母、糠、野生牧草及動物性飼料，而高梁、玉米、稻穀、麥、苜蓿、三葉草、蘇丹草、水果、塊根類等飼料中含鋅量較低，不能滿足動物需要。

2. 飼料中鈣、鎂、植酸含量過高干擾鋅吸收利用 多餘的鈣、鎂可與植酸形成相應的鹽，這兩種鹽在腸道鹼性環境中與鋅再形成難溶的複鹽，導致鋅的吸收障礙。

【臨床症狀】

(1) 生長發育遲緩是鋅缺乏症的主要症狀。病畜味覺和食慾減退，消化不良致營養低下，生長發育受阻。

(2) 皮膚角化不全和脫毛是缺鋅的特徵性變化。表現在眼、口周圍及陰囊、下肢部位，有類似皮炎和濕疹的病變。犬趾墊增厚龜裂；反芻動物皮膚粗糙、脫毛；家禽皮膚出現皮屑、皮炎。

(3) 公畜表現為性腺功能減退和第二性徵抑制；母畜性週期紊亂，出現不易受胎或不孕、胎兒畸形、早產、流產、死胎等。

(4) 創傷癒合力受到損害，使皮膚黏蛋白、膠原及RNA合成能力下降，使傷口癒合緩慢。

【診斷方法】

1. 臨床檢查 根據特徵性臨床表現，如皮膚角化不全、生長緩慢和病史可做出診斷。

2. 實驗室檢查 檢測血清中鋅含量，飼料的組成、鈣鋅比、植酸鹽的含量、蛋白質的含量。

【防治措施】補鋅是治療鋅缺乏症的基本措施，平衡日糧，保持一定鈣鋅比，飼料中應補加硫酸鋅、碳酸鋅、氧化鋅等鋅鹽，排除其他影響鋅吸收的因素。

任務五 錳缺乏症

【疾病概述】錳缺乏症是飼料中錳元素缺乏導致機體的一系列代謝功能紊亂，臨床上以骨短粗和繁殖功能障礙為特徵的疾病。本病多見於雞的骨短粗症和滑腱症。錳在動物骨骼、肝、腎及胰腺中含量最高，肌肉中含量最低，骨骼含錳量約占體內總量的1/4。自

1931年發現錳是畜禽日糧組成所必需的微量元素以來，錳對動物機體的營養作用越來越得到重視。組織中錳含量直接與飼料中錳含量有關，增加飼料中錳含量可使肝錳含量顯著上升，產蛋期母雞血錳含量顯著增加。

【發病原因】

1. 日糧缺錳 飼料錳主要來自土壤和牧草，不同飼料原料錳含量有差異，玉米和大麥含錳量最低，小麥、燕麥含錳量比玉米和大麥的高3～5倍，糠和麩皮含錳量比玉米、小麥的高10～20倍。中國缺錳土壤主要分布在北方質地較鬆的沙土和泥炭土地區，鹼性土壤中錳離子以高價狀態存在，植物對錳的吸收率和利用率降低。當土壤錳含量低於3mg/kg，或飼料錳含量低於20mg/kg，即為缺錳。

2. 飼料鈣、磷、鐵以及植酸鹽含量過多 當飼料中鈣、磷、鐵以及植酸鹽含量過多時，由於礦物質的吸附作用，可影響機體對錳的吸收、利用。實驗證實，飼餵含鈣3%、磷1.6%和每公斤飼料含錳37mg的雛雞，有骨短粗症發生，鈣含量為1.2%，磷為0.9%，則不發病。

3. 膽鹼缺乏 飼料膽鹼缺乏時，使動物機體對錳的需求量增加，最易發生滑腱症。

4. 患胃腸道疾病 家禽患球蟲病等胃腸道疾病時，也妨礙對錳的吸收、利用。

5. 密集籠養 密集籠養也是本病發生的誘因。

【致病機制】錳是許多酶的活化劑，如鹼性磷酸酶、磷酸葡萄糖變位酶、腸肽酶、膽鹼酯酶、異檸檬酸去氫酶、羧化酶、精胺酸酶、ATP酶等。錳還對多醣聚合酶、半乳糖轉移酶、依賴RNA的DNA聚合酶、二羥甲戊酸激酶均有活化作用。缺錳時這些酶的活性下降，影響家禽的生長和骨骼發育。

【臨床症狀】錳缺乏主要影響動物生長發育，造成骨骼畸形、繁殖障礙、新生動物運動失調等。

1. 骨骼畸形 病畜骨骼生長遲緩，前肢短粗且彎曲，表現為跛足、短腿、彎腿以及關節延長等症狀。2～6週齡的雛雞缺錳，可在2～10週齡出現骨短粗症或滑腱症。即單側或雙側跗關節以下肢體扭轉，向外屈曲，脛跗關節增大、變形，脛骨下端和蹠骨上端彎曲扭轉，導致腓腸肌腱從跗關節的骨槽中滑出呈脫腱症狀。病禽站立時雙腿呈O形或X形，嚴重病例跗關節著地移動或麻痺臥地不起，多因無法採食消瘦而死。種用母雞的主要表現是受精蛋孵化率下降，死胚多，胚胎軀體短小，骨骼發育不良，翅短，腿短而粗，頭呈圓球樣，喙短彎呈特徵性的「鸚鵡嘴」。能孵出的雛雞有的出現神經症狀，如共濟失調、觀星姿勢。

2. 繁殖障礙 母牛、山羊發情期延長，不易受胎，早期發生原因不明的隱性流產、死胎和不育。

3. 新生動物運動失調 缺錳地區犢牛發生較多，主要表現為哞叫、肌肉震顫、關節麻痺、運動明顯障礙。

【診斷方法】根據畜禽缺錳主要病史和臨床症狀進行診斷。如有懷疑時，可對飼料、動物器官組織的錳含量進行測定，有助於確診。

【防治措施】

1. 治療方法 出現明顯的骨短粗症和滑腱症的雞已無治療價值，直接淘汰。此時，需對雞群進行針對性治療，可按100kg飼料添加硫酸錳12～24g拌料飼餵；或用1∶2 000

高錳酸鉀溶液作為飲水,每天更換2～3次,連用2d,停藥2～3d,再用2d。

2. 預防措施

(1) 飼餵富錳飼料。一般來說,青綠飼料和塊根飼料對錳缺乏症有良好的預防作用。此外,糠麩含錳量可達300mg/kg,用米糠、麥麩調整日糧,也有良好的預防作用。

(2) 控制鈣、磷比例。如飼料中鈣、磷含量高者,應降低其含量,並向飼料中增補0.1％～0.2％的氯化膽鹼,適當增加複合維他命的量。

(3) 早期預防。對錳缺乏的地區應早期預防,牛和羊可將硫酸錳製成舔磚(每公斤舔磚含錳6g),讓動物自由舔食。豬的預防用量較小,一般只需錳25～30mg/kg。

3. 注意事項 補錳時應防止中毒,高濃度的錳可降低血紅素和血球比容以及肝鐵離子的水準,導致貧血,影響雛雞生長發育。錳過量又會影響鈣和磷的吸收利用。

任務六 銅缺乏症

【疾病概述】銅缺乏症是由於機體缺銅所引起的貧血、羽毛褪色、骨骼變形、生殖障礙和中樞神經功能紊亂的一種營養代謝病。本病多發生於牛、綿羊和山羊,其他畜禽也可發生。

【發病原因】

1. 飼料缺銅 主要原因是飼料產地土壤含銅量不足或缺乏,常見於缺乏有機質和高度風化的沙土,如沿海平原、海邊和河流的淤泥地帶,這類土壤不僅缺銅,而且還缺鈷;或是沼澤地帶的泥炭土和腐殖土,其中的銅多以有機絡合物形式存在,不能被植物吸收。當飼料含銅量低於3mg/kg時,可以引起發病。

2. 飼料頡頏物質影響 飼料中鉬過多或含硫化合物(蛋胺酸、胱胺酸、硫酸鈉、硫酸銨等)過多,均與銅有頡頏性而降低銅的吸收利用。通常認為銅:鉬應高於5:1,牧草含鉬量每公斤乾物質低於3mg是無害的,當飼料銅不足時,鉬含量在3～10mg/kg,或銅:鉬低於2:1即可出現銅缺乏症臨床症狀,如採食在天然高鉬土壤上生長的植物或工礦鉬汙染所致的鉬中毒。此外,銅的頡頏因素還有鋅、鉛、鎘、銀、鎳、錳、抗壞血酸;飼料中的植酸鹽含量過高,可與銅形成穩定的複合物而降低動物對銅的吸收量。

【臨床症狀】畜禽銅缺乏症主要表現為貧血、運動障礙、被毛褪色、繁殖障礙等症狀。

1. 貧血 銅是紅血球形成所必需的輔助因子,長期營養性缺銅使造血功能減弱而引起貧血;銅過高又會影響鐵的吸收、轉運和利用,也會導致貧血。

2. 運動障礙 缺銅導致含銅的細胞色素氧化酶合成減少,活性降低,從而抑制需氧代謝及磷脂合成,引起脊髓運動神經纖維和腦幹神經細胞變性,結果引起神經性運動障礙。同時,缺銅使含銅的賴氨醯氧化酶和單胺氧化酶合成減少,導致骨膠原的穩定性和強度降低,動物出現骨骼變形和關節畸形而導致運動障礙。

3. 被毛褪色 缺銅使含銅的多酚氧化酶合成量降低。該酶是酪胺酸轉化成黑色素的催化酶,因此銅缺乏可致黑毛褪色變為灰白色。

4. 繁殖障礙 實驗證明,缺銅可使鼠胚胎被吸收,胎兒壞死。山羊的實驗也有相似的變化,當日糧缺銅時,雖發情正常,但受孕後在胚胎發育的不同階段會發生死亡和流產。

【診斷方法】根據貧血、運動障礙、被毛褪色、繁殖障礙等特徵性的臨床症狀進行診

斷，同時進行飼料、土壤、血液、肝含銅量的測定，當血銅含量低於 $0.7\mu g/mL$、肝銅（乾物質）含量低於 20mg/kg 時，可以診斷為銅缺乏症。

【防治措施】

1. 治療方法 口服硫酸銅。

(1) 牛。犢牛 4g，成年牛 8~10g，視病情輕重，每週或隔週 1 次，連用 3~5 週。

(2) 豬。仔豬 5~10mg，成年豬 20~30mg，每天 1 次，連用 15~20d，需間隔 10~15d，再重複 1 次。如果配合鈷製劑治療，效果更好。

2. 預防措施

(1) 提高飼草銅含量。土壤缺銅區域，可每公頃施硫酸銅 5~7kg，可在幾年間保持牧草和飼料銅含量充足。但鹼性土壤不宜施用含銅化肥。

(2) 飼料添加銅。在日糧中添加銅混飼，每公斤飼料銅含量應為，牛 10mg，羊 5mg，母豬 12~15mg，架子豬 3~4mg，哺乳仔豬 11~20mg，雞 5mg。

(3) 預防注射。缺銅地區可給家畜皮下注射甘胺酸銅液，成年牛 400mg（含銅 125mg），犢牛 200mg（含銅 60mg），預防銅缺乏持續期達 3~4 個月。

【知識拓展】

新型靜脈補鐵劑的研究與應用

鐵是動物機體必需的微量元素之一。缺鐵性貧血會導致機體代謝異常，發育遲緩，體能下降，免疫力降低，甚至引起重要臟器功能障礙。幼齡仔豬生長階段對鐵的需求量大，儲存量低，肌內注射補鐵及口服補鐵方法在生產上應用較普遍，但存在不良反應大、吸收差、起效慢的缺點。

目前，中國市場上使用的靜脈補鐵劑有右旋糖酐鐵和蔗糖鐵兩種，因為右旋糖酐鐵仍然具有一定的不良反應，所以給新型靜脈補鐵劑的推廣應用帶來難度。進入 21 世紀以來，靜脈補鐵劑的研製工作並未停止，為了追求使用劑量更大，不良反應更小，吸收效果更好的新型靜脈補鐵製劑，世界各國的科學研究工作者都在不懈努力地研究開發。經過半個多世紀的發展，以多醣鐵複合物為主要活性藥物成分的靜脈補鐵劑已經在臨床上得到廣泛應用。最新的幾種靜脈補鐵劑在安全性和療效方面有了顯著提升，相信隨著新型靜脈補鐵劑不斷進入臨床，今後會有更加廣闊的應用前景。同時，以更具耐受性的醣類為配體的多醣鐵複合物也必將是今後靜脈補鐵劑研發的重點方向。

【思考題】

1. 家禽痛風病因有哪些？如何治療？
2. 脂肪肝症候群的病因有哪些？如何預防？
3. 動物維他命 A 缺乏有哪些症狀？
4. 硒和維他命 E 缺乏症時，動物的臨床症狀有哪些？
5. 怎樣鑑別診斷家禽維他命 B_1 缺乏症與維他命 B_2 缺乏症？
6. 有哪些營養代謝病易發生運動障礙和骨骼變形？怎樣鑑別診斷？
7. 家畜產前產後癱瘓病因有哪些？如何治療？

第五章
中 毒 病

当外界某种物质进入动物机体后，在一定剂量与条件下，与机体组织发生反应，引起机体发生暂时或持久性功能障碍或形态学改变，甚至死亡的过程称为中毒。在临床上中毒可以分为急性中毒（毒物进入体内后 24h 内发病）、慢性中毒（毒物进入体内后 2 个月后发病）、亚急性中毒（介于急性中毒和亚急性中毒之间）。其中，急性中毒起病突然，病情发展快，可以很快危及病畜生命，必须尽快鉴别并采取紧急救治措施。

凡能引起中毒的物质统称为毒物。畜牧业生产中常见毒物来自饲料、农药、兽药和植物等。毒物的概念是相对的，某物质是否有毒与它进入体内的剂量有关，小剂量时是药物，大剂量时是毒物。

【知识目标】
1. 掌握亚硝酸盐中毒、黄麴毒素中毒、棉籽饼中毒、菜籽饼中毒等饲料中毒病的发生原因、症状、诊断与治疗方法。
2. 掌握有机磷农药中毒、有机氟类中毒的症状与治疗方法。
3. 掌握磺胺类药物中毒、阿托品中毒等兽药中毒的发生原因和治疗方法。

【技能目标】
1. 掌握毒物中毒的催吐、洗胃和泻下等临床操作技术。
2. 掌握亚硝酸盐中毒、有机氟类中毒、有机磷农药中毒的实验室检测技术。

第一节　饲料中毒

任务一　亚硝酸盐中毒

【疾病概述】亚硝酸盐中毒是由於动物采食了富含硝酸盐或亚硝酸盐的饲料而引发的一种中毒性疾病，是一种养殖过程中较为常见的中毒性疾病。亚硝酸盐进入机体后可以被胃壁吸收，能与血液中的血红素结合形成高铁血红素，高铁血红素不能与氧气结合，导致血红素失去携氧能力，还使组织中已经与血红素结合的氧难以分离，机体因组织细胞缺氧出现一系列急性中毒症状。本病在临床上多发於猪，给猪喂食反覆燉煮的潲水容易中毒，因而又称为「饱潲瘟」。然后是发生在牛和羊，其他动物少见。

【發病原因】

1. 飼料因素

（1）飼料或飲水硝酸鹽含量高。各種鮮嫩青草和富含硝酸鹽的葉菜，尤其是在這些青草和葉菜種植過程中施用了較多氮肥後會使葉子中的硝酸鹽含量明顯升高。硝酸鹽本身無毒或低毒，無法造成機體中毒，但反芻動物的瘤胃中含有硝化菌，硝化菌能夠將硝酸鹽還原成亞硝酸鹽。對於少量亞硝酸鹽，機體可以透過自身代謝排出體外；但當反芻動物食入大量富含硝酸鹽的飼料，生成過多的亞硝酸鹽時，將導致中毒。

病畜也可因誤飲含硝酸鹽過多的田水、糞水、割草漚肥的坑水引起中毒。

（2）飼料儲存和加工方法不正確。青儲飼料、嫩葉蔬菜因堆放時間過長，放在太陽下曝曬、雨淋，長時間燜煮等處理方式，會提高硝化菌的活力，使青儲飼料、嫩葉蔬菜中硝化菌迅速生長繁殖，從而產生大量硝酸鹽，家畜食用這些飼料後引起中毒。

2. 疾病因素 牛羊消化功能異常時，瘤胃內的硝化菌異常增殖，此時如果採食富含硝酸鹽的蔬菜，則也會誘發亞硝酸鹽中毒。

【致病機制】 硝酸鹽本身對消化道有強烈的刺激作用，其轉化為亞硝酸鹽後，對動物的毒性作用增強，主要表現在亞硝酸鹽對氧合血紅素的氧化作用。吸收入血的亞硝酸鹽能迅速將亞鐵血紅素氧化成高鐵血紅素而失去攜氧能力，一旦超過機體自行解毒的能力，就會導致機體組織細胞缺氧。此外，亞硝酸鹽還有致癌作用，亞硝酸鹽與消化道中的胺形成亞硝胺或亞硝酸胺，具有致癌性，長期攝取可引發肝癌。

【臨床症狀】

1. 豬中毒 中毒後的豬表現出口吐白沫、皮膚黏膜發紺、全身抽搐、呼吸困難、腹痛腹瀉、煩躁不安的現象，中毒嚴重者無法行動，機體缺氧，引起全身組織尤其是腦組織急性損傷，甚至死亡。病死豬的口角和唇邊有泡沫性黏液，血液凝固不良。妊娠期的母豬發生亞硝酸鹽中毒後可導致嘔吐、流產、產死胎等症狀，死亡率很高。

2. 牛中毒 輕症病牛可表現精神不振，步履蹣跚，全身無力，體溫偏低，食慾減退，反芻減少，瘤胃蠕動減弱，腹瀉腹痛，心跳加快，剪尾尖不易出血，血液呈醬油色、黏膩、流動性差，後期臥地不起，四肢呈現游泳划動樣，呼吸時掙扎抽動，最終因窒息而死亡。中毒嚴重的病牛通常在採食後 5h 內出現嘔吐、哞叫、煩躁不安，皮膚末梢、可視黏膜、舌頭發青發紺，變成烏黑色，肌肉震顫，無法站立，嚴重腹痛的症狀。

3. 羊中毒 病羊在採食後 1～5h 內發病，表現為食慾不振，站立打晃，低頭垂耳，四肢無力，腹瀉，嘔吐，呼吸淺表緩慢，重症者死亡。有些病羊死前無任何異狀，常見猝死。

4. 剖檢變化 動物死亡後，剖檢可見肝、腹部腫脹，切面血液呈醬油樣、巧克力色或鐵鏽色，血液凝固不良。慢性病例可見胃黏膜脫落，小腸和皺胃黏膜充血、出血，胃黏膜易脫落。肺組織充血、出血、水腫，氣管、支氣管有血樣泡沫。

【診斷方法】

1. 臨床檢查 根據病畜臨床上採食後幾小時內群體突然發病，耳朵、皮膚、黏膜發紺，呼吸困難，死亡動物血液變成醬油色等特徵性症狀初步診斷為亞硝酸鹽中毒。

2. 實驗室檢查

（1）聯苯胺-冰醋酸反應（見第七章第四節任務五）。

（2）格里斯反應（偶氮色素反應）（見第七章第四節任務五）。

（3）高錳酸鉀法。取胃內容物汁液於試管中，加入 2 滴稀硫酸，再加入 2 滴 10％高錳酸鉀，振盪混勻，如高錳酸鉀褪色，則表明汁液中存在亞硝酸鹽。

（4）亞甲藍法。抽取少許病畜血液於試管中，加入亞甲藍注射液，充分混勻，37℃靜置 1h，血液由醬油色變成鮮紅色，則說明為亞硝酸鹽中毒。

（5）血液檢查法。抽取 5mL 血液在試管中，充分振盪 15min，如果存在高鐵血紅素，則血液顏色沒有變化，仍為醬油色或巧克力色；反之，正常的血液不含高鐵血紅素，充分振盪後，血紅素與氧氣結合後應呈鮮紅色。

【防治措施】

1. 治療方法

（1）特效解毒劑。給亞硝酸鹽中毒家畜灌服 0.05％～0.1％高錳酸鉀和適量木炭粉。馬上耳緣靜脈注射 1％亞甲藍（美藍）0.1～0.2mL/kg，或 5％甲苯胺藍按 5mg/kg 的劑量進行解毒。耳緣靜脈注射時可混合 100～260mg 維他命 C。維他命 C 能夠促進高鐵血紅素還原成血紅素，降低血液中的高鐵血紅素含量。

（2）對症治療。

①緩瀉。灌服硫酸鈉，盡快排出腸道內容物，減少機體吸收亞硝酸鹽。

②興奮呼吸。補氧，可使用尼可剎米（0.25g/mL）靜脈注射，豬、羊 1～4 mL，牛 10～20mL；或用 5％樟腦磺酸鈉馬、牛一次肌內注射，10～20mL。

③強心。0.1％腎上腺素肌內注射，豬、羊 0.2～1mL，牛 2～5mL。

④補液、補充營養。5％葡萄糖氯化鈉注射液、維他命 C、抗生素等。

（3）中藥療法。

①解毒湯。綠豆、甘草等量研磨成分，用開水沖調，晾至室溫後灌服，每天 1 次，連用 3～4d。

②土方草藥。雄黃 50g，生大蒜 100g，碳酸氫鈉 75g，雞蛋清 2 個，200mL 新鮮石灰水的上清液。生大蒜搗碎後依次加入雄黃、碳酸氫鈉、雞蛋清、石灰水充分攪拌混勻後灌服，1d 2 次，連用 2～3d。病畜灌藥前尾尖或耳尖放血療效更佳。

2. 預防措施 臨近採收的青綠飼料，避免施用氮肥。葉菜和飼草盡量現採現餵，當飼草過多時，將飼草攤開放置陰涼處，避免長時間堆放和雨淋。因反芻動物瘤胃中含有硝化細菌，故牛羊要限餵青綠飼料，日常飼餵要加入適量的維他命 A、維他命 D 和碘鹽。煮葉菜前，應將其洗淨，開蓋大火快煮，勤翻動，餵多少煮多少，及時清理當天沒吃完的煮熟飼料。加強日常飼養管理，確保水源乾淨衛生，保證水槽始終有水。

任務二　黃麴毒素中毒

【疾病概述】黃麴毒素是黃麴黴菌和寄生曲黴菌繁殖過程中產生的一種次生代謝產物，具有劇毒性和強致癌性。動物採食被黃麴毒素汙染的飼料飼草，會造成中毒，引起以肝損害、全身出血、消化系統功能障礙為主要特徵的中毒疾病。黃麴毒素中毒發病急、致死率高，所有動物均可發生黃麴毒素中毒，根據其易感性排序如下：雛鴨＞雛雞＞兔＞貓＞仔豬＞豚鼠＞大鼠＞猴＞犢牛＞成年雞＞肥育豬＞成年牛＞綿羊。本病主要發生在潮濕悶熱

的季節，南方多見此病。

【發病原因】病畜食用發霉的飼料或墊草，特別是易發生發霉的玉米、花生、稻米、豆類、麥類、稭稈等。飼料、墊草發生發霉主要有以下幾個原因：①季節回暖，環境溫度為 24～30℃，相對濕度達到 80%，飼料易被黃麴黴菌侵染而產毒。②飼料、墊草儲存不當，梅雨季節或夏季飼料堆積過多，或將飼料、墊草存放在潮濕環境或易接觸到雨水的地方，導致飼料墊草發霉變質。③水分含量較高的飼料，如玉米、花生、豆類，未完全脫水且存放時間過長或通風不良，也利於黃麴黴菌的繁殖導致黃麴毒素的產生。

當飼料發生發霉後，產生的黃麴毒素具有很強的穩定性，黃麴毒素是目前已發現的黴菌毒素中最穩定的一種，耐酸、耐熱而不易被破壞。如 B 族黃麴毒素衍生物 $AFTB_1$ 可耐受 200℃ 的高溫，熔點達到 269℃，強酸也不能破壞其結構。當使用發霉飼料製成的副產品，如酒糟、油粕、醬油渣等飼餵動物時，也可導致動物黃麴毒素中毒。

【致病機制】黃麴毒素可抑制蛋白質合成，影響 DNA 轉錄，還可損傷免疫系統，使動物胸腺發育不良，淋巴細胞減少；慢性中毒則引起動物肝硬化和肝纖維樣病變。

【臨床症狀】

1. 家禽 雛雞、火雞、雛鴨對黃麴毒素敏感性高，多呈急性經過，死亡率極高。雞群表現採食量降低、消瘦，2～6 週齡的雛雞體重不達標，生長停滯，貧血，精神沉鬱，翅下垂，排出黃綠色水樣稀糞，甚至便血，有的會變成僵雞。雛鴨表現食慾廢絕，鳴叫，脫羽，步態不穩，角弓反張，抽搐，死亡率可達 80%～90%。產蛋雞產蛋率下降，產薄殼蛋，或蛋殼上有血斑或沉積的雀斑，蛋黃顏色變淺。成年雞、鴨耐受性較強，常呈現慢性中毒症狀。早期表現不明顯，食慾減退，不喜運動，貧血，病程長的可致肝癌。

2. 豬 仔豬常表現急性經過，多數未表現臨床症狀就突然死亡，尤其是體質健碩、食慾旺盛的豬發生率更高。亞急性病例體溫略有升高，精神沉鬱，食慾減退或廢絕，口渴，糞便中帶有黏液和血液。後期臥地不起，2～3d 內死亡。成年豬、肥育豬常見慢性型症狀，脫群，精神萎靡，低頭，食慾減退，消瘦，皮下出血，可視黏膜黃染，還可出現神經症狀，如興奮不安、痙攣、角弓反張等。

3. 牛 牛群的黃麴毒素中毒也表現為幼齡動物易感性更強，死亡率也更高。成年牛多呈慢性經過，死亡率較低。病牛往往出現磨牙，消化系統疾病，如前胃弛緩、瘤胃鼓脹、腹瀉等，乳牛產奶量下降，妊娠母牛可早產、流產。

4. 綿羊 綿羊發病較少，多數耐受性較強。發病時症狀多與成年牛症狀相似，呈慢性經過。

5. 剖檢變化 急性中毒病理變化主要表現在肝，通常是家禽出現比較多。剖檢家禽的屍體，可見胸部皮下和肌肉出血，肝充血、壞死，顏色鮮紅，脂肪大量聚集於肝，所以顏色呈黃色，伴有局部出血現象。膽囊充盈，腎、胰存在出血點。

慢性病例肝顏色呈灰黃色，有萎縮的現象。病程長的機體體內有腹水，導致腹圍變大。

【診斷方法】

1. 臨床檢查 根據採食發霉飼料病史和病畜的消化障礙、神經症狀等臨床表現及病理變化可以做出初步診斷。

2. 實驗室檢查

（1）飼料檢查。取正在使用的飼料於黑暗環境中用紫外線燈照射，如果飼料表面出現藍紫色或黃綠色螢光，則說明該飼料可能被黃麴毒素汙染。

（2）腸道內容物檢查。取胃內容物汁液於試管中，100倍稀釋製成稀釋液，分別在馬鈴薯葡萄糖瓊脂培養基上接種0.1mL，28℃培養，72h後於顯微鏡下觀察有無黃麴黴菌。

（3）動物實驗。取20羽3日齡的雛雞，隨機分成2組，每組10隻。一組為試驗組，飼餵可疑飼料研磨成的粉末。另一組為空白對照組，飼餵正常飼料。連續飼餵5d，若試驗組雛雞全部死亡，對照組一切正常，且病死雛雞均表現出黃麴毒素中毒的典型症狀和病理變化，則可懷疑飼料發生了發霉。

（4）ELISA法。取現餵的飼料，經處理後進行酶聯免疫吸附試驗，檢測飼料中的黃麴毒素。中國《飼料衛生標準》要求每1 000g飼料中黃麴毒素含量要小於20μg，檢測結果高於此標準的飼料都有可能發生了發霉。

【防治措施】

1. 治療方法 本病無特效解毒藥，以排出毒物、對症治療為主。淘汰已經出現急性症狀的動物，其他病畜以保肝、護腎、消炎、解毒、利膽和增強機體免疫力為主。應立即停餵發霉的飼料或更換發霉的墊料，再針對不同動物採取不同的治療方案。

（1）雞群的治療。制黴菌素，5U/羽，口服，每天2次，連用3d。同時用大蒜素拌料，200g/t。注意補充維他命C，具有一定的解毒作用。併發細菌感染時，使用抗生素治療。針對胃腸黏膜損傷情況，使用修複胃腸黏膜的藥物，補充雞群的營養。肝腎損傷要添加保肝護腎藥物緩解損傷。

（2）豬的治療。病豬先斷尾、剪耳放血，用液體石蠟、1％鞣酸、乙醇混合後灌服；腹腔注射25％葡萄糖注射液、5％碳酸氫鈉注射液、樟腦磺酸鈉、生理鹽水、烏洛托品、維他命C等注射液。同時，還要注意使用抗生素，防治繼發感染。

對病豬還可採用以下方法：灌服高錳酸鉀後，在尾尖、耳尖放血7～10滴，每間隔15min放血1次。同時，熬煮綠豆水，加入少量白糖、紅糖，晾溫後灌服。

（3）牛、羊的治療。確診後的患病牛羊單獨隔離，在飲用水中添加補液鹽，10g/頭（隻），加速有害物質的排出。對於症狀比較嚴重的牛，可用硫酸鎂50g，乙醇50mL，1％鞣酸溶液100mL，加500mL溫水後混合灌服，連續服用3d，同時給病牛補充營養及維他命C、維他命B群。大部分牛、羊經過此法治療，症狀可逐漸消退，恢復健康。

（4）中藥療法。中藥療法在本病中主要起到保肝護腎的作用。

①方劑一。山楂90g，生麥芽、生白芍、黃耆各60g，白朮、茯苓、厚樸、柴胡、桂枝各45g，陳皮、生薑各30g。以上中藥先加水煎煮2次，混合煎液，待冷卻後灌服病牛。每天1次，連用3d。

②方劑二。生龍骨（先煎）、生牡蠣（先煎）各120g，山茱萸、菊花、熟地、旱蓮草各60g，枸杞、鉤藤、生石決明（先煎）、殭蠶、磁石、天麻各45g。以上中藥先加水煎煮2次，混合煎液，待冷卻後灌服病牛。每天1次，連用3d。

2. 預防措施

（1）正確儲存飼料。飼料存放應避開陰冷潮濕的環境，盡量保持通風乾燥。根據需求適量採購飼料，避免大量飼料長時間堆積在倉庫，以免發生發霉。飼料中合理添加防霉劑或除霉劑，如丙酸鈉、丙酸鈣、酵母細胞壁提取物等，可長期添加，可吸附部分黴菌毒素。

（2）加強日常管理。保持飼養環境乾燥，經常通風，更換乾燥的墊料，控制畜舍內的濕度，定期清洗、消毒圈舍，可用20％石灰水進行消毒。

任務三 棉籽餅中毒

【疾病概述】由於中國蛋白飼料缺乏，每年需要進口大量魚粉、豆粕等蛋白飼料原料，因此開發除了魚粉、豆粕以外的蛋白質飼料原料勢在必行。中國是產棉大國，棉籽是棉花加工後的副產品，棉籽中含有大量的油脂和植物蛋白，尤其是去殼提取油脂後的棉籽餅，其蛋白質含量高達40％～50％，是一類來源豐富、價格便宜、營養價值很高的飼料原料。但是棉籽餅中含有棉酚，其適口性差，對家畜有毒性作用。如果一次性飼餵過多，會導致牛群發生棉籽餅中毒，尤其是犢牛更易中毒。

【發病原因】棉籽油酚可分為游離棉酚和結合棉酚兩種，前者有毒。根據棉花種類、生長環境、榨油工藝等不同，棉籽餅游離棉酚的含量通常為0.04％～0.2％；游離棉酚含量雖低，但能危害動物的細胞、侵害血管和神經系統，降低動物對蛋白質的吸收利用，影響動物正常生理機能。

長期使用未去毒的棉籽餅（粕）飼餵家畜，游離棉酚在體內蓄積引起中毒。將牛羊放牧至棉花地，短時間內動物採食了大量新鮮棉葉（鮮棉葉中也含有游離棉酚）以致中毒。犢牛也可因吮吸游離棉酚慢性中毒母牛的乳汁而發生中毒。

【臨床症狀】病畜表現精神倦怠，長期臥地，食慾減退，心率加快，呼吸頻繁，反芻消失、體溫降低，鼻鏡乾裂，尿少或血尿，糞便乾硬、發黑。後期會出現驚叫、肌肉震顫、奔跑等神經症狀。病牛最終可因衰竭死亡。

對中毒死亡的動物進行剖檢，可見全身實質性器官廣泛充血、水腫，皮下組織有漿液性浸潤，胸腔積液。消化道存在炎症，黏膜水腫、充血、出血。肝質脆，發黃。肺、腎也有水腫、充血。

【診斷方法】

1. 臨床檢查 根據病畜是否存在長時間飼餵棉籽餅（粕）的情況，發病後是否出現胃腸炎和神經紊亂等症狀，可初步診斷為棉籽餅中毒。

2. 實驗室檢查 見第七章第四節任務七。

【防治措施】

1. 治療方法

（1）洗胃、催吐、解毒。本病無特效解毒藥。對發病家畜，要及時進行洗胃、催吐，可使用生理鹽水、碳酸氫鈉、高錳酸鉀溶液灌胃。同時，要注意補充鐵鹽，使鐵鹽與棉酚結合，減少機體吸收棉酚。

（2）對症治療。緩解胃腸炎症狀，及時補液、調節酸鹼平衡，保護胃腸道黏膜，預防水腫、炎症。可使用硫酸慶大黴素靜脈注射。當有胃腸道出血時，可灌服磺胺脒、氫氧化鋁凝膠等。出現尿血時，可適量補充維他命A。

（3）中藥療法。

①方劑一。甘草、黃連、檳榔、當歸、木香各30g，白芍、大黃、黃芩各45g，肉桂20g。煎煮2次，混合2次煎液，給病牛灌服，1劑/d，連續服用3d。

②方劑二。蒲公英90g，當歸、沙參各65g，麥冬、車前子、丹蔘、生地各60g，五

味子、川棟子、白芍、枸杞子、甘草各45g。混合研磨成粉,加入開水沖調,給患牛灌服,1劑/d,連續3d。

③方劑三。川芎、木瓜、當歸各18g,茯苓、澤瀉、熟地、山茱萸、丹皮、川牛膝、豬苓各60g,肉桂、附子各45g,山藥120g。煎煮2次,混合2次煎液,給病牛灌服,1劑/d,連續用藥3d即可取得顯著效果。

④方劑四。滑石粉、木炭末各150g,加入6～8個雞蛋清,加淘米水攪拌均勻,一次性給病牛灌服,1劑/d,連用3d即可。

2. 預防措施

(1) 限量飼餵。直接用棉籽餅作為飼料,連續飼餵不超過半個月,豬0.5kg/d,牛1.5kg/d,幼畜、孕畜禁餵。若用作飼料添加,肉雞、肉豬飼料中可占10%～20%,蛋雞、母豬飼料中可占5%～10%,反芻動物耐受性較強,用量可適當加大。此外,防止牛羊採食棉花葉。

(2) 去毒後飼餵。

①物理去毒。使用蒸、煮、炒等方式給棉籽餅加熱,游離棉酚變性失去毒性,再用作飼料。

②化學去毒。將硫酸亞鐵、硫酸銅、尿素或石灰水加入棉籽餅中,在一定條件下游離棉酚會變性或轉換成結合棉酚,洗滌乾淨後飼餵家畜。此法處理時間短,去毒效果較好,但會影響棉籽餅的口感,且不易消化。

③生物去毒。用酶和微生物與棉籽餅拌勻後,在一定溫度下,酶和微生物將游離棉酚轉化為無毒物質,從而達到去毒目的。但是此法工藝條件還需要改進,去毒效果無法保證,目前還處於試驗階段。

④溶劑浸出去毒。游離棉酚易溶於極性溶劑(乙醇、丙二醇、甘油等),用極性溶劑提取棉籽餅中的游離棉酚,可使棉籽餅不受高溫處理,即可去除游離棉酚,既保持了棉籽餅中的蛋白質不變性,又能使棉籽餅中游離棉酚含量控制在安全範圍之內。

(3) 注意補充蛋白質、離胺酸。飼料中蛋白質含量高可降低動物中毒的機率,故飼料中粗蛋白質含量應高於動物機體本身所需的含量。此外,棉籽餅中離胺酸含量較低,應配合使用離胺酸含量高的豆粕、動物蛋白或直接在日糧中添加離胺酸。

任務四　菜籽餅中毒

【疾病概述】油菜籽榨油後產生的副產品——菜籽餅,是一類含高蛋白的優質飼料原料,粗蛋白質含量達35%,其中27.8%均可消化,蛋白含量遠超玉米。但菜籽餅中含有芥子苷、芥子酸、芥子鹼、芥子酶、單寧、植酸等有毒性的成分,芥子苷等在黑芥子酶的作用下會產生有毒的異硫氰酸酯、噁唑烷硫酮、腈類等產物,未經處理的菜籽餅直接飼餵家畜,可導致家畜中毒。

【發病原因】家畜短時間內採食大量未去毒的菜籽餅是本病發生的主要原因。反芻動物瘤胃中的微生物可以分解部分芥子苷,但長期飼餵未去毒的菜籽餅也可造成中毒。

【致病機制】芥子苷本無毒性作用,其水解產物異硫氰酸酯,具有辛辣味,不僅降低飼料的適口性,而且還刺激家畜胃腸黏膜,引起胃腸炎和腹瀉。異硫氰酸酯鹽還具有揮發特性,機體吸收後從肺和腎排出,使得機體易發生支氣管炎和腎炎。噁唑烷硫酮、硫氰酸

根離子則可以干擾甲狀腺素的合成，導致機體甲狀腺腫大，且無法透過補碘緩解腫大症狀。腈類經動物機體代謝，可生成氰離子，產生類似 HCN 的作用，引起機體細胞內窒息、肝腎損傷、生長抑制等。

【臨床症狀】

1. 消化型 病畜採食減少，精神萎靡，生長緩慢，糞便乾硬或稀薄，有血便。種雞產蛋量下降，產軟殼蛋，孵化率下降。反芻動物瘤胃蠕動無力、次數減少，腹痛、腹瀉。由於菜籽餅中有揮發性硫氰酸鹽，採食了菜籽餅的乳牛乳中會有異味。

2. 泌尿型 嚴重病例可發生溶血性貧血，出現血紅素尿、泡沫尿，可視黏膜蒼白，中度黃疸，四肢冰涼，脈搏細弱，虛脫而死。

3. 呼吸型 咳嗽，呼吸困難，張口呼吸，皮下水腫，流泡沫狀粉紅色鼻液。

4. 神經型 病畜出現狂躁不安、亂奔亂撞、四肢痙攣、站立不穩等神經症狀。病畜或可出現失明，又稱「油菜目盲」。

5. 剖檢變化 慢性中毒病例均可見甲狀腺腫大，胃黏膜充血、出血，腸黏膜脫落，肝萎縮、色黃、質脆，肺氣腫、肺水腫，腎炎等。

【診斷方法】

1. 臨床檢查 根據飼餵菜籽餅或新鮮油菜花的病史，結合胃腸炎、支氣管炎、腎炎、呼吸困難、甲狀腺腫大、產蛋量下降等症狀可初步診斷。

2. 實驗室檢查 取少量現餵的飼料研磨，加蒸餾水攪拌混合，靜置，取上清液，加濃硝酸，若出現紅色，則說明有異硫氰酸酯的存在。

3. 鑑別診斷 本病與多種疾病有相似之處，應注意鑑別診斷。如甲狀腺腫大應區別於碘缺乏症、採食了含氰苷的植物；腹瀉應區別於砷中毒、沙門氏菌病；急性肺水腫、肺氣腫應區別於牛霉爛甘薯病、肺絲蟲病等。

【防治措施】

1. 治療方法 本病無特效解毒藥。應立即停餵含菜籽餅的飼料，病畜用 1％鞣酸或 0.05％高錳酸鉀洗胃，促進胃內毒物排出，減少吸收，並服用高蛋白食物，如蛋清、牛奶或豆漿等保護胃腸黏膜。靜脈注射葡萄糖注射液、樟腦磺酸鈉補液強心。如有出血症狀應肌內注射維他命 K_3。

以水混合硫酸鈉 50g、碳酸氫鈉 8g、魚石脂 1g，灌服病畜，促進腸道毒物排出，還可緩解便祕症狀。

如有肺水腫，可用 10％葡萄糖酸鈣 200～600mL 加入葡萄糖注射液中靜脈注射；還可用硫酸阿托品皮下注射 15～30mL（0.5mg/mL），可緩解支氣管痙攣，擴張支氣管管腔。

2. 預防措施

（1）限量飼餵。在日糧中應該注意各種飼料的合理搭配，不僅能營養互補，而且還能夠有效控制毒物含量。禽類菜籽餅在飼料中的比例應不超過 5％，4 週齡以內肉雞、6 週齡以內蛋雞不添加使用菜籽餅；乳牛日糧中菜籽餅添加量不超過 15％；豬的飼餵量不得超過日糧的 10％。

（2）去毒飼餵。

①化學去毒。硫酸銅、硫酸鐵、硫酸鋅能夠分解芥子苷，並能與異硫氰酸鹽和噁唑烷

硫酮形成難溶的絡合物，不易被機體吸收。可將菜籽餅浸泡於硫酸銅溶液，100℃處理60min，異硫氰酸鹽去毒率高達96％，噁唑烷硫酮去毒率達100％。此外，還可將菜籽餅碾碎後，以15％石灰水浸濕，悶蓋3～5h，再蒸煮40～50min，取出後風乾，此法去毒率可達85％～95％，但會降低菜籽餅的營養價值和適口性。

②坑埋去毒。泡軟後的菜籽餅，埋入土坑中，覆以乾草和乾土，放置1～2個月，取出曬乾，即可用於飼餵，此法可去毒70％～98％。

③蒸煮去毒。用溫水浸泡菜籽餅過夜，再換以清水蒸煮1h以上，也可去毒。

④微生物去毒。將酵母、芽孢桿菌等有益微生物同菜籽餅進行生物發酵，在減少毒素的同時，還能提高菜籽餅的香味，增加必需胺基酸的含量，提高其營養價值。通常使用酵母液進行發酵處理，10％的酵母液與菜籽餅混勻，30℃發酵25h，烘乾後備用。

⑤添加劑頡頏。一方面，提高飼料中銅、鋅、鐵、碘的含量，頡頏菜籽餅中的有毒成分；另一方面，飼料中添加離胺酸和蛋胺酸，蛋胺酸能夠克服單寧的毒性。使用此法處理菜籽餅，不需要等待，可直接使用。

⑥使用改良品種菜籽。目前已經培育出改良油菜品種，在解決油菜品種的產量問題、抗病問題和品種退化問題後，低硫葡萄糖苷和低芥酸的油菜品種的使用將有效解決菜籽餅中毒問題。

任務五　霉稻草中毒

【疾病概述】 霉稻草中毒是由於給家畜飼餵了發霉的稻草引起的一類中毒性疾病，具有季節性和地域性，常發生於南方稻穀採收時陰雨連綿的天氣，每年6－8月是高發期。臨床上以動物的蹄腿腫脹、潰爛、蹄匣、趾骨脫落、跛行，耳尖和尾尖乾性壞疽為主要特徵，故又稱「蹄腿腫爛病」、「爛腳病」、「爛蹄壞尾病」。本病水牛發生率較高，然後是黃牛，且發病症狀較輕微。

【發病原因】 稻草收割時節遇上陰雨連綿的天氣，稻草未經曬乾就開始堆放，稻草發生發霉；或收割時將已經發霉的稻草一起收割，給牛飼餵此類稻草後可發生中毒。

【致病機制】 發霉的稻草有霉味，呈白色、灰色、黑色或肉紅色等，其上有大量繁殖的鐮刀菌，如木賊鐮刀菌、半裸鐮刀菌、粉紅鐮刀菌、磚紅鐮刀菌、三隔鐮刀菌、雪腐鐮刀菌、梨孢鐮刀菌等。鐮刀菌在適宜溫度下可生成大量丁烯酸內酯等真菌毒素，丁烯酸內酯進入機體後作用於外周血管，能使局部末梢血管發生痙攣，血管壁增厚，管腔狹窄，血流變慢，形成血栓，發生脈管炎，繼而血液循環障礙，引起末梢組織周圍水腫、瘀血、出血、變性、壞死、腐爛等。若繼發細菌感染，則會引起局部淋巴結炎性反應，發生蹄匣脫落等。

【臨床症狀】 本病多為突然發作。初期，病畜出現腳腫，球關節上方腫脹，步態僵硬，跛行，部分病牛發病前患肢有間歇性提舉的表現。局部組織先冷後熱，有疼痛感，而後患處皮膚破裂，流出黃色黏液，局部組織變硬，蹄冠開裂。隨著病情的惡化，病畜被毛雜亂，消瘦，食慾減退，反芻減少，皮膚乾燥，開裂的蹄冠久不癒合，有腥臭味。腫脹的皮膚開始潰爛、出血、化膿，尾尖和耳尖腫脹、疼痛、開裂、出血、尾毛脫落、潰爛、乾性壞疽。後期腫脹向腕關節蔓延，病畜行動明顯受限，蹄匣鬆動甚至脫落，病畜臥地不起，形成褥瘡。最後因衰竭而死。

剖檢病死病畜，屍體消瘦，可見體表多處有褥瘡，切開腫脹的患肢可見黏稠的黃色液體流出，皮下組織水腫。蹄部血管擴張充血、出血，少數有血栓，有紅色或灰色凝固物。肌肉緻密呈灰白色，破潰處肌肉臟汙，呈紅色。部分牛破裂的蹄冠、褥瘡有肉芽組織增生，凸出於瘡面。耳尖、尾尖乾性壞死。淋巴結明顯腫大，切面濕潤，部分有散在出血點。

【診斷方法】

1. 臨床檢查 依據病畜有無霉稻草採食的病史和流行病學調查、臨床表現和病理變化等進行初步診斷。

2. 實驗室檢查

（1）家兔皮膚毒性試驗。取可疑霉稻草100g，剪碎，置於三角錐瓶中，加入400～500mL的乙醚浸泡2～3d，此期間不定時晃動三角錐瓶。3d後過濾，去掉殘渣，將濾液於燒杯中60℃水浴加熱，揮發乙醚，最後燒杯中僅剩少量油狀物，放置備用。

取體重2kg健康家兔1只，在腹部兩側剪毛，直徑約5cm。用游標卡尺測量剪毛部中央皮褶厚度，做好記錄。一側塗擦提取的油狀物，一側塗擦乙醚溶劑做對照，每天2次，連續塗抹3d，觀察並記錄皮膚變化，測量皮膚厚度。

判定標準：塗抹部位皮膚有明顯紅腫、疼痛，出現開裂、壞死、結痂，皮厚差1倍以上者，判定為陽性。皮膚發紅，皮厚差約0.5倍，判定為可疑，複檢1次，仍為可疑者判定為陽性。塗抹部位皮膚無明顯變化者判定為陰性。

對判定為陽性的飼料，再進行有毒黴菌的分離培養鑑定並確定菌相。

（2）丁烯酸內酯定性分析。薄層層析法檢測，丁烯酸內酯經氯仿：甲醇（9:1）展開，Rf值為0.38；經丙酮：正己烷（1:1）展開，Rf值為0.28；經正己烷：醋酸乙酯（1:3）展開，Rf值為0.12。

3. 鑑別診斷

壞死桿菌病：病畜同樣表現出跛行、蹄部腐爛等症狀，但本病初期沒有局部壞死化膿的症狀。壞死桿菌病具有內臟轉移性壞死灶，從病變蹄部和健康組織交界處可以分離出壞死桿菌。

營養性水腫：病畜多表現全身性水腫、浮腫、臥地不起，體表多處褥瘡等，但無特定的局部病理變化，且無蹄匣脫落的現象。

【防治措施】

1. 治療方法

（1）停餵霉稻草。本病沒有特效解毒劑。發現中毒後應立即停餵稻草，可用優質的牧草和青乾草替代，補充營養，增強機體機能，並進行對症治療。

（2）局部熱敷。腫脹、潰爛部位用鉛丹塗敷，鉛丹30～35g研磨成粉，與菜籽油調和，熱敷於患處，包紮，每隔2d換藥1次，用藥2～3d。

（3）中西結合療法。白胡椒30～35g、白酒200mL混勻，給病畜灌服，每天1次，連用2～3d；同時使用維他命C與10%葡萄糖注射液靜脈滴注，促進解毒和排毒。

2. 預防措施 充分曬乾或烘乾稻草後再進行堆放，禁止投餵發霉的稻草。豐富飼草種類，均衡飼餵。加強飼養管理，注意防寒保暖。

任務六　嘔吐毒素中毒

【疾病概述】嘔吐毒素又稱去氧雪腐鐮刀菌烯醇（DON），是飼料原料中最常見且超標率較高的黴菌毒素之一，是鐮刀菌屬的黴菌在汙染糧食過程中所產生的有毒次級代謝產物，不僅會嚴重降低飼料的營養價值，而且還會危害畜禽的健康，使畜禽生產性能下降，嚴重時可導致畜禽死亡；嘔吐毒素還可透過畜禽產品的汙染或者殘留，影響人類的健康。

【發病原因】飼料原料類農作物在生長期或收穫期受到天氣的影響，感染鐮刀菌屬的黴菌，鐮刀菌屬黴菌產生嘔吐毒素汙染農作物。降水量大，悶熱的環境中，農作物更易被黴菌感染和毒素汙染。這些被嘔吐毒素汙染的農作物被用作畜禽飼料，導致畜禽中毒。

【致病機制】DON誘導機體產生嘔吐反應，一方面DON透過血腦屏障進入腦脊液從而導致中樞神經系統分泌5-羥色胺，並活化大腦中受體，導致嘔吐現象發生；另一方面DON誘導胃腸道結構損傷，活化胃腸黏膜內嗜鉻細胞或腸神經元細胞分泌5-羥色胺，L細胞分泌YY肽，5-羥色胺及YY肽可透過血液循環進入大腦直接活化相應受體產生嘔吐反應，或者透過活化迷走神經調節大腦採食調控中樞而引起嘔吐反應。DON會導致腸道細胞蛋白合成及DNA複製受阻，從而抑制細胞增殖並誘導凋亡發生，最終導致動物腸道形態受損，黏膜屏障和免疫功能受到破壞，影響營養物質的吸收。

【臨床症狀】豬對嘔吐毒素最敏感，特別是斷奶仔豬，其次為家禽；反芻動物由於瘤胃微生物的頡頏作用，對嘔吐毒素不敏感。嘔吐毒素急性中毒症狀主要表現為拒食、嘔吐、腹瀉、精神沉鬱、被毛粗亂等。豬中毒後主要表現為採食量降低、拒食和嘔吐，雞還可表現為壞死性腸炎。

【診斷方法】

1. 臨床檢查　根據飼料和病史調查及臨床表現可做出初步診斷。

2. 實驗室檢查　對飼料中DON進行定性檢驗，目前已經有商品化嘔吐毒素快速檢測試紙條（膠體金法）可使用。

【防治措施】

1. 治療方法　嘔吐毒素中毒沒有特效治療藥物，中毒時應立即停餵發黴飼料，可透過對症治療來緩解症狀，用止吐藥物緩解嘔吐症狀，動物拒食時應使用葡萄糖注射液靜脈注射來補充能量，有腹瀉症狀可補充電解質及水分，同時採用吸附性止瀉藥，如活性炭、蒙脫石來進行治療，有利於對嘔吐毒素的吸附，減少腸道吸收DON。

2. 預防措施

（1）注意飼料品質檢測，小麥、玉米等作物被鐮刀菌屬黴菌及嘔吐毒素汙染常常發生在田間或收穫、儲存過程中，因此必須對飼料原料或在飼料生產過程中進行抽樣檢測，防止中毒的發生。

（2）避免飼料受潮，防止黴菌汙染，發黴變質。

任務七　非蛋白氮中毒

【疾病概述】非蛋白氮中毒是由於在反芻動物飼餵過程中添加過量尿素、縮二脲、氨鹽等非蛋白氮化合物，非蛋白氮化合物在瘤胃內釋放大量氨，引起反芻動物以強直性痙攣、呼吸困難、循環障礙等為特徵的中毒性疾病，其實質是高氨血症，即氨中毒。本病多

發生於成年反芻動物。其中，尿素在臨床應用最為廣泛，由其引起的中毒最為常見。

【發病原因】

1. 尿素攝取量過大　每天每頭牛飼餵量超過 100g 以上。包括飼餵方法不當，如尿素溶解於飲水中造成大量飲用，以及沒有經過適應階段便突然間大量飼餵；或在噴灑尿素等化肥的草場放牧；添加尿素時未攪拌均勻可導致部分牛攝取量過多，都易引起中毒。

2. 非蛋白氮化合物的過量攝取　如硝酸銨、硫酸銨、氫氧化銨等銨鹽，屬於含氮量較高的中性速效化肥，誤用於飼餵動物或被動物偷吃時易發生中毒。

3. 日糧中營養成分比例不協調　飼料中醣類含量不足，而豆科飼料比例過高，肝功能紊亂，瘤胃液 pH 升高在 8.0 以上以及飢餓或間斷性飼餵尿素等，都能成為中毒的誘因。

【致病機制】非蛋白氮（NPN）化合物雖然含氮，但它不具有胺基酸肽鍵結構。用作飼料的主要有尿素、縮二脲、氨、銨鹽等其他合成的簡單含氮化合物。其主要作用是供給瘤胃微生物合成蛋白質所需的氮源，起到間接補充蛋白質的作用。

當尿素等非蛋白氮化合物進入瘤胃後，在反芻動物瘤胃中脲酶的作用下被分解為氨和二氧化碳。脲酶可使大量尿素在短時間內被分解，通常瘤胃液中氨含量高至每 100mL 80mg 時，尿素分解成氨的速度加快，並使其量增多超過微生物群合成胺基酸、蛋白質的限度，導致氨在瘤胃內大量蓄積，過量氨被吸收進入血液，使血氨含量增多至每 100mL 2mg 以上時，即可發生氨中毒。

【臨床症狀】急性中毒動物在採食尿素等非蛋白氮化合物後 30～60min 即可發病。臨床症狀主要為強直性痙攣、呼吸困難等。初期階段主要表現為不安、呻吟、肌肉震顫和步態踉蹌、共濟失調等。隨著中毒時間的延長，中毒動物出現食慾廢絕、反芻、噯氣停止，瘤胃鼓脹等症狀，反覆出現全身強直性痙攣症狀，如牙關緊閉、反射機能亢進和角弓反張等；同時呼吸困難，自口、鼻流出泡沫狀液體，心跳加快，脈搏增至 120～150 次/min，心音不清，節律不齊，體溫升高，失去知覺。中毒後期主要表現為高度呼吸困難，流涎呈泡沫狀，皮溫不整，四肢冷厥，胸背部出汗，瞳孔散大，肛門鬆弛，排糞失禁，尿淋漓，嚴重時中毒動物在幾小時內便窒息而亡。

【診斷方法】可根據患病動物採食尿素及非蛋白氮化合物史，結合臨床症狀進行初步診斷。胃插管或瘤胃穿刺可聞到刺激性氨氣味。再結合血氨測定器測定動物血氨濃度，血氨濃度大於 20mg/L 時，可確診。

【防治措施】

1. 治療方法　立即停餵可能引起中毒的飼草料，中毒動物可灌服大量的食醋或稀醋酸等弱酸類藥物，以抑制瘤胃中脲酶的活力，並中和尿素分解產生的氨。成年牛可灌服 5% 醋酸溶液 1～3L，加適量糖水效果更佳。同時，可靜脈注射硫代硫酸鈉來提高肝的解毒機能。瘤胃鼓脹時，可服魚石脂、煤酚皂，嚴重急性瘤胃鼓脹應施行瘤胃穿刺術緩慢排氣。呼吸困難時，可使用樟腦磺酸鈉注射液來興奮呼吸中樞。如繼發呼吸道感染應當使用抗生素進行治療。

2. 預防措施

（1）掌握好尿素用量和正確的飼餵方法。一般按每 100kg 體重添加 20g 尿素，尿素配成 0.5%～1% 的溶液與粉碎的玉米或鍘碎的粗飼料充分混合均勻，或噴灑在飼草之上。飼餵時應當由小劑量逐漸過渡到大劑量，讓反芻動物瘤胃內微生物群有一個較好的適應過

程。在飼餵尿素等非蛋白氮化合物飼料添加劑時，應當與富含醣類的飼料混飼，但嚴禁飼餵富含蛋白質的大豆或豆餅等精飼料。

（2）對尿素和銨鹽類化肥，要妥善保管，安全使用，防止被牛羊誤食。犢牛、羔羊因其瘤胃微生物菌系尚不完善，還不能利用尿素氮源生成菌體蛋白，因此不能投餵尿素及非蛋白氮化合物。

任務八　酒糟中毒

【疾病概述】酒糟是釀酒生產的副產品，具有高蛋白、高脂肪、高水分、氣味芳香的特點，且適口性好、價格低廉，作飼料使用可降低飼養成本。為此，靠近酒精廠、酒廠的養殖場，為了降低生產成本而常將酒糟作為主要飼料。當長時間採用單一酒糟飼餵或短時間內飼餵過多的酒糟，常會發生家畜酒糟中毒，影響肉產品的品質，甚至導致家畜死亡。

【發病原因】

1. 飼餵不當　長時間只飼餵酒糟飼料，缺乏其他飼料的補充。

2. 酒糟處理不當　鮮酒糟不經處理直接飼餵家畜，其中殘留的甲醇、乙醇、雜醇等醇類引起家畜發生中毒。

3. 酒糟變質　酒糟放置時間久，或放置不當，產生發霉，或形成有機酸類和醛類過多，也可引起中毒。

4. 製作酒糟的原料存在毒物　如發芽馬鈴薯中的龍葵素，霉爛甘薯中的翁家酮，穀類的麥角毒素和麥角胺等，如果使用這些原料釀酒，則易導致毒物殘留在酒糟中，家畜食用此類酒糟則引起中毒。

【致病機制】甲醇、乙醇、雜醇油、醛類、酸類等是酒糟中常見的有毒成分。

甲醇：甲醇對家畜的神經系統有嚴重的麻痺作用，尤其是視神經和視網膜，可引起視神經的萎縮，嚴重的會造成失明。

乙醇：急性乙醇中毒，主要體現在乙醇對中樞神經的損害，乙醇會使大腦皮層興奮，動物表現出「醉酒」症狀，如步態蹣跚、站立不穩、共濟失調等，最後還會導致延髓血管運動中樞和呼吸中樞抑制，出現循環和呼吸障礙，甚至會因呼吸中樞麻痺而死。慢性乙醇中毒，引起肝和消化系統的損傷，有些還會伴隨有心肌的病變和神經的炎症。

雜醇油：酒糟中除甲醇和乙醇以外，還有多種雜醇，如丙醇、丁醇、戊醇、異戊醇等多種高級醇類混合物，其毒性隨碳原子數目的增多而增強。

醛類：主要是甲醛、乙醛、丁醛、糠醛等，毒性比醇類更強，其中甲醛又可以在體內分解為甲醇。

酸類：主要是乙酸，此外還有丙酸、丁酸、乳酸、蘋果酸、酒石酸等，它們本身對機體不產生很強的毒性。只有長期大量飼餵有機酸類物質，才會導致機體胃腸道酸度過大。一方面，刺激胃腸道引起消化系統障礙；另一方面，還會影響營養物質的吸收和排泄，導致營養不良和鈣磷丟失。

發生酒糟中毒的因素多而複雜，不是單一某一種物質引起，臨床上應全面分析，綜合診治。

【臨床症狀】

1. 急性中毒　病畜表現出興奮不安，腸胃功能失調，腹痛、腹瀉，步態不穩，四肢

麻痺，呼吸急促，心悸，最後倒地不起，體溫下降，呼吸衰竭而死。

2. 慢性中毒 通常由於長時間飼餵酒糟引起，病畜消化功能紊亂，時而便祕時而腹瀉，可視黏膜充血、黃染，伴有皮炎、皮疹等現象，病畜視力減退甚至失明。

病豬表現黏膜潮紅，體溫先升高後下降，高度興奮，狂躁不安，心悸，共濟失調，步態不穩，最後倒臥抽搐，甚至虛脫而死。肥育豬常表現出骨質軟化症狀。

病牛表現消化系統功能障礙和皮炎的症狀，採食量減少，前胃弛緩，反芻減少，瘤胃蠕動音較弱，腹瀉，後肢皮膚腫脹、潮紅、皮疹，骨質疏鬆而出現跛行。

3. 剖檢變化 剖檢可見腦和腦膜充血，心臟及皮下組織有出血斑，胃內有未完全消化的酒糟，胃黏膜充血、出血，腸水腫，肝、腎腫大，質地變脆。

【診斷方法】

1. 臨床檢查 詢問病史、酒糟使用史，結合臨床症狀觀察和剖檢病理變化做出診斷。

2. 實驗室檢查

（1）病料檢查。取病死動物的胃內容物檢查是否存在乙醇、醋酸等物質。

（2）飼料檢查。檢查酒糟品種、來源及使用情況，是否存在酒糟完全暴露於空氣中變質、發霉的現象。測定酒糟濾液pH，如果pH在5.0以下，則可判定酒糟發生酸敗，從而可以確診因酒糟酸敗引起的中毒。

【防治措施】

1. 治療方法

（1）當發現家畜酒糟中毒後，應立即停餵酒糟。

（2）洗胃灌腸，抑制機體繼續吸收毒物。常用碳酸氫鈉溶液進行洗胃，並配合服用硫酸鈉溶液，加速毒物排出。

（3）嚴重病例還應當給其肌內注射興奮中樞的藥物，如樟腦磺酸鈉，並輔以葡萄糖生理鹽水和葡萄糖酸鈣靜脈注射液。

（4）對症治療。如果病畜表現興奮不安，可靜脈注射鎮靜劑（溴化鈣、水合氯醛等）進行治療。如果病畜出現皮疹，用1％高錳酸鉀液對患部進行沖洗。

（5）中藥方劑。山藥100g、葛根100g、生甘草100g、大棗100g、黃芩50g、黃檗50g，水煎，冷卻後一次灌服。

2. 預防措施

（1）不能單一餵酒糟。酒糟雖然營養豐富，但營養並不全面，只飼餵酒糟，會造成動物營養不良，繼而導致生長發育不良。使用酒糟飼餵家畜時，日糧中添加的比例最好低於5％，飼餵時應當注意搭配其他飼料，如玉米、農作物稭稈、青綠草料等。

（2）注意酒糟存放。酒糟應盡量新鮮飼餵，存放方法有兩種：一種是晾乾，另一種是密封存放。晾乾法是在天氣合適的情況下，將酒糟攤開晾曬乾燥，當含水量小於15％時便可以長時間存放。密封存放法是將新鮮酒糟放入密封袋中或發酵池內，壓實並密封發酵，厭氧條件能抑制絕大多數的腐敗菌生長。

（3）加強飼養管理。給家畜飼餵酒糟前應當提前進行品質檢查，對已經發霉的酒糟、儲存過久的酒糟應當廢棄，盡量採用新鮮的酒糟飼餵。若是輕度酸敗的酒糟，可在酒糟中加入適量生石灰或石灰水以中和其酸性。或飼餵前在酒糟內拌入適量的碳酸氫鈉，可避免酒糟中的酸類物質引起家畜酸中毒。同時，飼料中應當添加適量的磷酸三鈣等物質，以保

證家畜對鈣質的需要。

任務九　氰化氫中毒

【疾病概述】氰化氫中毒是動物採食了富含氰苷的青綠飼料或誤食氰化物引起的中毒。氰苷或氰化物進入機體後，經胃內酶和鹽酸的作用，水解為可以游離的氰化氫，極易被動物吸收而中毒。氰化氫中毒，臨床上以呼吸困難、肌肉震顫、黏膜潮紅、驚厥等組織性缺氧為特徵性症狀。本病常見於牛、羊，豬、馬、犬較少發生。

【發病原因】

1. 誤食含氰苷的植物　木薯、高粱、玉米幼苗、亞麻籽、海南刀豆，以及桃、李、杏、櫻桃、枇杷等植物的葉子和種子都富含氰苷，動物過量採食了這些食物引起中毒。

2. 誤食了氰化物　常見的氰化物有氰化鈉、氰化鉀、氰化鈣、乙烯基氰等。動物口服氰化氫的最小致死劑量是每公斤體重 2～2.3mg，吸入氰化氫的最小致死劑量是每公斤體重 200～500mg。

【致病機制】氰苷本身不具有毒性，在胃酸和酶作用下水解成氰化氫，進而能夠形成氰離子，引起機體細胞多種酶的活性抑制，其中受影響最大的是細胞色素氧化酶。氰離子進入細胞後，快速與氧化型細胞色素酶的三價鐵牢牢結合，且難以被細胞色素還原，結果失去了傳遞電子、活化分子氧的作用，阻止了組織對氧的吸收利用，導致組織缺氧，心血管系統障礙、呼吸中樞功能障礙，動物迅速麻痺死亡。

【臨床症狀】

1. 消化系統障礙　病畜流泡沫樣唾液、流汗，馬常表現腹痛，反芻動物常伴有脹氣等症狀。

2. 呼吸障礙　呼吸困難，可視黏膜潮紅，呼出的氣體有苦杏仁味。

3. 神經症狀　病畜先表現為興奮不安，掙扎，後轉為抑制，全身衰弱、無力，步態不穩，肌肉痙攣。

4. 全身症狀　體溫正常或下降，瞳孔散大，脈搏細弱無力，反射減弱或消失。

5. 剖檢變化　血液鮮紅色，凝血不良，胃內容物有苦杏仁味。

【診斷方法】

1. 臨床檢查

（1）病史詢問。是否有採食含氰苷植物或接觸氰化物史。

（2）症狀。呼吸困難、肌肉震顫、黏膜潮紅、驚厥等特徵性症狀。

（3）剖檢。血液鮮紅，凝血不良，胃腸內容物苦杏仁味等。

2. 實驗室檢查　取胃內容物用普魯士藍法檢測氰化氫（見第七章第四節任務八），超過 10mg/kg 即可以診斷為氰化氫中毒。

3. 鑑別診斷

亞硝酸鹽中毒：特徵性症狀為可視黏膜發紺，靜脈血呈醬油色，呼出氣味正常，無其他特彆氣味。

氰化氫中毒：特徵性症狀為可視黏膜潮紅，靜脈血呈鮮紅色，呼出氣味有苦杏仁味。

【防治措施】

1. 治療方法

（1）藥物解毒。確診為氰化氫中毒後立即使用解毒藥物解救。

① 先用5%亞硝酸鈉注射液，馬、牛40～50mL，羊、豬3～5mL，一次緩慢靜脈注射，數分鐘後再使用硫代硫酸鈉（馬、牛5～10g，羊、豬1～3g），一次緩慢靜脈注射，可以有效解毒。

② 亞甲藍注射液2.5～10mg/kg，一次緩慢靜脈注射。

（2）輔助治療。用10%硫酸亞鐵溶液10～15mL口服，促進毒物經腸道排出。

2. 預防措施 動物圈養時，嚴禁投餵富含氰苷類飼草；放牧時，要對放牧地的植物覆蓋情況有所了解，避免到富含氰苷的植被區域內放牧。若飼草匱乏，只能投餵含有氰苷的植物時，應當將其放在流水中浸泡24h，或經蒸煮後再飼餵動物，但仍需注意控制單次飼餵的量。

第二節　農藥中毒

任務一　有機磷農藥中毒

【疾病概述】 有機磷農藥在中國農業中應用廣泛，有些動物的驅蟲藥也含有機磷農藥成分。有機磷按其毒性大小可分為劇毒類、強毒類、低毒類。其中，劇毒類有甲拌磷、內吸磷等；強毒類有甲基內吸磷、倍硫磷、樂果、殺螟松、稻豐散；低毒類有敵百蟲、馬拉硫磷、草甘膦除草劑等。對硫磷、甲基對硫磷等已被列入中國《禁限用農藥名錄（2019版）》禁止使用。當家畜攝取毒性劑量的有機磷農藥，則會引起中毒，臨床上以副交感神經興奮、腹瀉、流涎、出汗、肌肉震顫等為特徵性症狀。各種動物均可發生。

【發病原因】

（1）將牛羊放牧到剛噴灑了有機磷殺蟲劑、除草劑的田地，牛羊採食了含有農藥的牧草和蔬菜引發有機磷中毒，或收割汙染有機磷農藥的牧草和蔬菜給圈養家畜食用，導致中毒。

（2）畜牧場管理不當，農藥與飼料或飼餵器具混放，導致農藥汙染飼料、飼餵器具。

（3）家畜接觸被農藥汙染的水源，如在水渠、池塘邊配製農藥或將農藥瓶丟棄至其中，動物在此水渠、池塘飲水或浸浴造成有機磷中毒。

（4）給動物驅蟲、殺蟲時，用藥濃度過高，或體表塗布面積過大。

（5）誤食經農藥拌過的農作物種子。

【臨床症狀】

1. 毒蕈鹼樣作用（M樣症狀） 有機磷中毒主要是副交感神經末梢過度興奮，因與毒蕈鹼作用引起的症狀相似，所以稱為毒蕈鹼樣作用。主要體現在平滑肌痙攣、腺體分泌增加、括約肌鬆弛。病畜表現為腹痛、腹瀉、嘔吐、氣短、呼吸困難、瞳孔縮小、流涎、口角有白色泡沫，大量出汗、流淚、咳嗽、肺部有濕囉音、大小便失禁等症狀。

2. 菸鹼樣作用（N樣症狀） 主要是神經肌肉接頭處乙醯膽鹼堆積過多，引起的症狀與菸鹼作用引起的症狀相似，所以稱為菸鹼樣作用。病畜肌肉、眼瞼、肩胛震顫，嚴重時

肌肉震顫，肌無力，無法站立，心跳加快等，最終因呼吸衰竭而亡。

3. 全身變化 體溫降低，四肢末梢冰涼，飲水增加，意識模糊，昏迷，可視黏膜發紺。

4. 剖檢變化 剖檢可聞到有機磷的特殊氣味或蒜臭味，可見胃腸黏膜充血、出血、水腫、黏膜脫落。腎混濁腫脹。肝、肺、脾水腫、充血，口腔、鼻腔含有大量白色泡沫。

【診斷方法】

1. 臨床檢查 了解病畜與有機磷農藥接觸史，如接觸被有機磷農藥汙染的飼料、水源；近期是否用農藥進行驅蟲；噴灑農藥未將家畜驅離施藥農田等。觀察發病情況和發病症狀，根據出現蒜臭味、腹痛、腹瀉、流淚、流汗、流涎、肌肉震顫、角弓反張等症狀，可做出初步診斷。

2. 實驗室檢查（見第七章第四節任務六）

【防治措施】

1. 治療方法

（1）移除毒物。移走廢棄的農藥瓶、汙染農藥的飼料、飼草，清洗被農藥汙染的料槽、水槽、地面等。若因吸入農藥導致中毒，要盡快將動物移到空氣清新、通風的環境中。用清水、肥皂水或2%碳酸氫鈉溶液洗胃，輔以硫酸鹽導瀉，排出體內未被吸收的有機磷。禽類可以切開嗉囊沖洗。如果是經皮膚中毒，要立即用大量清水沖洗接觸部位。敵百蟲中毒，不可用鹼性溶液（如肥皂水）洗胃。

（2）特效解毒劑。

①硫酸阿托品。為M受體頡頏劑，能夠緩解毒蕈鹼樣作用，具有減輕中樞神經症狀、改善呼吸中樞抑制的作用。要盡早用藥，反覆給藥，以期達到「阿托品化」（瞳孔散大，停止出汗、流涎）。大動物20～30mg/次，小動物2～5mg/次，肌內注射，每1～2h 1次。根據中毒嚴重情況，可增加用量、縮短每次注射的時間間隔或採用靜脈緩慢注射、皮下注射等方法。直至「阿托品化」，再減少用藥次數和用量，以鞏固療效為主。

②膽鹼酯酶復活劑。恢復膽鹼酯酶活性，水解堆積的乙醯膽鹼，從而緩解中毒症狀。目前臨床在用的藥物有解磷定、氯解磷定、雙復磷。這類藥物能夠快速緩解有機磷中毒引起的菸鹼樣作用，加速康復。應在48h內用藥；否則，膽鹼酯酶被磷醯化後無法逆轉。用法用量，4%解磷定，牛30～50mL，羊、豬10～20mL，靜脈注射。氯解磷定，牛20～40mL，羊、豬5～10mL，靜脈注射或肌內注射。12.5%雙複磷，按每公斤體重15～30mg，靜脈注射或肌內注射。當療效不理想時，可重複注射1次。持續用藥觀察1～2d，不宜過早停藥。

（3）對症治療。與其他內科疾病一樣，緩瀉、舒緩平滑肌、強心、補液、補充營養。特別要注意保持呼吸道的暢通，緩解肺水腫引起的呼吸道狹窄，並使用興奮呼吸藥物，如樟腦、戊四氮等。

（4）中藥療法。

①方劑一。五味子、乾薑、肉桂各30g，麥冬、炙甘草各45g，黃耆120g，山萸肉90g，人蔘60g。煎煮2次，混合2次煎液，給牛灌服。1劑/d，連續服用3d。

②方劑二。旱蓮草、甘草各45g，牡蠣120g，龜板90g，阿膠（隔物加溫融化）、生地、

鱉甲、女貞子、白芍各60g。煎煮2次，混合2次煎液，給牛灌服。1劑/d，連續服用3d。

2. 預防措施

（1）建立健全農藥的使用和管理制度，加強工作人員對農藥使用的管理培訓，嚴格農藥保管、使用後妥善處理，應遠離動物群體。

（2）合理使用有機磷製劑。使用了有機磷農藥的農田，需要間隔1個休藥期後才能作為飼料飼餵家畜。農藥作為驅蟲藥時，要注意選擇低毒類有機磷製劑，並掌握好配製濃度和用量。

（3）禁止到噴灑了有機磷農藥的農田地及其周圍放牧。

（4）給田地噴灑農藥時，不要將家畜牽到周圍，避免經呼吸道和皮膚吸收中毒。

任務二　有機氟類中毒

【疾病概述】有機氟化合物是一類常見的高效劇毒農藥，常用於滅鼠藥和農藥中，如滅鼠靈、敵蚜胺，其主要致中毒成分是氟乙醯胺、氟乙酸鈉、甘氟，且殘留時間比較長。當家畜誤食了此類滅鼠藥或農藥汙染的料草時，常引起動物急性中毒或二次中毒。一般犬貓0.5～2h發病，豬2～5h發病，牛20h才發病。各種動物對氟乙醯胺的易感程度如下：犬＞貓＞牛＞綿羊＞豬＞山羊＞馬＞禽。

【發病原因】因為有機氟類農藥的劇毒作用，氟乙醯胺、甘氟已經被列入中國《禁限用農藥名錄（2019版）》禁止使用，但滅鼠藥中仍使用有機氟。目前常見引起中毒的原因是動物誤食了老鼠藥，或被老鼠藥汙染的飼草和水源，或者食用了被老鼠藥毒死的鳥、家禽、老鼠的屍體。

氟乙醯胺能夠引起機體中毒的主要機理是破壞了三羧酸循環，使得糖代謝發生障礙，檸檬酸堆積，侵害家畜心臟和中樞神經系統，表現出心率加快、躁動不安等症狀。

【臨床症狀】

1. 急性型　無明顯症狀，動物在採食後9～18h後突然倒地，角弓反張，劇烈抽搐，迅速死亡。

2. 慢性型　動物表現精神萎靡，食慾減退，食少飲少，體溫正常或者降低，排出乾糞，軀幹搖擺震顫，不喜走動，心律不齊。犬、貓中毒後，表現嚎叫、狂奔、興奮不已、心動過速、呼吸困難、抽搐，最終因衰竭而亡。病豬嘔吐明顯、口吐白沫、尖叫，全身痙攣、盲目奔走、抽搐、心跳加快、眼球凸出，倒地直至死亡。

3. 剖檢檢查　可見屍僵完全，胃腸黏膜出血，腦膜充血、出血，肝腎瘀血，有出血點。心內膜、外膜均有出血點。

【診斷方法】

1. 臨床診斷　根據病畜有無有機氟藥物接觸史，病症以心率加快、神經症狀為主，做出診斷。

2. 實驗室診斷

（1）測定血液中檸檬酸的含量，有機氟中毒的家畜血液中檸檬酸含量高於正常值。

（2）羥肟酸反應。氟乙醯胺在鹼性條件下能與羥胺生成氟乙醯胺羥肟酸，然後再加入三價鐵離子，會反應生成紫色絡合物。取嘔吐物用甲醇浸泡，過濾後，將濾液蒸乾，殘渣用乙醇加溫溶解。冷卻後過濾，再將濾液蒸乾，加入少量甲醇溶解。取兩滴於試管中，分

別加入氫氧化鈉和鹽酸羥肟胺溶液，隔水加熱5min，待冷卻後再加入鹽酸和三氯化鐵溶液，若溶液呈紫色，則說明嘔吐物內含有氟乙醯胺。

【防治措施】

1. 治療方法

（1）洗胃、催吐、導瀉。病畜用0.05%高錳酸鉀溶液反覆洗胃，1%硫酸銅溶液催吐，用硫酸鎂或硫酸鈉導瀉。注意有機氟中毒不可使用氫氧化鈉洗胃。

（2）特效解毒劑。給予乙醯胺（解氟靈），每公斤體重0.1～0.3g，肌內注射或靜脈注射。或乙二醇乙酸酯，每公斤體重0.125mL，肌內注射。

（3）服用高蛋白食物保護胃腸黏膜，如雞蛋清。

（4）對症治療。緩解呼吸困難可靜脈注射尼可剎米。緩解抽搐、痙攣可靜脈注射葡萄糖酸鈣、氯化鈣。

2. 預防措施　妥善放置滅鼠藥、滅蟲藥、農藥，禁止將動物放牧至剛噴除草劑、殺蟲劑的地界。滅鼠藥誘餌要染上警戒色，以免誤將其作為飼料投餵家畜。深埋被毒死的動物屍體，避免家畜吞食。

第三節　植物中毒

任務一　毒芹中毒

【疾病概述】毒芹俗稱野芹菜，為多年生傘形科植物，中國各地均有毒芹生長。毒芹喜生長在低窪沼澤地帶，潮濕的草地、溝渠、湖泊邊都可見到。毒芹中毒能夠引起機體神經症狀，引起病畜興奮、肌肉震顫、痙攣等症狀。本病在臨床上多發生於牛、羊，也可發生於放牧的豬和馬。

【發病原因】毒芹的生長速度快、發芽早，放牧的牛羊看到醒目而翠綠的毒芹，將其連根拔起吃掉，造成中毒。毒芹的葉、花有怪味，根莖有少量甜味。放牧時牛、羊對毒芹的根莖尤為喜愛，所以採食一定量後容易造成中毒。

毒芹全草有毒。毒芹毒素主要成分是毒芹鹼和甲基毒芹鹼，尤其是其根莖，根莖新鮮時毒素含量0.2%，乾燥時毒素含量達3.5%。毒芹毒素對各種動物的最小致死量為每公斤體重50～100mg。家畜採食新鮮毒芹中毒量為，馬0.1g，豬0.15g，牛0.125g。致死的採食總量為牛200～250g，羊60～80g。

【臨床症狀】毒芹毒素經胃腸道黏膜吸收後，主要侵害神經系統，同時還能刺激呼吸中樞、植物神經、血管中樞，抑制運動神經。表現為動物採食2～3h後突然發病，病畜興奮不安，全身痙攣，口吐白沫，無法站立，倒地不起，頭頸後仰，四肢伸直，牙關緊閉，呼吸急促，腹痛腹瀉，瘤胃鼓脹，心臟搏動加快，最終因呼吸中樞麻痺死亡。

剖檢可見腹部鼓脹，胃腸黏膜廣泛充血、出血、腫脹，腦膜充血，腎、膀胱黏膜、心包膜、心內膜、皮下組織有多處出血，血液黯淡、稀薄。

【診斷方法】

1. 臨床檢查 本病多發於早春,詢問有無毒芹的接觸史,了解放牧地情況,結合病畜腹痛、突然倒地、牙關緊閉、頭頸後仰、四肢僵直等特徵性神經症狀,及剖檢病畜內臟器官可見廣泛性充血、出血,胃內容物中有未完全消化的毒芹莖葉等,可做出初步診斷。

2. 實驗室檢查 取少量胃內容物,研鉢碾碎,加入強鹼溶液,再加適量氯仿或乙醚處理殘渣。取殘渣加入二硫化碳、乙醇,靜置數分鐘,滴加 2~3 滴硫酸銅溶液(1:200),若變成黃色或褐色則說明檢料含毒芹鹼。

【防治措施】

1. 治療方法 本病無特效藥治療,以對症治療為主。應立即禁止動物繼續採食毒芹。

(1) 洗胃、催吐、導瀉。用 0.5% 鞣酸或 10% 藥用炭水洗胃 2~3 次。內服豆漿、牛奶或稀碘液(碘片 1g,碘化鉀 2g,水 1 500mL),沉澱消化道內的生物鹼。若採食過多毒芹或無法洗胃,可用瘤胃切開術,盡量排盡毒物。以硫酸鎂、活性炭、水混合灌服,導瀉。

(2) 鎮靜。用鹽酸氯丙嗪每公斤體重 1~2mg 肌內注射,或安溴劑 120mL 與 25% 葡萄糖注射液 500mL,靜脈注射。

(3) 緩解平滑肌強直痙攣。用 25% 硫酸鎂注射液 100mL、10% 葡萄糖注射液 500mL 靜脈注射。

(4) 其他方法。食鹽 100g、白酒 250mL 給病牛灌服,或食醋(酸菜水)1 000mL 給病牛灌服;同時靜脈注射維他命、樟腦磺酸鈉等藥物進行輔助治療。

2. 預防措施 放牧前要對放牧區域情況有所了解,掌握放牧地內毒芹的分布情況,避免在有毒芹的地方放牧。放牧前少量餵料,避免放牧的家畜飢不擇食,誤食毒芹。改良牧地植被情況,對毒芹繁盛的區域進行深翻土壤覆蓋處理。

任務二 蕨 中 毒

【疾病概述】蕨中毒是動物採食大量蕨類植物後引起的中毒性疾病。蕨廣泛分布於山區潮濕陰涼的地帶。動物生食蕨類植物後,可引起以高燒、貧血、凝血不良、共濟失調等為特徵的臨床症狀。牛、羊、豬均可發病。

【發病原因】蕨中含有原蕨苷、血尿因子、硫胺素酶等有毒物質。硫胺素酶能夠引起馬屬動物中毒,其他有毒成分能夠使牛、羊產生不同的症候群。早春季節,蕨最先在山野萌發,此時其他草類較少,成為短時間內僅有的鮮嫩飼草,此時放牧家畜,家畜採食蕨即可發生中毒;或者舍飼家畜採食了混有蕨的飼草,也容易導致中毒。

【臨床症狀】家畜的蕨中毒因劑量、持續時間、家畜的品種等因素的不同,會出現不同的臨床症狀。

1. 血尿 血尿是蕨中毒的最常見症狀,特別是慢性中毒的病牛,以間歇性血尿和貧血為特徵,最常見於牛,羊次之。

初期病牛表現虛弱、迅速消瘦,體溫升高至 41~43℃,呼吸困難,黏膜蒼白。黏膜有出血斑或出血點,有時糞便中可出現大的血塊。凝血不良,昆蟲叮咬或者小的抓傷會長時間流血不止。嚴重中毒時,可致死亡。

由於蕨能引起牛膀胱腫瘤，慢性中毒的病牛出現間歇性血尿，尿液呈淡紅色或鮮紅色，嚴重時可直接在尿液中看到絮狀的凝血塊。有時尿液雖不呈現紅色，但鏡檢時仍可發現有大量紅血球。長時間血尿導致機體貧血、虛弱、消瘦。

2. 亮盲 原蕨苷中毒可引起亮盲或睜眼瞎，最常見於綿羊。臨床表現為中毒綿羊永久性失明，瞳孔對光反射減弱或消失，並經常抬頭保持警覺姿勢。眼底檢查顯示動脈和靜脈血管狹窄，視網膜色素層蒼白，有微細的裂紋和灰點。中毒動物通常還兼有其他病變，如骨髓抑制、全身廣泛性出血以及尿道腫瘤。

3. 蕨蹒跚 馬屬動物常見此症，臨床表現為食慾減退、消瘦、共濟失調、站立時四肢外展、低頭拱背、肌肉震顫，嚴重者出現心動過速、心律失常，發病2～10d出現抽搐、痙攣、角弓反張，最後死亡。馬蕨中毒是由蕨中的硫胺素酶引起的，類似於維他命B_1缺乏症。因為蕨中的硫胺素酶可以使馬體內的硫胺素大量分解，引起硫胺素缺乏症，但反芻動物因瘤胃中微生物可以合成硫胺素，所以此症在反芻動物中少見。

4. 其他症狀 豬蕨中毒後可出現食慾減退、消瘦、心臟衰竭、臥地、呼吸困難，嚴重者突然死亡。綿羊採食歐洲蕨或碎米蕨後可導致腦灰質軟化。

【診斷方法】

1. 臨床檢查

（1）病史調查，了解放牧或舍飼及牧草情況。

（2）病牛表現間斷性血尿和貧血，綿羊表現為亮盲或睜眼瞎，馬屬動物表現蕨蹒跚等典型的臨床症狀。

（3）剖檢可見消化道潰瘍，全身廣泛性出血或皮下出血，有出血點，膀胱黏膜和左心內膜的出血尤為嚴重。消化道黏膜出血、上皮細胞脫落。疏鬆結締組織和脂肪組織呈膠凍樣水腫。四肢長骨的紅骨髓部分被黃骨髓代替，有些甚至被全部代替。慢性蕨中毒的牛，剖檢最典型的病理變化是膀胱炎症和腫瘤，腫瘤大小為豌豆樣，呈灰白色結節或紫紅色菜花樣。馬蕨中毒多呈現典型的外周神經炎和神經纖維變性，尤其是坐骨神經叢與臂神經叢病變最為明顯。

2. 實驗室檢查 牛急性中毒主要表現為再生不良性貧血，血液檢驗可見白血球總數少於$5×10^9$個/L，血小板總數減少至$(1～2)×10^9$個/L，紅血球總數減少至$3×10^{12}$個/L，血紅素含量減少，但淋巴細胞數量增多。鏡檢可見紅血球大小不均，脆性增加。病馬的血檢可見淋巴細胞減少，中性粒細胞比例增加。血清中丙酮含量升高，維他命B_1含量減少。

【防治措施】

1. 治療方法 立即轉出蕨區或檢查乾草中是否混有蕨，停止攝取蕨。因為蕨中毒是毒物的蓄積作用，所以轉出蕨區或停止攝取蕨後，數週甚至數月內仍有可能發病。要及時進行血小板計數做早期診斷。

牛發生本病中毒後無特效療法，對已經發病的病牛要注意護理。對早期發病和其他病畜可參考以下方法進行治療。

（1）首先用1g鯊肝醇溶於10mL橄欖油中，皮下注射，連用5d對早期病症有效。

（2）病畜應儘早注射硫胺素溶液，初期多採用靜脈注射，後期可根據病症的輕重情況選擇肌內注射或口服。對於已經採食蕨但未出現臨床症狀的動物，也需要注射硫胺素，可減少蕨中毒的發生。

(3) 預防繼發感染和及時補充營養。使用葡萄糖注射液和維他命 C 靜脈注射。

(4) 對中毒牛輸全血或輸血小板是比較有效的治療方法，但需血量較大。

2. 預防措施

(1) 合理放牧。避免到牧草缺乏而蕨類茂盛的區域放牧。放牧前可以先輔以少量飼料飼草飼餵，避免家畜飢不擇食。實行有蕨草場和無蕨草場輪牧，輪牧週期為 3 週，也可有效預防蕨中毒。

(2) 改良牧地作物。透過人工除蕨、翻地、噴灑除蕨藥物等方法，可以有效控制蕨的生長。

(3) 加強飼養管理。收割的草料含蕨較多的要剔除，避免家畜誤食大量蕨，引起中毒。

第四節　獸藥中毒

在畜牧業養殖生產過程中，為了防治各種畜禽疾病，針對性的預防和治療用藥是不可避免的。由於有些獸藥毒性比較強，或治療量與中毒劑量比較接近，或給藥的方法不當（如給藥途徑不當、混合不均勻、使用對象錯誤、使用劑量過大或用藥時間過長），則會引起畜禽出現不同程度的藥物中毒。中毒嚴重的，會影響畜禽的健康和生產性能，甚至會造成大批量動物死亡。

任務一　磺胺類藥物中毒

【疾病概述】 磺胺類藥物是在畜禽臨床應用比較廣泛的一類藥物，具有抗菌譜廣、使用方便、價格低廉、性質穩定等優點；磺胺類藥物種類較多，可用於治療各種動物的大腸桿菌病、葡萄球菌病、萎縮性鼻炎，以及豬的弓形蟲病、雞的傳染性鼻炎、白冠病、球蟲病等，但在應用中常因使用不當而造成中毒。

【發病原因】

1. 用藥時間過長　磺胺類藥物的用藥療程一般為 3～5d，有些病情繼發混合感染，導致用藥時間超過 7d，易引發蓄積中毒。

2. 用藥量過大　磺胺類藥物的化學結構與對氨基苯甲酸結構相似，能夠與對氨基苯甲酸競爭二氫葉酸合成酶，從而影響細菌二氫葉酸的合成，抑制細菌生長。磺胺類藥物與二氫葉酸合成酶的親和力沒有對氨基苯甲酸強，所以磺胺類藥物首次使用量需要加倍。有的使用者為加快病情的控制而故意加大使用量，容易造成磺胺類藥物的蓄積中毒。

3. 群體給藥時拌料或兌水攪拌不均　這種情況使得局部飼料或水槽底部含藥量高，易造成部分畜禽磺胺類藥物中毒。

【致病機制】

（1）部分磺胺在肝中經過乙醯化而變為無抗菌活性的乙醯磺胺，但仍保持其原型磺胺的毒性。乙醯化產物一般溶解度較小，常在腎小管內析出形成結晶，造成阻塞和損害。特別是

在腎功能不全時，其半衰期常顯著延長，腎排泄量大為減少且磺胺乙醯化產物也大為增加。磺胺類藥物及其代謝產物主要由腎排泄，酸性尿液不利於促進磺胺的排泄，易形成結晶。

（2）磺胺類藥物與膽紅素競爭與血漿蛋白結合，使血內游離膽紅素水準增高而引起黃疸。

（3）吸收較差或不能吸收的磺胺類藥物，偶可導致過敏反應；也可致巨球性貧血，甚至誘發再生不良性貧血，血液中磺胺濃度過高時還易導致溶血性貧血。

【臨床症狀】

1. 急性中毒 主要表現為神經症狀，如共濟失調、興奮不安、昏迷、嘔吐、肌肉震顫、呼吸加快等。雞磺胺類藥物中毒表現為雞冠、肉髯蒼白，皮下廣泛出血，雛雞中毒時會出現大批急性死亡。

2. 慢性中毒 表現為厭食、拒食、貧血，泌尿系統受損，產生結晶尿、血尿、蛋白尿等。

【診斷方法】透過磺胺類藥物大量使用的用藥史，有貧血，皮下、肌肉出血，生長發育不良等症狀，剖檢病變主要為各內臟廣泛出血、腫大和腎尿酸鹽沉積，可以確診。也可透過實驗室檢測動物尿液中的磺胺來進行診斷。

【防治措施】

1. 治療方法 立即停止磺胺類藥物及其他藥物的使用，飲用1%～5%碳酸氫鈉水，鹼化尿液，有利於磺胺藥物的排出，3～4h後改飲3%葡萄糖水，或靜脈注射5%葡萄糖注射液，從而提高機體的解毒能力。注意碳酸氫鈉用於解救磺胺類藥物中毒只能口服，不能靜脈注射。

2. 預防措施

（1）使用磺胺類藥物時，計算、稱量要準確，拌料、兌水時要攪拌均勻，連續使用不能超過5d。並在用藥的同時給予充足的飲水，增加尿量，有利於藥物排出。

（2）雛雞、產蛋雞避免使用磺胺類藥物。

（3）磺胺類藥物可與抗菌增效劑聯合使用，增強藥效且可以減少磺胺類藥物的用量。

（4）使用磺胺類藥物時可將飼料中的維他命K、維他命B群的添加量加倍。

（5）體質較差及肝、腎功能不全或損傷的動物禁用。

任務二 伊維菌素中毒

【疾病概述】伊維菌素是阿維菌素的加氫還原產物，是一種抗菌譜廣、高效低毒的抗寄生蟲藥，能有效驅除動物體內的鉤蟲、蛔蟲、蟯蟲、心絲蟲、肺線蟲等，對體外寄生蟲蟎、蜱、虱、蠅等均有較強的驅殺作用。因此，通常作為驅殺動物體內外寄生蟲的首選藥物。但常因使用不當而引起中毒。臨床上中毒動物表現嗜睡、精神憂鬱、驚厥、共濟失調，甚至昏迷等神經症狀；嚴重者，致呼吸麻痺而死亡。

【發病原因】

1. 給藥途徑不當 伊維菌素靜脈注射或肌內注射給藥容易引起中毒，皮下注射時不慎注入肌肉也容易引起中毒。

2. 給藥劑量不當 伊維菌素皮下注射給藥時，通常一次即可。對於嚴重的蟎蟲病，可7～9d用藥1次，用藥2～3次即可。用藥間隔時間過短容易造成中毒。

3. 使用對象不當 柯利品系牧羊犬，以及魚、蝦等水生動物對伊維菌素異常敏感。

4. 用藥量計算錯誤　用藥量計算錯誤導致用量過大而致群體中毒，或群體給藥時拌料混合不均勻導致部分動物中毒。

【致病機制】伊維菌素與線蟲和節肢動物的神經細胞及肌肉細胞中以麩胺酸為閥門的氯離子有高親和力，增強細胞膜對氯離子的通透性，使蟲體抑制性傳遞物——胺基丁酸（GABA）的釋放增加。GABA能作用於突觸前神經末梢，引起神經細胞或肌肉細胞的超極化，減少興奮性傳遞物釋放，阻斷神經信號傳遞，使肌細胞失去收縮能力，導致蟲體神經系統麻痺而死亡。吸蟲和絛蟲不利用GABA作為周圍神經傳遞物，故伊維菌素對其無效。

小劑量的伊維菌素可被哺乳動物的血腦屏障阻斷而無明顯毒性，高濃度的伊維菌素可透過血腦屏障，引發大腦突觸後神經元釋放GABA，引起細胞膜對氯離子通透性增加，導致中樞神經系統及神經-肌肉傳導受阻，從而引起中毒。

【臨床症狀】伊維菌素中毒後會出現精神沉鬱、共濟失調、全身肌肉鬆弛、呼吸困難、心跳加快、流涎、嘔吐、腹瀉等症狀。

【診斷方法】可根據動物用藥史以及結合其臨床症狀做出初步診斷。確診需檢測中毒動物血液、胃液及組織中的伊維菌素含量。

【防治措施】
1. 治療方法　伊維菌素中毒無特效解毒藥，主要解救措施如下：
（1）及時採取催吐、洗胃、下瀉等方式來排毒。
（2）對中毒動物進行補液，調節電解質平衡，靜脈注射10%～50%葡萄糖注射液、複合維他命B、維他命C、地塞米松、ATP等。
（3）使用藥物緩解症狀，如樟腦磺酸鈉興奮中樞神經防治神經麻痺，尼可剎米可興奮呼吸中樞治療呼吸抑制，心動弛緩時可用阿托品，急性過敏搶救時可用腎上腺素。

2. 預防措施
（1）準確掌握用藥方法，伊維菌素除內服外僅限皮下注射，用量必須準確，群體給藥時拌料必須均勻，間隔時間為7～9d，不宜過短。
（2）明確用藥範圍，柯利品系牧羊犬忌用，以及魚、蝦等水生動物禁用。

任務三　阿托品中毒

【疾病概述】阿托品是M膽鹼受體阻斷劑，能鬆弛平滑肌，抑制胃腸蠕動，治療腸痙攣、腸套疊、急性腹瀉，抑制腺體分泌，用於麻醉前給藥，能夠解除迷走神經對心臟的抑制作用，加快心率，大劑量能興奮中樞神經，治療感染性休克，能解除有機磷中毒的M樣症狀，以及散瞳、改善微循環等作用。阿托品在獸醫臨床上運用廣泛，但常因使用不當而造成中毒。

【發病原因】主要是由於用藥量過大造成中毒。

【致病機制】阿托品能明顯地抑制唾液腺和支氣管腺體分泌，故動物阿托品中毒後會引起口乾舌燥、皮膚乾燥、吞嚥困難等症狀；能抑制胃腸蠕動，造成胃腸鼓脹；能夠加快心率，加重心臟負擔；能夠興奮中樞神經，中毒的動物狂躁不安、驚厥，繼而由興奮轉入抑制，出現昏迷、呼吸抑制等。

【臨床症狀】中毒時動物口腔乾燥、瞳孔散大、胃腸蠕動消失、心率加快、狂躁不安、

驚厥，之後由興奮轉為抑制，出現昏迷、呼吸抑制等症狀。

【診斷方法】 可根據動物用藥史以及結合其臨床症狀做出診斷。

【防治措施】

1. 治療方法 以對症治療為主，可用生理鹽水濕潤口腔，注射卡巴膽鹼、毛果藝香鹼、毒扁豆鹼等擬膽鹼藥。極度興奮時可用毒扁豆鹼、短效巴比妥類、水合氯醛等藥物進行中樞抑制。

2. 預防措施

（1）熟練掌握阿托品藥理作用，有效預防治療過程中副作用的產生。如阿托品用於治療腸痙攣、腸套疊等疾病時應當給予動物足夠的飲水來解決其抑制唾液分泌導致動物口渴的副作用。腸梗阻、尿瀦留等病畜禁用此法。

（2）使用劑量要準確。一次量，每公斤體重，麻醉前給藥，馬、牛、羊、犬、貓 0.02～0.05mg；有機磷酸酯類中毒解救，馬、牛、羊、豬 0.5～1mg，犬、貓 0.1～0.15mg；治療犬、貓心動過緩 0.02～0.04mg。

任務四　土黴素中毒

【疾病概述】 土黴素為廣譜速效抗菌藥，不僅對革蘭氏陽性菌、革蘭氏陰性菌有效，而且對支原體、衣原體、螺旋體、放線菌、立克次氏體和某些原蟲也有抑制作用。土黴素在獸醫臨床上應用廣泛，但長期使用或過量使用均能引起中毒。

【發病原因】

（1）用藥時間過長、用藥量過大。

（2）用法不當。成年反芻動物、馬屬動物及兔內服給藥造成中毒。

【致病機制】

（1）長期使用土黴素對肝會產生毒性，導致肝脂肪變性，甚至壞死。

（2）二重感染。成年反芻動物、馬屬動物胃腸道內微生物群較多，內服土黴素後會導致胃腸道內微生物菌群失調，導致腸炎、腹瀉。動物在長期或大量使用土黴素後，其敏感菌被抑制，但其他不敏感菌（如真菌）迅速繁殖導致再次感染。

【臨床症狀】

（1）雞土黴素中毒多為慢性中毒，表現為精神萎靡，縮頭頸，採食量減少，飲水量增加，嗉囊積滿液體，排黃白色稀糞，並帶血絲，羽毛乾枯無光澤，雞逐漸消瘦，龍骨彎曲，腿癱軟，雞冠萎縮、蒼白，皮膚呈紫色，母雞產蛋量減少或停產。

（2）豬、馬、牛、羊中毒後食慾減退或廢絕，精神萎靡，臥地不起，體溫升高，心跳加快，黏膜黃染或發紺，腹瀉，糞便帶惡臭。

【診斷方法】 雞土黴素中毒時解剖可見腺胃和十二指腸黏膜水腫，肝、肺、氣囊表面呈石灰樣。豬、馬、牛、羊土黴素中毒時解剖可見肝腫大，腎呈點狀出血，胃腸黏膜出血。可根據近期有土黴素用藥史結合臨床症狀與剖檢病變確診。

【防治措施】

1. 治療方法 雞土黴素中毒時，應立即停餵含土黴素的飼料，給雞飲用綠豆水或甘草水，同時給雞內服維他命 B_1、維他命 C。

豬、馬、牛、羊等中大動物土黴素中毒的解救以解除毒素、促進代謝、保肝、防止感

染為治療原則。可靜脈注射葡萄糖生理鹽水、5％碳酸氫鈉溶液、維他命C、硫酸慶大黴素等藥物進行治療。同時，給予中毒動物充足的飲水。

2. 預防措施

（1）正確掌握土黴素的用藥範圍。土黴素一般僅可供雜食動物、肉食動物和新生反芻動物內服。

（2）正確掌握土黴素的用藥劑量與用藥時間。內服，一次量，每公斤體重，豬、駒、羔、犢10～25mg，犬15～50mg，禽25～50mg，1d 2～3次，連用3～5d。混飼，每噸料，豬300～500mg，連用3～5d。混飲，每升水，豬100～200mg，禽150～250mg，連用3～5d。肌內注射，一次量，每公斤體重，家畜10～20mg，1d 1～2次，連用2～3d。靜脈注射，一次量，每公斤體重，家畜5～10mg，1d 2次，連用2～3d。

任務五　聚醚類抗球蟲藥中毒

【疾病概述】畜禽養殖常受到一些寄生蟲的危害，其中球蟲病是危害嚴重的寄生蟲病之一。該病防治難度較大，且球蟲容易產生耐藥性，因此抗球蟲藥物不斷更新換代，以提高球蟲病防治效果。聚醚類抗球蟲藥包括莫能黴素、鹽黴素、那拉黴素、馬杜黴素和拉沙菌素等，在多種抗球蟲藥中聚醚類抗球蟲藥應用較為廣泛，但毒性最強，在疾病預防與治療過程中使用不當往往會發生中毒的現象。

【發病原因】

（1）常因超量使用、拌料不均和重複用藥等造成家禽中毒和死亡。

（2）使用過程中產生配伍禁忌。如莫能菌素與泰樂菌素、泰妙菌素、竹桃黴素合用會引起中毒。

【致病機制】聚醚類抗球蟲藥中毒時，引起機體細胞內鉀離子丟失、鈣離子過多，從而導致組織細胞，特別是神經細胞的功能障礙。

【臨床症狀】病禽主要表現為精神倦怠，流涎，極度口渴，食慾減退，腹瀉，體溫下降，心跳減慢，肌肉軟弱，冠及肉髯呈暗紫色，可視黏膜發紺，兩翅下垂，步態蹣跚，呼吸困難。最後發生麻痺，全身抽搐，昏迷而死亡。

【診斷方法】病理剖檢可見肝腫大、質脆、瘀血。十二指腸黏膜呈瀰漫性出血，腸壁增厚，肌胃角質層易剝離，肌層有輕微出血。肺出血。腎腫大、瘀血。心臟冠狀脂肪出血，心外膜上出現不透明的纖維素斑。腿部及背部的肌纖維蒼白、萎縮。根據近期有聚醚類抗球蟲藥用藥史、臨床症狀與解剖病變可進行診斷。

【防治措施】

1. 治療方法　無特效解毒藥，中毒的治療原則是排毒、保肝、補液和調節機體的鉀離子、鈉離子和酸鹼平衡。發現中毒後應立即停止用藥或更換飼料，並以5％的葡萄糖飲水，或在飲水中添加水溶性電解質多維或補液鹽。

2. 預防措施

（1）正確使用抗球蟲藥物，嚴格控制劑量和療程。

（2）不盲目配伍，以免產生配伍禁忌。

任務六　雙香豆素中毒

【疾病概述】 雙香豆素具有抗凝血作用，中國多數地區以該藥作為滅鼠藥的主要成分，因其滅鼠效果較好而被廣泛應用，但該類滅鼠藥具有特殊香味，易引起放養動物誤食，導致中毒。

【發病原因】 動物誤食毒餌，或犬、貓誤食雙香豆素類滅鼠藥中毒死亡的鼠。

【致病機制】 雙香豆素的抗凝血作用是間接性，由於其化學結構與維他命 K 相似，透過競爭性頡頏作用而達到抗凝血效果。雙香豆素中毒能夠抑制動物機體維他命 K 環氧化物還原酶的活性，導致維他命 K 的合成減少，而維他命 K 是肝合成凝血因子 II、VII、IX、X 所必需的，所以雙香豆素及其衍生物中毒可抑制動物機體的凝血功能，而表現為出血的症狀。

【臨床症狀】 雙香豆素中毒主要表現為出血。動物中毒後表現為精神極度沉鬱、體溫升高、食慾減退或廢絕、貧血、天然孔出血、嘔血、尿血、血便、皮下及黏膜下出血。胸腹腔出血時表現為呼吸困難，腦部出血時表現為痙攣、輕癱、共濟失調而迅速死亡。關節腔內出血時會出現跛行。

【診斷方法】

（1）有雙香豆素類滅鼠藥接觸史。

（2）臨床症狀中有出血傾向。

（3）出現血流不止或凝血時間長。

（4）血液檢查。血常規與血液生化檢查可見血小板、紅血球數目均明顯下降；促凝血酶原活化時間延遲，血凝時間延長；血中麩丙轉胺酶、麩草轉胺酶以及鹼性磷酸酶的活性升高。

【防治措施】

1. 治療方法

（1）肌內注射或靜脈注射維他命 K_3 注射液，犬 10～30mg，貓 2～5mg。

（2）用新鮮全血進行輸血，每公斤體重 10～20mL。半量迅速輸入，剩餘量緩慢輸入。

2. 預防措施

（1）做好環境控制，減少鼠患，加強飼養管理，防止動物誤食死鼠。

（2）滅鼠時使用新一代只對鼠類有殺滅作用的滅鼠藥。

【思考題】

1. 不明原因發生的中毒應如何採取有效的搶救措施？
2. 黃麴毒素中毒由什麼原因引起？怎樣預防？
3. 亞硝酸鹽、氰化氫、有機磷中毒的機制是什麼？
4. 如何鑑別亞硝酸鹽和氰化氫中毒？
5. 有機磷中毒的原因和主要症狀有哪些？
6. 試述氟乙醯胺中毒的主要症狀和治療方法。
7. 如何鑑別有機氟和有機磷中毒？
8. 家禽抗球蟲藥中毒由什麼原因引起？怎樣預防？

第六章
血液、神經與內分泌疾病

第一節　貧　血

　　貧血是外周血液單位體積中的血紅素濃度、紅血球計數和（或）紅血球比容低於正常最低值，以血紅素濃度較為重要。貧血是臨床上一種常見的病理狀態，主要表現為皮膚和可視黏膜蒼白，心率加快，心搏動增強及各器官由於組織缺氧而產生各種機能障礙。貧血不是獨立的疾病，而是由多種病因引起或各種不同疾病伴有的症候群。以貧血為基礎的疾病多達百種，需要加以分類，以便檢查和鑑別診斷。按其病因分為失血性貧血、溶血性貧血、營養不良性貧血和再生不良性貧血四大類。

　　【知識目標】掌握貧血的分類、發病原因及致病機制。
　　【技能目標】掌握貧血的臨床症狀並準確判斷貧血類型，熟悉貧血的防治措施。

任務一　失血性貧血

　　【疾病概述】由於出血造成紅血球喪失過多導致，分為急性失血性貧血和慢性失血性貧血。急性失血性貧血是由於血管，特別是動脈管被損壞，在短時間內使機體喪失大量紅血球，而血庫及造血器官又不能代償時所發生的貧血。慢性失血性貧血是由於少量反覆出血或突然大量出血後長時間不能恢復所引起的低血紅素性及正細胞正色素型貧血。
　　【發病原因】
　　1. 急性失血性貧血　急性失血，如各種意外創傷或手術；侵害血管壁的疾病，如寄生蟲性腸繫膜動脈瘤破裂、大面積胃潰瘍、鼻疽或結核肺空洞；內臟器官受到損傷引起的內出血，如肝澱粉樣變、脾血管肉瘤；急性出血性疾病，如牛霉敗草木樨中毒、華法林中毒、馬血斑病、蕨類植物中毒、駒同族免疫性血小板減少紫癜、犬自體免疫性血小板減少紫癜、幼犬第 X 因子缺乏、消耗性凝血病等。
　　2. 慢性失血性貧血　因內臟器官發生炎症及出血性素質等長期反覆地失血，同時飼料中造血原料不足，或者胃腸機能降低影響動物對造血原料的消化吸收，進而導致機體內肝、骨髓造血原料缺乏。另外，胃腸寄生蟲病（如鉤蟲病、圓線蟲病、血矛線蟲病、球蟲病）、胃腸潰瘍、慢性血尿、血友病、血小板疾病等均可引起慢性失血性貧血。有毒植物

中毒也可誘發慢性出血，從而造成慢性失血性貧血。

【致病機制】

1. 急性失血性貧血 在短時間內失去全身血液量的50%～60%時，可引起動物休克或虛脫甚至死亡。機體由於失血，首先引起血壓下降，機體透過反射作用，動員機體所有的代償機能。大失血時，流入心臟的血液減少，動脈及肺動脈充盈不足，頸靜脈竇的血壓下降，交感神經興奮性增高，促進腎上腺髓質分泌腎上腺素及去甲腎上腺素。由於出血可活化腎小球旁細胞產生一種高血壓蛋白酶原——腎素，在發生心搏動加快、血管收縮的同時，動員血庫所儲備的血液進入血管，補償血液量，而致微循環缺血。根據出血量多少的不同，從紅血球生成到減輕貧血這一過程需要的時間不同。

2. 慢性失血性貧血 由於長期失血，機體內蛋白質和鐵質儲備減少，進入造血器官的數量減少。此時，造血器官反應性再生能力增強，末梢血出現未成熟紅血球。骨髓造血機能很快衰竭，網狀紅血球及多染性紅血球幾乎絕跡，出現低色素性紅血球及異形紅血球，血色指數降低，初期粒細胞增多，之後逐漸減少，說明骨髓再生機能減退。出血幾小時後，補償性液體流入血管腔導致紅血球比容和血漿蛋白濃度下降。如果失血達循環血量的30%～50%，可能導致動物休克。再生性應答需要3～4d。如果為低量失血，且為慢性，可能表現為貧血或不出現再生性應答。

【臨床症狀】 失血性貧血臨床表現，取決於失血總量的多少和失血速度的快慢。

1. 急性失血性貧血 動物起病急，體溫低下，四肢發涼、呼吸加快、血壓下降、可視黏膜蒼白、脈搏細弱，全身冷汗，乃至陷於低血容量性休克而迅速死亡。

2. 慢性失血性貧血 動物起病隱蔽，初期貧血症狀不明顯，但呈漸進性消瘦及衰弱。可視黏膜在此期間逐變蒼白，隨著反覆經久的血液流失，血紅素不斷減少，且貧血漸進增重，機體衰弱無力，嗜睡，後期常伴有四肢和腹下水腫，乃至體腔積液，胃腸吸收和分泌機能降低，常腹瀉，最終因體力衰竭而死亡。

【診斷方法】

1. 急性失血性貧血 根據臨床症狀及發病情況可做出診斷。對內出血所造成的貧血必須進行細緻全面的檢查做出診斷，最有價值的是進行腹腔穿刺，看是否有血液。當脾和肝破裂時穿刺可見血液。

2. 慢性失血性貧血 找出原發病及出血原因和部位，必要時進行全面檢查，發現白血球及血小板增多的低色素性貧血時說明有出血存在。胃腸出血時還有便血，泌尿器官出血時有血尿，將尿靜置後有紅色沉澱或用顯微鏡檢查沉澱可發現紅血球。

3. 血液檢查 急性失血性貧血的血液稀薄，紅血球數、血紅素量減少，血沉加快。出血後，骨髓開始再生活動，到第4、第5天時達到最高峰。豬、牛的血液出現網狀紅血球、多染性紅血球、嗜鹼性顆粒紅血球增多。同時，出現成紅血球。血液中未成熟的紅血球，其直徑比正常的紅血球稍大一些。長期慢性失血性貧血時，血液中未成熟紅血球及網狀紅血球增多，血紅素減少且血沉加快。骨髓中由於鐵含量不足，常見到大而淡染的、血紅素貧乏的紅血球。發現淡染的紅血球是慢性失血性貧血的重要特徵之一。

【防治措施】

1. 治療方法 失血性貧血以除去病因，及時止血，補充血容量和造血物質，增加血

管充盈度，提高造血機能為原則。

（1）急性失血性貧血。應立即止血，根據病情輸血、補液和補充造血物質。

①止血。局部止血，外部出血且能找到出血的血管時，可應用結紮或壓迫止血等外科止血方法。如電熱燒烙、鉗夾止血。全身止血，內出血及加強局部止血時應用。5%的卡巴克洛（安絡血）注射液或酚磺乙胺注射液（止血敏），馬、牛5～20mL，豬、羊2～4mL，一次肌內注射。4%維他命K_3注射液，馬、牛0.1～0.3g，豬、羊8～40mg，一次肌內注射。凝血質注射液，一次量，馬、牛20～40mL，豬、羊5～10mL。

②提高血管充盈度。輸血，嚴重貧血最好進行輸血，除可補充血液量外，還可興奮網狀內皮系統，促進造血機能，提高血壓，增加抗體。也可靜脈注射血漿、右旋糖酐製劑。補液，應用右旋糖酐和高滲葡萄糖溶液可補充液量。右旋糖酐30g，葡萄糖25g，加注射用水至500mL，一次靜脈注射，馬、牛500～1 000mL，豬、羊250～500mL。

③補充造血物質。硫酸亞鐵、葡萄糖酸亞鐵或焦磷酸鐵，內服，馬、牛2～10g，豬、羊0.5～2g。

（2）慢性失血性貧血。要切實處置原發病和全面補給造血物質。給予富含蛋白質、維他命及礦物質的飼料，並加餵少量鐵製劑。

2. 預防措施　加強飼養管理，避免外傷，若有出血性外傷事故，盡快止血，做好對其他疾病的預防，減少內出血的發生。

任務二　溶血性貧血

【疾病概述】溶血性貧血是由於某種原因使紅血球破壞過多，超過機體造血補償能力所引起的一種貧血。多發生於傳染病、寄生蟲病、中毒病及抗原抗體反應（某些免疫性疾病）。

【發病原因】

1. 傳染病因素　如鉤端螺旋體、疱疹病毒、溶血性鏈球菌，以及附紅血球體、梨形蟲、錐蟲等寄生蟲感染。

2. 中毒性疾病　重金屬中毒，如鉛、銅、砷、汞等中毒；化學藥物中毒，如苯酚、磺胺等。警犬在執行任務時吸入TNT炸藥也可導致溶血性貧血。

3. 抗原-抗體反應　因新生仔犬的血型與母犬血型不同，吃母乳後發生抗原-抗體反應而導致仔犬溶血性貧血。異型血型輸血也可導致溶血。自身免疫性溶血性貧血也稱「免疫溶血性貧血」，是一種獲得性溶血性疾病，由於免疫功能紊亂產生抗自身紅血球抗體，與紅血球表面抗原結合，或活化補體，從而導致紅血球破裂溶解。

4. 其他因素　如高熱性疾病、淋巴肉瘤、骨髓性白血病、血漿血紅素增多症、紅血球丙酮酸激酶缺乏等因素均可造成溶血性貧血。

【致病機制】各種外源性因子引起的紅血球溶解性貧血，其紅血球生成大多數保持正常。異型血型輸血，如果血型系統不合，供血者紅血球進入受血者體內，就會刺激受血者產生相應抗體，很快使輸入的紅血球發生抗原-抗體反應而引起溶血。受血者紅血球破壞的溶血性輸血反應，主要由供血者血漿中的天然抗體——凝集素或溶血素引起，但一般少量輸血時，抗體往往被稀釋而起不到作用，只有在大量輸入含有相應免疫性抗體的血液時，才產生溶血性輸血反應。

自體免疫性溶血性貧血是由於抗體形成器官受到某些因素的影響，如淋巴組織感染，對自體紅血球失去識別能力，從而產生異常的免疫抗體。自身免疫抗體形成後，吸附於紅血球表面，表現為完全抗體和不完全抗體兩種形式，前者使紅血球自身凝集或溶解，後者使紅血球致敏成球形，從而容易遭受巨噬細胞系統的吞噬和破壞。

【臨床症狀】

1. 急性溶血性貧血　發病快速、病程短急，多是血管內溶血所致。嚴重者背部疼痛、四肢痠痛、寒戰、高燒，病畜併發狂躁，出現噁心、嘔吐、腹脹、腹痛等胃腸道症狀。可視黏膜蒼白、輕度至中度黃染。重症可暴發溶血危象，由於血紅素晶體堵塞腎小管而出現急性尿閉等腎衰體徵，或由於核黃疸而出現各種神經症狀。

2. 慢性溶血性貧血　發病隱蔽、病程緩長、病情弛張不定、發作期和緩解期反覆交替，多為血管外溶血所致，以可視黏膜逐漸蒼白、氣短、黃疸、肝脾腫大為特徵。

【診斷方法】

1. 臨床檢查　查明原發病，結合臨床3大特徵：貧血、黃疸、肝脾腫大，可以確診。

2. 實驗室檢查　根據血清膽紅素間接反應明顯，尿膽素增加，血紅素尿等進行綜合分析。急性溶血性貧血的血液學變化呈正細胞正色素型貧血；血清呈金黃色，黃疸指數偏高，間接膽紅素多，血小板增數。慢性溶血性貧血的血液學變化呈正細胞低色素型貧血；黃疸指數頗高，間接膽紅素多，常伴有一定量的直接膽紅素；血象顯示大量網狀紅血球、多染性紅血球、有核紅血球等各種未成熟紅血球。

3. 鑑別診斷　急性黃疸性肝炎有黃疸或肝脾腫大，但無明顯貧血，血液學指標正常。

【防治措施】

1. 治療方法　溶血性貧血的治療要點是，消除原發病或排出毒物，給予易消化的營養豐富的飼料，補充血容量和造血物質。

由感染和中毒所致的急性溶血性病畜，一旦感染被控制或毒物被排出，則貧血一般無須治療，可自行恢復。但急性溶血性貧血常因血紅素阻塞腎小管而引起少尿、無尿，直至腎功能衰竭，應及早輸液並使用利尿劑。對新生畜溶血病，可行輸血，輸血時力求一次輸足，切勿反覆輸注，以免因輸血不當而加重溶血。最好先放血後輸血或邊放血邊輸血，以除去血液中能破壞病畜自身紅血球的同種抗體及能導致黃疸的游離膽紅素。

提高造血機能。腎上腺皮質激素療法，強潑尼松注射液，一次肌內注射或靜脈注射，馬、牛0.05～0.15g，豬、羊0.01～0.02g。其他治療方法參照「急性出血性貧血」。

2. 預防措施　積極預防能引起溶血的各類疾病的發生，如血液原蟲病、細菌性疾病、各類中毒性疾病等。加強飼養管理，給予富含蛋白質、礦物質和維他命的全價飼料，注意飼草、飼料安全。

任務三　營養不良性貧血

【疾病概述】造血原料供應不足所引起的貧血，多由於長期採食缺乏維他命及鐵、銅、鈷等微量元素的飼料，或因動物長期患消化不良症，對上述營養成分消化吸收障礙，而使造血原料不足所致。

【發病原因】屬血紅素合成障礙的，有鐵缺乏、銅缺乏、鉬中毒（造成銅缺乏）、維他

命 B_6 缺乏、鉛中毒（抑制血紅素合成過程）。

屬核酸合成障礙的，有維他命 B_{12} 缺乏、鈷缺乏（影響維他命 B_2 合成）、葉酸缺乏、菸鹼酸缺乏（影響葉酸合成）。

屬蛋白質合成障礙的，有離胺酸不足、飢餓及衰竭症等各種消耗性疾病。

屬機制複雜或不明的，有泛酸缺乏、維他命 E 缺乏和維他命 C 缺乏。

【臨床症狀】

（1）缺鐵性貧血起病徐緩，病畜可視黏膜逐漸蒼白，體溫不高，病程較長。

（2）缺鈷性貧血多見於缺鈷地區的牛羊，具群發性、起病徐緩，食慾減損且反常，異嗜汙物和墊草，消化紊亂頑固不癒而漸趨瘦弱，可視黏膜日益蒼白，體溫一般不高，病程很長，可達數月乃至數年。

（3）葉酸缺乏時，貓可發生巨紅血球性貧血，其平均紅血球體積超過 60fL（正常值為 24～45fL），缺乏網狀紅血球，還可出現腦水腫或大腸炎等。

【診斷方法】

1. 臨床檢查 仔豬營養不良性貧血根據仔豬的日齡、生活環境條件、臨床表現及血紅素量顯著減少、紅血球數量下降等特徵不難診斷。剖檢可見肝有脂肪變性且腫大，呈淡灰色，有時有出血症。肌肉呈淡紅色，特別是臀肌和心肌。心臟及脾腫大，腎實質變性，肺水腫，血液稀薄呈水樣。

2. 實驗室檢查 血液學變化，缺鐵性貧血中犬的紅血球體積小於 60fL（正常值 60～77fL），平均血紅素濃度降低（成犬低於 29%），血清鐵降到 1.43～10.74mg/L；呈小細胞低色素型貧血，紅血球平均直徑偏小，紅血球中心淡染區顯著擴大，血清鐵降低。缺鈷性貧血的血液學變化呈大細胞正色素型貧血。血片上可見到較多的大紅血球乃至巨紅血球，並出現分葉過多的中性粒細胞。

【防治措施】

1. 治療方法 營養不良性貧血的治療要點是補給所缺的造血物質，並促進其吸收和利用。

（1）缺鐵性貧血。通常應用硫酸亞鐵配合人工鹽，製成散劑，拌料飼餵，或製成丸劑投給。大家畜開始每天 6～8g，3～4d 後逐漸減少到 3～5g，連用 1～2 週為 1 個療程。為促進鐵的吸收，可同時用稀鹽酸 10～15mL，加水 500～1 000mL，灌服，每天 1 次。

（2）缺銅性貧血。通常應用硫酸銅口服，牛 3～4g，羊 0.5～1g，溶於適量水中灌服，每隔 5d 1 次，3～4 次為 1 個療程。可配成 0.5％硫酸銅溶液，滅菌後靜脈注射，牛 100～200mL，羊 30～50mL。

（3）缺鈷性貧血。通常應用硫酸鈷內服，牛 30～70mg，羊 7～10mg，每週 1 次，4～6 次為 1 個療程。

2. 預防措施 加強飼養管理、保證動物獲得充足而全面的營養是預防營養不良性貧血的重要措施，應給予動物富含蛋白質、礦物質和維他命的全價飼料。因此，在日常飼養管理中要求飼料、飼草質優且營養配比合理。

任務四　再生不良性貧血

【疾病概述】骨髓造血功能障礙所導致的貧血。這類貧血往往導致循環血中紅血球和

白血球、血小板減少的症候群。常見原因是造血器官（主要是骨髓）受到射線、重金屬、藥物等的損傷。

【發病原因】

1. 中毒 某些重金屬，如金、砷、鉍等；某些有機化合物，如苯、酚、三氯乙烯等；某些過量的治療性藥物，如磺胺類藥物，均可引起再生不良性貧血。

2. 放射性損傷 大量接受 X 光及其他放射性元素輻射，可破壞骨髓細胞、紅血球、骨樣細胞及巨核細胞，使這些細胞遭受不可逆性損傷，導致造血機能喪失。

3. 某些疾病 如慢性腎疾病、白血病、造血器官腫瘤等均可導致再生不良性貧血。

【致病機制】 病因的刺激作用，使骨髓發生變性，破壞了神經體液的營養作用，紅骨髓迅速而持續減少，並被脂肪組織取代，造成骨髓萎縮，造血機能衰退，導致血液中各種血球減少，血小板減少甚至完全消失，失去凝血作用。同時，血管壁通透性和血球脆性增加，使機體各組織器官發生出血性素質。當骨髓萎縮及造血機能衰退時，白血球減少，淋巴組織萎縮，導致機體免疫性反應降低，易於發生感染。

【臨床症狀】 再生不良性貧血一般為進行性的，主要由骨髓造血功能衰竭引起。出血是由於血小板生成減少所致，也可因為微血管脆性、通透性增加引起。可見皮膚、鼻、消化道、陰道及內臟器官出血。局部感染常反覆發生，也有周身感染和敗血症，預後不良。

【診斷方法】 根據臨床資料，結合外周血液學檢查結果可進行初步診斷，有條件的可進行骨髓穿刺。骨髓象觀察可見，急性型骨髓穿刺液稀薄，油滴增多，塗片中有核細胞顯著減少；慢性型骨髓增生不良，油滴較多。鏡檢可見紅髓脂肪變性，急性型時幾全變成脂肪髓；慢性型脂肪組織中可見造血灶。

實驗室檢測血液學變化：紅血球數、血紅素量降低。再生型紅血球幾乎完全消失。紅血球大小不均，白血球數降低，血小板減少，血沉加快。

【防治措施】

1. 治療方法 再生不良性貧血的治療要點是，除去病因、改善骨髓造血功能。鑑於此類貧血的原發病常難根治，以致骨髓功能障礙多不易恢復，反覆輸血維持動物生命又使其失去經濟價值，故以往概不予治療。若治療可參考以下方法：

（1）消除病因。可引起再生不良性貧血的藥物應用時宜慎重，須嚴密觀察。有感染時可選用廣譜抗生素，禁用氯黴素。

（2）一般處理。一是給予足夠的營養和適當的休息；二是盡可能避免不必要的肌內注射和靜脈穿刺。如白血球數遠低於正常值，應予以短期隔離，以防感染。

（3）提高造血功能。比較有效的藥物是睪酮類，如丙酸睪酮、氟羥甲睪酮等，輔以中藥治療，效果明顯。為延長紅血球的生命，同時可採用早期脾切除術。

（4）輸血。參照「急性出血性貧血」。

近年來有國外報導，骨髓移植術和胎肝移植術已開始試用於治療動物的再生不良性貧血，目前正處於試驗研究階段。

2. 預防措施 對原發病應及早進行治療，避免慢性化過程、感染及進行性出血。慎重選用藥物，禁止濫用藥物，必要時應定期檢查血液學變化，以便及時減量或停藥。

第二節　神經系統疾病

【知識目標】掌握中暑和腦膜腦炎的發病原因及致病機制。
【技能目標】掌握日射病、熱射病和腦膜腦炎的臨床症狀，熟悉其防治措施。

任務一　中　暑

【疾病概述】日射病是動物在炎熱的季節中，頭部持續受到強烈的日光照射而引起的體溫調節功能障礙性疾病。熱射病是動物所處的外界環境氣溫高、濕度大，動物產熱多、散熱少，體內積熱而引起的嚴重中樞神經系統機能紊亂的疾病。臨床上日射病和熱射病統稱為中暑。本病在炎熱的夏季多見，病情發展急遽，甚至迅速死亡。各種動物均可發病，集約化養殖的禽、豬、乳牛等多發。

【發病原因】在高溫天氣和強烈陽光下使役、驅趕、奔跑、運輸等常導致發病。集約化養殖場飼養密度過大、畜禽舍潮濕悶熱、通風不良，動物體質衰弱、出汗過多、飲水不足、缺乏食鹽等是引起本病的常見原因。

嚴格地說，熱射病、日射病發病原因有所不同。一般而言，酷暑盛夏正值農忙季節，動物使役、追逐，或車船輸送，而未及時採取防暑措施，動物體質虛弱、出汗過多、失水、失鈉、血液濃縮，從而引起中樞神經系統調節機能障礙，都會引發熱射病和日射病。

【致病機制】日射病是因動物頭部持續受到強烈日光照射，日光中紅外線穿過顱骨直接作用於腦膜及腦組織即引起頭部血管擴張，腦及腦膜充血、水腫，甚至廣泛性出血。隨著腦組織缺血、缺氧和代謝活動的改變，可產生一系列中樞神經系統機能紊亂，直至發生血管運動中樞和呼吸中樞的麻痺。

在高溫條件下，動物血液循環和汗腺功能對調節體溫起主要作用。高溫超過一定限度，動物產熱量大於散熱量時，體溫調節中樞失控，可突然出現高燒而發生熱射病。此時，汗腺功能發生障礙，出汗減少可加重高燒。

高溫對中樞神經系統有抑制作用，導致動作準確性和協調性降低。

由於散熱的需要，皮膚血管擴張，血液重新分配，同時心排血量增多，導致心負荷加重，最終導致心功能減弱，心排血量減少，輸送到皮膚血管的血液量減少而影響散熱。

熱射病發生後，機體溫度達 41～42℃，體內物質代謝加強，氧化產物大量蓄積，導致酸中毒；同時，因熱刺激，反射性引起大量出汗，導致病畜禽脫水。由於脫水和水、鹽代謝失調，組織缺氧，鹼儲下降，腦脊液與體液間的滲透壓急遽變化，影響中樞神經系統對內臟的調節作用，心臟、肺等臟器代謝機能衰竭，最終導致窒息和心臟停搏。

【臨床症狀】臨床上日射病和熱射病常同時存在，因而很難準確區分。

1. 日射病　突然發生，病初動物精神沉鬱，四肢無力，步態不穩，共濟失調，突然倒地，四肢呈游泳樣。病情發展急遽，呼吸中樞、血管運動中樞、體溫調節中樞機能紊亂，甚至麻痺。心臟衰竭，靜脈怒張，脈微弱，呼吸急促而節律失調，結膜發紺，瞳孔初散大、後縮小。皮膚、角膜、肛門反射減退或消失，腱反射亢進，常發生劇烈痙攣或抽搐

而迅速死亡。

2. 熱射病 動物突然發病，體溫急遽上升，可高達41℃以上，皮溫增高，大汗或劇烈喘息。病畜站立不動或倒地張口喘氣，兩鼻孔流出粉色帶小泡沫的鼻液。心悸，脈搏急速。眼結膜充血。後期動物呈昏迷狀態，意識喪失，四肢划動，呼吸淺而急速，節律不齊，脈不感手，第1心音微弱，第2心音消失，血壓下降。

【診斷方法】根據發病、病史資料和體溫急遽升高、心肺機能障礙、倒地昏迷等臨床特徵，可以確診。

【防治措施】

1. 治療方法 動物日射病、熱射病及熱痙攣，多突然發生，病情重，過程急，及時搶救方能避免死亡。

（1）治療原則。防暑降溫、鎮靜安神、強心利尿、緩解酸中毒，促進機體散熱和緩解心肺功能障礙。

（2）物理療法。將病畜放置於陰涼通風處，不斷用冷水澆灑全身，或用冷水灌腸，經口給予1％冷鹽水，於頭部放置冰袋，也可用乙醇擦拭體表。

（3）對症療法。為促進體溫下降，可用2.5％鹽酸氯丙嗪溶液，牛、馬、豬、羊（體重50kg以上）4～5mL，一次肌內注射。保護下視丘體溫調節中樞，防止外周血管擴張，對促進散熱、緩解肌肉痙攣、扭轉病情具有較好的作用。體質較好的大動物可泄血1 000～2 000mL，再用2.5％鹽酸氯丙嗪注射液10～20mL、5％葡萄糖注射液1 000～2 000mL、5％樟腦磺酸鈉注射液2mL靜脈注射，效果顯著。

心臟衰竭時，宜用25％尼可刹米注射液，牛、馬10～20 mL，皮下注射或靜脈注射；或用0.1％腎上腺素注射液，牛、馬3～5 mL，10％～25％葡萄糖注射液，牛、馬500～1 000mL，豬、羊50～200mL，靜脈注射增進血壓，增強心臟功能。改善體循環防止肺水腫，靜脈注射地塞米松1～2g/kg。煩躁不安和出現痙攣時，可經口給予或直腸灌注水肉合氯醛黏漿劑或肌內注射2.5％氯丙嗪10～20mL，若併發酸中毒，可靜脈注射5％碳酸氫鈉500～1 000mL。

（4）中藥治療。中獸醫辯證中暑有輕重之分：輕者傷暑，以清熱解暑為治則；重者為中暑，病初治宜清熱解毒，開竅，鎮靜，當氣陰雙脫時，宜益氣養陰，斂汗固澀。①茯神散。茯神、硃砂、雄黃、豬膽汁（可用雞蛋清代之）。②白虎湯加味。生石膏、知母、甘草、藿香、佩蘭、硃砂（另研）、郁金、石菖蒲。③單驗方。用西瓜5 000g、白糖250g搗爛灌服，或鮮蘆根1.5kg、鮮荷葉5張，水煎冷後灌服。

（5）針治。若能配合針刺耳尖、尾尖、尖舌、太陽等穴效果更佳。

2. 預防措施

（1）加強飼養管理。舍飼動物應經常鍛煉，炎熱季節畜禽舍保持通風涼爽，注意補飼食鹽，給予充足的飲水，防止潮濕和擁擠。

（2）隨時注意畜禽群健康狀態，發現精神遲鈍、無力或姿態異常有中暑現象時，應及時檢查給予合理治療。

（3）動物長途運輸應做好防暑和急救準備工作。

（4）山區、丘陵、平原乃至沙漠地區乾旱、缺水時，家畜宜早晚放牧，並注意檢查飲水情況，防止畜群中暑。

任務二　腦膜腦炎

【疾病概述】腦膜腦炎主要是動物受到傳染性或中毒因素的侵害，軟腦膜及整個蛛網膜下腔表現炎性變化，從而透過血液及淋巴液途徑侵害到腦，引起腦實質性的炎症，或腦膜與腦實質同時出現炎症。臨床上病畜主要呈現一般的腦炎症狀或灶性症狀，是一種伴發嚴重的腦機能障礙的疾病。

【發病原因】

1. 生物性因素

（1）病毒感染。動物原發腦膜腦炎病毒感染常見的有疱疹病毒、狂犬病病毒、偽狂犬病病毒、日本腦炎病毒、犬細小病毒、綿羊慢病毒等。

（2）細菌感染。如鏈球菌、葡萄球菌、肺炎球菌、雙球菌、巴氏桿菌、化膿桿菌、壞死桿菌以及沙門氏菌等感染。特別是條件致病菌，當機體免疫機能降低，病原微生物毒力增強時，即能引起本病。或鄰近器官炎症蔓延，如中耳炎、化膿性鼻炎、額竇炎、眼球炎、腮腺炎等，轉移至腦而發生本病。

（3）寄生蟲感染。腦包蟲、血液原蟲（弓形蟲和新孢子蟲）等的侵襲，可導致腦膜炎的發生和發展。

2. 中毒性因素　鉛中毒、食鹽中毒、霉玉米中毒等過程中，都具有腦膜腦炎的病理現象。

3. 其他因素　飼養管理不當、受寒、感冒、過勞、中暑、腦震盪、車船運輸、衛生條件不良或精飼料飼餵過多等，均可誘發本病。

【致病機制】不論是病毒、細菌、還是其他病原體，或是有毒物質，都可以透過各種不同的途徑，進入腦膜及腦組織，引起炎性病理變化。病原微生物侵入血液，運行到腦，或沿著神經幹，或透過淋巴途徑，侵入腦的蛛網膜下腔和硬腦膜下腔。由其他器官而來的病原體，或從消化道而來的有毒物質，都可以透過血液，透過血腦屏障，侵入腦膜和腦實質。或是由鄰近器官炎症部位擴散的病原體，侵入顱腔後，從蛛網膜下腔直接蔓延到腦組織，不僅如此，病原體還可以透過腦脊液，或沿著血管的外膜鞘，侵入腦組織和腦室。從而導致本病的發生和發展過程。

在本病的發展過程中，由於腦組織和腦脊髓液的循環受到影響，引起腦組織的炎性浸潤，發生急性腦水腫，顱內壓升高，腦神經和腦組織受損而引起嚴重的痙攣、震顫，以及運動異常；視覺障礙，精神沉鬱，呼吸與脈搏節律性變化。由於病因及病原體和毒素的影響，同時伴有毒血症，體溫升高。

【臨床症狀】急性腦膜腦炎，動物通常突然發病，多呈一般腦炎，病情發展急遽。病畜有精神障礙、站立不動、目光無神，直至昏迷，有時呈神經症狀，神志不清，狂躁不安，甚至掙斷韁繩，向前猛進，往往侵害人、畜，有時騰空、痙攣抽搐，有時嘶鳴，既而昏睡，姿勢異常，精神恍惚，強迫運動，步態蹣跚，共濟失調，有時盲目徘徊，或做轉圈運動。病畜興奮時發作，眼神凶殘，有的尖叫，口流泡沫。

如是傳染因素引起，病初病畜體溫升高，顱內壓升高，視神經乳頭充血。繼發感染，往往伴發毒血症或菌血症。病程中有時體溫變化很大，有時上升，有時下降，甚至在病的末期有的動物體溫還會升高。

无论何种病畜，都具兴奋期和抑制期交替出现的现象。兴奋期，病畜知觉过敏，皮肤感觉异常，甚至轻轻触摸就有疼痛感，个别有举尾现象，瞳孔缩小，视觉扰乱，反射机能亢进，容易惊恐。抑制期，呈现昏睡状态，瞳孔扩大，视觉障碍，反射机能减弱或消失。

饮食状态，食欲减退或废绝，采食和饮水异常，常常终止。腹壁紧张，肠蠕动音减弱，尿量减少，尿中含有蛋白质和葡萄糖。

此外，由于脑组织的病变部位不同，特别是脑干受到侵害时，所表现的症状不一样，主要是痉挛和麻痹两方面。

(1) 眼肌痉挛。眼球震颤、斜视，瞳孔散大不均匀，瞳孔反射消失。

(2) 咬肌痉挛。牙关紧咬、磨牙等。

(3) 唇、鼻、耳肌痉挛。

(4) 颈肌痉挛或麻痹。颈部肌肉强直，头向后上方一侧反张；倒地，四肢做游泳状。

(5) 咽和舌麻痹。有吞咽障碍，舌脱垂。

(6) 面神经和三叉神经麻痹。唇向一侧或下垂。

(7) 眼肌和耳肌麻痹。斜视、上眼睑下垂，耳松弛、下垂。

(8) 单瘫与偏瘫。一组器官或某一器官或某一组织痉挛，或侧身麻痹。

【诊断方法】如果临床症状明显，结合病史进行综合分析，即可确诊。若临床症状不明显，进行脑脊髓液穿刺检查，若脑脊液混浊，其中的蛋白质和细胞含量增高则可确诊。

实验室检查：血液学变化，初期血沉正常或稍快；中性粒细胞增多，核左移；嗜酸性粒细胞消失，淋巴细胞减少。康复期嗜酸性粒细胞与淋巴细胞恢复正常，血沉缓慢或恢复正常。脑脊髓穿刺，由于颅内压升高，穿刺时流出混浊的脑脊髓液，其中蛋白质和细胞含量增多。脑化脓性炎症，脑脊髓液中的沉淀物除中性粒细胞外，还可能有病原微生物。

【防治措施】

1. 治疗方法

(1) 治疗原则。本病的治疗应以加强护理、降低颅内压、保护大脑、消炎解毒为原则，采取综合性防治措施，扭转病情，促进康复。

(2) 加强护理。将病畜放在宽敞、安静的畜舍中，多垫褥草，墙壁应平滑，防止冲撞。若由传染因素引起，更需隔离观察，加强卫生防疫，防止传播。病的初期颅顶灼热，可用冷水淋头，诱导消炎。

(3) 对症治疗。由于本病伴发急性脑水肿，颅内压升高，脑循环障碍，可先泄血。成年牛泄血1 000～2 000mL，再用10%～25%葡萄糖注射液1 000～2 000mL，静脉注射。也可用10%氯化钠注射液200～300mL，静脉注射，30min内注射完毕，降低颅内压，改善血循环。若注射2～4h内大量排尿，中枢神经系统紊乱现象可好转。必要时，可以考虑应用ATP和辅酶A等药物，促进新陈代谢，改善脑循环。

(4) 镇静安神。当病畜狂躁不安时，可用2.5%盐酸氯丙嗪注射液，成年牛10～20mL，犊牛2～4mL，肌内注射。也可用10%溴化钠注射液，牛50～100mL，猪40～60mL，静脉注射，调整中枢神经系统机能，提高对大脑皮层的保护作用。

(5) 消炎解暑。宜用甲砜霉素，各种动物按每公斤体重10mg，深部肌内注射。也可

用鹽酸四環素，牛 2～3g，5%葡萄糖注射液1 000～2 000mL，靜脈注射，但肝與腎功能障礙時，不宜應用，可改用青黴素，必要時配合鏈黴素肌內注射。

（6）強心補液、利尿。根據病情的發展，當病畜精神沉鬱，心臟功能衰竭時，應強心利尿，可用高滲葡萄糖溶液，小劑量多次靜脈注射；必要時應用樟腦磺酸鈉、氨茶鹼，皮下注射；可用40%烏洛托品注射液，牛 40～50mL，豬 20～30mL，加適量維他命 C 和維他命 B_1，配合葡萄糖生理鹽水，靜脈注射，均有益。

此外，如果大便遲滯，宜用硫酸鈉或硫酸鎂，加適量防腐劑，內服，清腸消導，防腐止酵，防止自體中毒。一般情況下，可給予複合維他命 B_1 內服，增強消化機能。

2. 預防措施　一般著重加強飼養管理，注意防疫衛生，防止傳染性和中毒性因素的侵害。當同群個體動物發病時，應當隔離觀察治療，防止傳播，保證動物健康。

第三節　內分泌系統疾病

【知識目標】掌握壓力症候群和過敏性休克的發病原因、致病機制。
【技能目標】掌握壓力症候群和過敏性休克的臨床症狀，熟悉其防治措施。

任務一　壓力症候群

【疾病概述】壓力症候群是動物遭受各種不良因素或壓力源的刺激時，表現出生長發育緩慢，生產性能和產品品質降低，免疫力下降，嚴重者死亡的一種非特異性反應。它是一種壓力反應，而不是一種獨立的疾病。本病在家禽和豬常見，牛、羊、馬等均可發生。

【發病原因】引起壓力反應的因素很多，歸納起來大致可以分為以下幾種。

（1）飼養管理中的各種超常刺激，都可以成為壓力源而引起動物壓力反應，如注射疫苗、驅趕、抓捕、捆綁、鞭打、毆鬥、狂風暴雨、興奮、恐懼、精神緊張、使用某些全身性麻醉劑，甚至配種、分娩等。

（2）環境突然改變或動物長期處於不適應的環境，如育肥出欄、運輸轉移、溫度過高或過低等，都可以引起壓力反應。

（3）飼料營養成分不全，特別是日糧中維他命 E 和硒缺乏，可造成營養壓力。

（4）管理壓力。水和飼料突變或不足、飼養密度過大、欄舍通風不良、不同日齡動物混群飼養均可造成壓力。

（5）衛生壓力。見於病原體感染。

【致病機制】壓力反應的機制十分複雜，很多問題尚待進一步深入研究，它涉及神經與內分泌兩大調節系統以及物質代謝等各方面。一般認為，由於壓力因素的作用，動物神經過度緊張，交感-腎上腺系統受到強烈刺激而活動過強，引起循環衰竭或休克，甚至死亡。

【臨床症狀】

1. 突斃症候群或稱猝死性壓力症候群　為壓力反應最嚴重的形式，常見於抓捕、驚嚇或注射時，運輸中的動物受到壓力源的強烈刺激，如高溫、擁擠、驚恐，事先看不到任

何異常而突然死亡。

2. 神經型 病豬表現肌纖維顫動，特別是尾部、背肌和腿肌出現震顫，繼而肌顫發展為肌僵硬，使動物步履艱難或臥地不動。病牛則高度興奮，頸靜脈怒張，二目圓睜，大聲吼叫，頭抵撞車廂壁，不斷磨牙，幾分鐘即倒下，呼吸淺表，有些牛口鼻噴出粉紅色泡沫，很快死亡。

3. 惡性高燒型 病畜禽主要表現體溫極度升高，牛可達 42℃ 以上，皮溫增高，觸摸有燙手感；豬體溫 40.5～41℃，直至臨死前可達 45℃。白色豬皮膚出現陣發性潮紅，繼而發展為紫色，黏膜發紺，最後虛脫，如不予及時治療，80% 以上的病豬 20～90min 進入瀕死期，死後剖檢，多數有大葉性肺炎或胸膜炎病變。

4. 胃腸型 在壓力情況下，動物機體抵抗力下降，條件性致病菌引起胃腸疾病。牛常見胃腸炎、瘤胃鼓脹、前胃弛緩、瓣胃阻塞等病症，剖檢主要可見胃黏膜糜爛和潰瘍；雛雞常見大腸桿菌病、沙門氏菌病等；仔豬常見黃痢、白痢等。

5. 生產性能下降 畜禽經長途運輸，即使不發生死亡，也表現生產性能下降。

【診斷方法】根據遭受壓力的病史，結合遺傳易感性和休克樣臨床表現，如肌肉震顫、體溫快速升高、呼吸急促、強直性痙攣等即可做出初步診斷。血液有關指標測定可作為輔助診斷手段。

實驗室檢測血液變化：嗜酸性粒細胞減少，血液凝固性短暫性增高，血液 pH 降低；動物血清肌酸激酶（CPK）、天門冬胺酸胺基轉移酶（AST）、乳酸去氫酶（LDH）等活性升高，而 β-羥丁酸去氫酶活性降低。

【防治措施】
1. 治療方法

（1）消除壓力源。如避免突然換料、斷奶、擁擠、忽冷忽熱、噪音和騷擾等。

（2）鎮靜。氯丙嗪，每公斤體重 1～2mg，肌內注射。也可用巴比妥、鹽酸苯海拉明等鎮靜藥。

（3）解除酸中毒。動物發生壓力反應時，肌糖原迅速分解，血中乳酸濃度升高，pH 下降，導致機體酸中毒。宜用 5% 的碳酸氫鈉注射液糾正酸中毒，大動物 500～1 000mL，豬、羊 100～200mL，犬 10～40mL，貓、貉、家兔 10～20mL，靜脈注射。

2. 預防措施 根據壓力源及壓力症候群的性質選用具體的防治措施。

（1）注意選育繁殖工作。膽小、神經質、難以管理、容易驚恐、皮膚易起紅斑、體溫升高、外觀豐滿的豬，多為壓力敏感型，最好不要選作種用。必要時，檢測 CPK 以及進行氟烷篩選試驗，進而從種群中將這類豬淘汰。

（2）改進飼養管理，減少或消除壓力。①畜舍要通風良好，防止擁擠；②防止忽冷忽熱，保持舍內溫度恆定；③防止噪音或驚擾；④避免任意組群，防止破壞原有群體關係；⑤出欄前 12～24h 內不飼餵或減飼；⑥動物轉運過程中，避免過分追逐刺激；⑦運輸前，對壓力敏感型豬可使用氯丙嗪等抗壓力藥物（添加劑）預防發生壓力現象；⑧對於驅趕、噪音等壓力源，可以透過適當馴導以利於適應性機制的形成，防止發生壓力現象。

任務二　過敏性休克

【疾病概述】過敏性休克是特異性變應原作用於致敏動物而引起的以急性循環衰竭為特徵的全身過敏反應。屬Ⅰ型超敏反應性免疫病。本病的表現與程度，依機體反應性、抗原進入量及途徑等而有很大差別。

【發病原因】動物的過敏性休克，絕大多數起因於疾病防治的注射操作，偶爾發生於昆蟲（毒蜂等）叮咬。常見的變應原有：

1. 異種血清　如用馬血清製備的破傷風抗毒素。

2. 疫苗　如布魯氏菌菌苗、口蹄疫和狂犬病疫苗、破傷風類毒素。

3. 非蛋白藥物　如抗生素（青黴素、頭孢菌素、兩性黴素B、硝基呋喃妥因）、局部麻醉藥（普魯卡因、利多卡因）、維他命（硫胺素、葉酸）等。

4. 生物提取物　如用動物腺體製備的促腎上腺皮質激素、甲狀旁腺素、胰島素、垂體後葉激素及各種酶。

5. 某些病毒和寄生蟲　偶爾發生於昆蟲叮咬或攝取某些食物。

【致病機制】抗原進入機體後，在正常情況下不發生過敏反應，只是在免疫過程中產生一定量的抗體，然後機體迅速把抗原物質清除。

絕大多數過敏性休克是典型的Ⅰ型變態反應。外界抗原性物質進入體內刺激免疫系統產生相應的抗體，可介導Ⅰ型變態反應，其產量因個體體質不同而差異較大。某些動物個體對進入機體的抗原物質特別敏感，微量的抗原就可以引起大量抗體產生。IgE有較強的親細胞性，能與皮膚、支氣管、血管壁等的肥大細胞、嗜酸性粒細胞等（稱為靶細胞）結合。當同一抗原再次與已致敏的個體接觸時，激發引起廣泛的Ⅰ型變態反應，使靶細胞釋放各種細胞因子，如組胺、血小板活化因子等，引起平滑肌收縮和微血管通透性增高，造成多器官水腫、滲出等臨床表現。動物第1次接觸抗原後，約需10d才被致敏，這種致敏狀態可持續數月或數年之久。

各種動物急性、全身性過敏反應引起的主要免疫傳遞物、休克器官和病理變化有所不同。馬的免疫傳遞物是組胺、5-羥色胺和緩激肽，休克器官是呼吸道和腸管，病理變化是肺氣腫和腸出血。牛和綿羊的免疫傳遞物是組胺、5-羥色胺和緩激肽、慢反應物質，休克器官是呼吸道，病理變化是肺水腫、氣腫和出血。豬的免疫傳遞物是組胺，休克器官是呼吸道和腸道，病理變化是全身性血管擴張和低血壓。犬的免疫傳遞物是組胺，休克器官是肝，休克組織是肝靜脈，病理變化是肝靜脈系統收縮所致的肝充血和腸出血。貓的免疫傳遞物是組胺，休克器官是呼吸道和腸管，病理變化是肺水腫和腸水腫。

【臨床症狀】本病大都突然發生，如對青黴素G過敏的動物，注射後5min內可以出現症狀。

過敏性休克有兩大特點：一是有休克表現即血壓急遽下降，動物出現意識障礙，輕則恍惚，重則昏迷；二是在休克出現之前或同時，常有一些與過敏相關的症狀，歸納如下。

1. 皮膚黏膜表現　往往是最早出現的徵兆，包括皮膚潮紅、搔癢，繼以廣泛的蕁麻疹和（或）血管神經性水腫。

2. 呼吸道阻塞　這是本病最多見、最主要的死因。由於氣道水腫、分泌物增加、喉和（或）支氣管痙攣，出現喉頭堵塞感、氣急、憋氣、喘鳴、發紺，以致因窒息而死亡。

3. 循環衰竭 患病動物出現心悸、出汗、可視黏膜蒼白、脈速而弱；然後發展為發紺、肢冷、血壓迅速下降、脈搏消失，最終導致心跳停止。

4. 意識障礙 病畜腦缺氧和腦水腫加劇，意識不清或完全喪失；還會發生抽搐、肢體強直等。

5. 其他症狀 出現刺激性咳嗽、噴嚏、噁心、嘔吐、腹痛、腹瀉、大小便失禁等。

【診斷方法】根據臨床症狀，如突然發生休克、動物有接觸過敏原病史等進行診斷。

【防治措施】

1. 治療方法 必須及時發現並立即處理。可採用以下措施：

（1）消除可疑的過敏原或停止使用可疑的致敏藥物。

（2）腎上腺素治療。先皮下注射0.1％腎上腺素注射液0.3～0.5mL，緊接著靜脈注射0.1～0.2mL，若症狀不緩解，30min後重複肌內注射（或靜脈注射）1次，直至脫離危險。繼以5％葡萄糖液靜脈滴注，維持靜脈給藥暢通。

（3）抗過敏。可用氯苯那敏（撲爾敏）注射液，馬、牛60～100mg，豬、羊10～20mg，一次肌內注射。

（4）對症處理。呼吸困難的動物應及時吸氧，同時用尼可剎米注射液，馬、牛2～5mg，豬、羊0.25～1mg，犬0.125～1mg，一次皮下注射、肌內注射或靜脈注射。

2. 預防措施

（1）明確引起本症的過敏原，並採取有效的措施進行防避。但在臨床上難以做出特異性過敏原診斷，且不少患病動物並不是因為免疫機制而發生過敏樣反應，應注意。

（2）減少不必要用藥，盡量採用口服製劑。

（3）對過敏體質患病動物，用藥後觀察15～20min，在必須用有誘發本症可能的藥品前，宜先使用抗組胺藥物或強的松，或小群試用確認安全後再全群使用。

【知識拓展】

太陽能養殖場

太陽能農業就是將太陽能發電技術廣泛應用到現代農業種植、養殖、灌溉、病蟲害防治以及農業機械動力提供等領域的一種新型農業。太陽能養殖場，就是在畜禽欄舍屋頂建設太陽能發電站，透過現代清潔能源工程與傳統養殖業相結合，實現傳統畜牧業提質升級，在提供綠色能源的同時，可以有效預防因為日曬欄舍而使動物出現熱壓力、中暑等疾病。這是畜牧業在生態優先、綠色發展理念下與新興學科產業的大膽融合和創新。太陽能養殖場兼具的功能有：

（1）發電站。傳統規模化畜牧業用電成本高，太陽能養殖可以從源頭上為畜牧業節省電力成本，提高土地利用率。

（2）殺蟲燈。在養殖場安裝太陽能殺蟲燈，可取代農藥或少用農藥，相比於傳統農用化學藥物殺蟲，在減少蟲媒傳播疾病的同時，還可保證動物性食品安全和減少環境汙染，發展生態農業、綠色農業。

（3）汙水淨化系統。養殖排汙的環境汙染日益嚴峻，汙水處理是其中的最大問題。太陽能汙水淨化系統原理是將太陽能轉化成熱能、電能後再有效地運用於汙水處理工藝中，在這個過程中，基本沒有二次汙染和能耗轉移。

【思考題】
1. 溶血性貧血的致病作用和治療原則是什麼？
2. 再生不良性貧血治療方法有哪些？
3. 如何預防動物壓力症候群？
4. 如何治療動物過敏性休克？
5. 腦膜腦炎的發病原因有哪些？

第七章
常用內科診治技術

第一節 穿刺術

任務一 瘤胃穿刺術

【學習目標】

1. 掌握瘤胃穿刺依靠的解剖結構，能正確定位穿刺點。
2. 能根據動物、治療目的、環境、病情選擇適合的穿刺用具。
3. 能正確完成瘤胃穿刺及穿刺後的治療操作。
4. 能正確進行穿刺前後的消毒和護理。

【基本知識】

1. 瘤胃解剖結構 瘤胃為反芻動物特有的胃結構，與蜂巢胃、瓣胃一同構成前胃，主要進行微生物消化和物理消化。瘤胃為一囊狀消化器官，位於膈和肝的後方，占據整個左側腹腔，其下部還伸向右側腹腔。瘤胃前後較長，左右稍扁，前接食道，後連蜂巢胃。正常情況下，體表投影，瘤胃前端與第7～8肋間隙相對，後端達骨盆腔前口（圖7-1）。

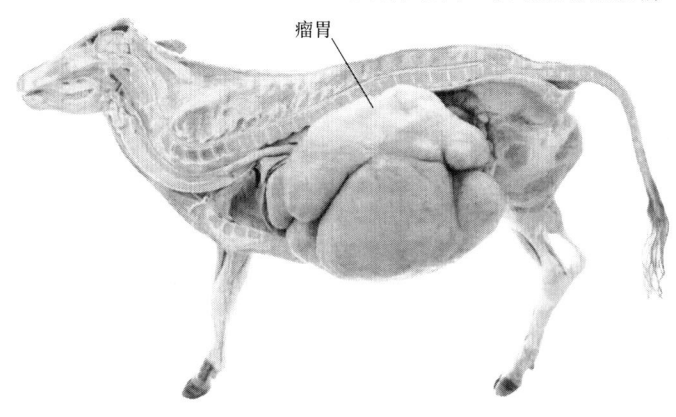

圖7-1 牛瘤胃位置

2. 瘤胃穿刺適用範圍

（1）瘤胃鼓脹。反芻動物發生急性瘤胃鼓脹時，瘤胃脹大，易壓迫胸腔造成呼吸困難和缺氧，不及時處理會導致動物死亡。可透過瘤胃穿刺方法進行瘤胃放氣，減輕鼓脹程度，緩解胸腔壓迫。

（2）瘤胃給藥。在瘤胃鼓脹、前胃弛緩等疾病中，瘤胃內環境發生變化，微生物生長異常，可透過瘤胃穿刺及時、有效地向瘤胃內注入止酵劑、消沫劑等藥物進行治療。

（3）瘤胃液採集。透過瘤胃穿刺可快速採集少量瘤胃液並進行檢測，對瘤胃健康狀況進行評估。大量採集瘤胃液時，可使用食道插管負壓吸取的方法進行。

【實訓設計】

1. 實訓材料準備

①表 7-1 中是本次實訓使用的主要材料，請寫出它們的用途，並在實訓開始前，根據本次實訓的準備情況，於表格備注欄勾出使用材料，補充記錄其餘材料（圖 7-2 至圖 7-7）。

表 7-1　瘤胃穿刺材料準備

序號	用具		名稱	用途	備注
1	穿刺用具	圖 7-2　套管針	套管針		
2		圖 7-3　大號針頭	大號長針頭		
3		圖 7-4　保定繩	保定繩		
4	消毒用具		75％乙醇		
5			5％碘酒		
6			魚石脂		

（續）

序號	用具	名稱	用途	備注
7	圖 7-5　電推剪	電推剪		
8	圖 7-6　手術刀	手術刀		
9	圖 7-7　縫合針	縫合用具		
10		其他用具		

②重點器械分解。請將套管針及其各部位的作用畫線連接起來（圖 7-8）。

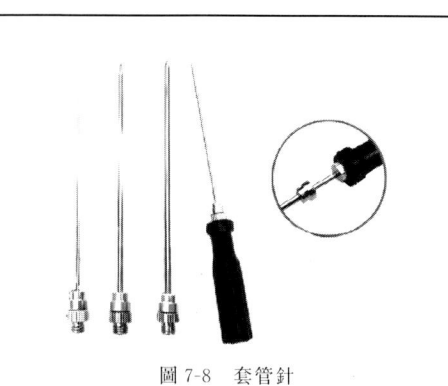

圖 7-8　套管針

內針（實心）：保持穿刺針硬度
手柄：配套不同規格的針頭，且方便施力
外針（空心）：給藥、放氣

2. 實訓實施　根據表 7-2、圖 7-9 進行操作。

表 7-2　瘤胃穿刺步驟

序號	步驟	操作說明	標準
1	保定	大型動物可藉助保定架，打好腹帶、肩帶及臀帶。小型動物可由人工直接保定，可做握角騎跨夾持站立保定	保持動物正常站姿，保證瘤胃正常解剖位置

(續)

序號	步驟	操作說明	標準
2	定位	(1) 瘤胃鼓脹。穿刺點在瘤胃隆起的最高點 (2) 給藥/取瘤胃液。左肷部髖結節與最後肋骨中點連線中點 圖 7-9 瘤胃穿刺部位示意	檢查穿刺部位是否有穿刺口或其他傷口，避開
3	剃毛和標記	定位點前/後 1cm 左右，逆毛流方向剃毛，方便消毒和標記進針部位 注意事項：為最大限度減少感染，應避免皮膚進針點和瘤胃進針點重疊，進針時可透過拉扯皮膚錯開二者，因此剃毛時應稍微偏離定位點	(1) 剃除皮膚進針點周圍至少 15cm 範圍內的毛髮 (2) 盡量減少毛乾殘留
4	消毒	(1) 使用碘酒對術部消毒，乙醇去碘 (2) 套管針表面消毒	從內往外做同心圓圈塗抹
5	穿刺	左手將皮膚定位點移向穿刺點，右手持套管針將針尖置於皮膚定位點，向對側肘頭方向迅速刺入 10～12cm	以瞬間力量進行穿刺，快速突破
6	放氣	左手固定套管，拔出內針，用紗布或拇指堵住管口放氣	間歇、緩慢放氣
7	抽取瘤胃液	左手固定套管，拔出內針，使用長針頭針筒插入外針中抽取瘤胃液	固定套管外針，緩慢抽取，不可損傷瘤胃壁
8	給藥	左手固定套管，拔出內針，透過套管外針，用針筒將藥物注入瘤胃內	藥物溫熱
9	拔針	將內針插回，一隻手按腹壁並貼緊胃壁，另一隻手拔出套管針	迅速拔出
10	消毒	以魚石脂塗抹術部	無感染、不發炎

3. 拓展思考

情境 1：某養殖戶牛突發瘤胃鼓脹，實施瘤胃穿刺時，套管針不夠鋒利，無法直接穿透牛皮，作為獸醫，你應該如何處理？

情境 2：某養殖戶公羊出現瘤胃鼓脹，但缺乏獸醫專用器械，無套管針，現用針筒嘗試穿刺，針頭太短無法有效穿刺放氣，作為獸醫，你有何緊急替代方案？

4. 實訓評價（表 7-3）

表 7-3　瘤胃穿刺操作評價

評價內容	評價標準	是否完成
器械準備	能根據具體情況選擇合適的穿刺工具	
	能快速準備齊全實訓用具	
定位和消毒	能在動物體準確指出定位點	
	能在正確部位剃毛	
	能正確進行術前消毒	
穿刺	能以正確角度穿刺進針	
	能快速穿破皮膚和胃壁，穿刺成功	
穿刺後操作	能緩慢、間斷放氣，動物瘤胃鼓脹症狀明顯好轉	
	能快速將內針換裝有藥液的針筒	
	能快速將內針換裝潔淨針筒，抽取瘤胃液，無血液混入	
拔針	能正確固定套管針並快速拔出	
消毒	能正確選擇消毒藥並對術部進行消毒	
整理	能整理、清潔、歸類存放實訓材料	

任務二　胸腔穿刺術

【學習目標】

1. 掌握胸腔穿刺依靠的解剖結構，能正確定位穿刺點。
2. 能根據動物、治療目的、環境、病情選擇適合的穿刺用具。
3. 能正確完成胸腔穿刺及穿刺後的治療操作。
4. 能正確進行穿刺前後的消毒和護理。

【基本知識】

1. 胸膜腔　胸腔穿刺實際指的是胸膜腔穿刺。胸膜腔由緊貼於肺表面的胸膜臟層和緊貼於胸廓內壁的胸膜壁層所構成，腔內沒有氣體，僅有少量漿液，可減少呼吸時的摩擦，腔內為負壓，有利於肺的擴張，有利於靜脈血與淋巴液回流。縱隔將胸膜腔分隔成左、右兩個密閉的胸膜腔。參與構成縱隔的器官有心臟和心包、胸腺、食道、氣管、出入心臟的大血管、神經、胸導管以及淋巴結等，它們彼此藉結締組織相連（圖 7-10）。

胸膜腔為無菌空間，有多個重要器官，因此須謹慎操作，嚴格遵守無菌原則，避免汙染或刺傷器官。

2. 胸腔穿刺適用範圍　主要用於胸腔積液的診斷（取樣）、排出、胸腔洗滌及胸腔注入藥液。

【實訓設計】

1. 實訓材料準備

①表 7-4 是本次實訓使用的主要材料，請寫出其用途，並在實訓開始前，根據本次實訓的準備情況，勾出使用的材料，補充記錄其餘材料。

第七章 常用內科診治技術

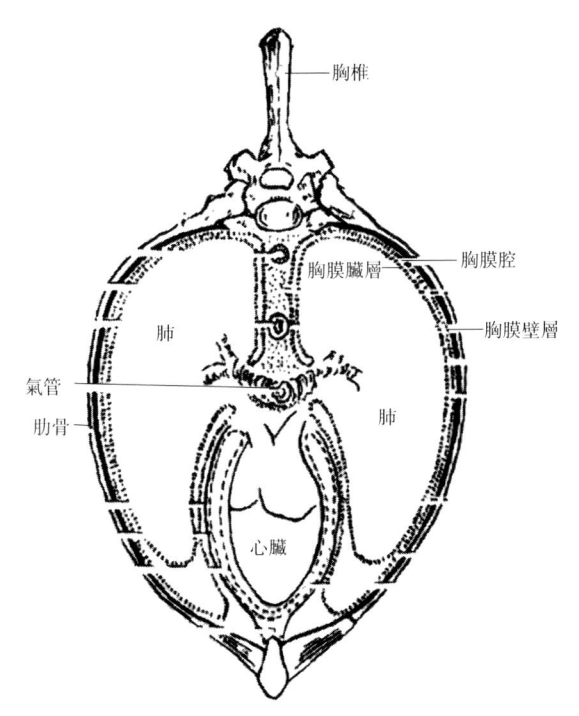

圖 7-10 胸腔橫斷面圖

表 7-4 胸腔穿刺材料準備

序號	材料		名稱	用途	備註
1	穿刺用具	胸腔穿刺針	無菌專用胸腔穿刺針（經皮穿刺針）		
2			大號長針頭（16～18號）		
			橡皮管		
			止血鉗		
3			保定繩		
4	消毒材料		75％乙醇		
5			5％碘酒		
6			魚石脂		
7			電推剪		
8			手術刀		
9		其他材料			

②重點器械分解。請將胸腔穿刺針及其各部位的作用畫線連接（表 7-5，圖 7-11）。

143

表 7-5　胸腔穿刺針應用

材料	穿刺針：穿刺胸腔
圖 7-11　胸腔穿刺針	橡皮管：防止空氣進入胸膜腔及液體抽吸連接通道

2. 實訓實施　按表 7-6、圖 7-12 嚴格無菌操作。

表 7-6　胸腔穿刺操作步驟

序號	步驟	操作說明	標準
1	保定	站立保定，牛體型較大，可藉助保定架，打好腹帶、肩帶及臀帶 小動物可讓畜主配合採取側臥保定	保持動物胸腔正常解剖形狀
2	定位	左右側均可進行穿刺，一般最好選擇右側 (1) 右側穿刺。右胸側第 5 或第 6 肋間隙，緊貼肋骨前緣，在肩關節水平線下胸外靜脈上方 2～3cm 進針 (2) 左側穿刺。左胸側第 7 肋間隙，緊貼肋骨前緣，在肩端水平線下方，胸外靜脈上方 2～3cm 進針 圖 7-12　左側胸腔穿刺部位示意	檢查穿刺部位是否有穿刺口或其他傷口，避開
3	穿刺針準備	滅菌穿刺針透過橡皮管連接針筒，並將橡皮管用止血鉗夾住，防止空氣進入胸腔	(1) 穿刺針保持無菌 (2) 橡皮管完全夾住
4	剃毛和標記	定位點前/後 1cm 左右，逆毛流方向剃毛，方便消毒和標記進針部位 注意事項：為最大限度減少感染，應避免皮膚進針點和胸腔進針點重疊，進針時可透過拉扯皮膚錯開二者，因此剃毛時應稍微偏離定位點	(1) 剃除皮膚進針點周圍至少 15cm 範圍內的毛髮 (2) 盡量減少毛乾殘留

(續)

序號	步驟	操作說明	標準
5	消毒	（1）使用碘酒對術部消毒，乙醇去碘 （2）穿刺針表面消毒	從內向外做離心圓式消毒
6	穿刺	左手將皮膚定位點移向穿刺點，右手以手指持針控制進針深度3～5cm（約相當於胸壁厚度），在相應肋骨前緣垂直刺入，當感覺阻力突然消失時，提示刺入胸腔	原則：不在傷口上進行穿刺，針尖刺入胸腔，不刺傷臟器 （1）嚴格無菌操作 （2）穿刺時避免空氣進入胸腔 （3）胸腔積液較多且稀薄，滲出液自動流出或針筒可抽出 （4）無點滴出血。如出現點滴出血，則提示可能刺傷肺，應立即稍向外抽，調節深度
7	抽取胸腔積液	打開連接針筒軟管的止血鉗，緩慢抽取胸腔積液。抽出液體無菌保存待檢 注意事項：間歇放液，避免胸腔內壓力突然降低，血液大量進入胸腔器官，引起腦組織供血不足，或胸腔微血管破裂導致內出血	（1）緩慢抽取積液 （2）無空氣進入胸腔 （3）針頭不隨意晃動，肺胸膜無劃破
8	沖洗胸腔	（1）排出積液或血液後，用橡皮管連接輸液瓶（內有沖洗液），打開止血鉗，讓沖洗液流入胸膜腔 （2）鉗閉連接輸液瓶橡皮管，將輸液瓶換裝為針筒，將沖洗液排出或抽出。可沖洗2～3次	（1）沖洗液溫熱至體溫 （2）無空氣進入胸腔 （3）針頭不隨意晃動，肺胸膜無劃破
9	給藥	打開連接針筒（內有藥物）軟管的止血鉗，緩慢注入適量藥物	（1）藥物溫熱至體溫 （2）無空氣進入胸腔 （3）針頭不隨意晃動，肺胸膜無劃破
10	拔針	拔針前鉗閉橡皮管。左手緊壓穿刺部位，右手拔出針頭，使皮膚恢復原處。穿刺口必要時進行結節縫合	（1）無空氣進入胸腔 （2）針頭不劃破肺胸膜
11	消毒	碘酒消毒穿刺部位後，以魚石脂塗抹術部	無感染不發炎

3. 拓展思考

（1）為什麼最好先選擇右側進行穿刺？

（2）為什麼進針點需緊貼肋骨前緣？

（3）若穿刺過程刺傷肺，穿刺結束後應如何進行護理？

4. 實訓評價（表7-7）

表7-7 胸腔穿刺操作評價

評價內容	評價標準	是否完成
器械準備	能根據具體情況選擇合適的穿刺工具	
	能快速備齊實訓材料	
定位和消毒	能在動物體準確指出穿刺定位點	
	能在正確部位剃毛	
	能正確進行術前消毒	

145

(續)

評價內容	評價標準	是否完成
穿刺	能以正確角度穿刺進針	
	能進針成功，不刺傷肺部	
穿刺後操作	能根據操作正確開關橡皮管	
	能根據操作連接相應醫療器械	
	能穩定針頭，不劃傷或刺傷肺部	
拔針	能正確關閉橡皮管，拔出穿刺針	
消毒	能正確選擇消毒藥並對術部消毒	
整理	能整理、清潔、歸類存放實訓材料	

任務三 腹腔穿刺術

【學習目標】
1. 掌握腹腔穿刺依靠的解剖結構，能正確定位穿刺點。
2. 能根據動物、治療目的、環境、病情選擇適合的穿刺用具。
3. 能正確完成腹腔穿刺及穿刺後的治療操作。
4. 能正確進行穿刺前後的消毒和護理。

【基本知識】

1. 腹腔 腹腔穿刺實際指的是腹膜腔穿刺。腹膜覆蓋於腹腔腹壁和骨盆腔盆壁的內面以及腹腔和盆腔器官的表面，前者稱為壁腹膜或腹膜壁層，後者稱為臟腹膜或腹膜臟層。壁層與臟層互相移行而構成一個極不規則的潛在性腔隙，稱為腹膜腔。正常情況下，腹膜腔內含有少量漿液，能潤滑腹膜表面，有減少內臟器官互相摩擦的作用。腹膜含有豐富的微血管及淋巴管，能吸收大量等滲液、血液或空氣。

腹膜腔一般為無菌空間，有多個重要器官，因此須謹慎操作，遵守無菌原則，避免汙染或刺傷器官（圖 7-13）。

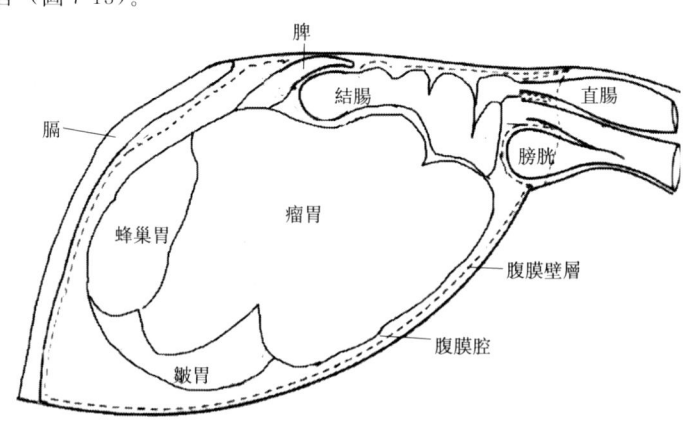

圖 7-13 腹腔右側示意（母牛）

2. 腹腔穿刺適用範圍 用於腹水排放，減輕腹腔壓力，緩解壓迫症狀，或抽取腹水

進行化驗，以及向腹腔內注入藥物，進行腹膜炎等疾病的治療。

【實訓設計】

1. 實訓材料準備 表 7-8 是本次實訓使用的主要材料，請寫出其用途，並在實訓開始前，根據本次實訓的準備情況，勾出使用的材料，補充記錄其餘材料。

表 7-8 腹腔穿刺材料準備

序號	材料		用途	備註
1	穿刺材料	大號長針頭（16～18號）		
2		50mL 針筒		
3		保定繩		
4	消毒材料	75％乙醇		
5		5％碘酒		
6		魚石脂		
7		電推剪		
8		手術刀		
9		其餘材料		

2. 實訓實施 按表 7-9 嚴格無菌操作。

表 7-9 腹腔穿刺操作步驟

序號	步驟	操作說明	標準
1	保定	站立保定。牛體型較大，可藉助保定架，打好腹帶、肩帶及臀帶，暴露右側腹腔。小動物可讓畜主配合採取站立保定。根據穿刺定位暴露相應側腹腔	保持動物正常站姿
2	定位	牛、羊的腹腔穿刺部位有兩個，可根據腹腔內臟器官解剖位置及觸診掌握瘤胃充盈情況靈活選用（圖 7-14）： ①腹底臍部與右膝關節（膝蓋骨）連線中點處 ②腹底部劍狀軟骨後 10～15cm，腹白線兩側 2～3cm 處 圖 7-14 牛腹腔穿刺點示意	檢查穿刺部位是否有穿刺口或其他傷口，有則避開

(續)

序號	步驟	操作說明	標準
3	剃毛和標記	定位點前/後1cm左右，逆毛流方向剃毛，方便消毒和標記進針部位 注意事項：為最大限度減少感染，應避免皮膚進針點和腹腔進針點重疊，進針時可透過拉扯皮膚錯開二者，因此剃毛時應稍微偏離定位點	（1）剃除皮膚進針點周圍至少15cm範圍內的毛髮 （2）盡量減少毛乾殘留
4	消毒	（1）使用碘酒對術部消毒，乙醇去碘 （2）穿刺針表面消毒	從內向外做同心圓塗抹消毒
5	穿刺	左手將穿刺部位皮膚稍向一側移動，右手持套管針或針頭，並控制進針深度（3~5cm），與腹壁垂直刺入。當感覺阻力突然消失時，則表示刺入腹腔內	原則：針尖刺入腹腔，不刺傷臟器 （1）嚴格無菌操作 （2）腹水可透過針管流出
6	抽取腹腔積液	緩慢、間歇地抽取腹腔積液，並注意觀察動物呼吸、脈搏及黏膜顏色變化，避免腹壓下降過快造成其他部位尤其是心臟、腦部缺血 若針頭被腹水中的纖維素凝塊堵塞，應適當調整針頭方向，有液體流出時用針筒抽吸	（1）緩慢抽取積液 （2）針頭不隨意晃動，腸管無損傷
7	給藥	更換裝有藥物的針筒針筒，緩慢注入藥液	（1）藥液溫熱至體溫 （2）針頭不隨意晃動，不損傷腸管
8	拔針	左手緊壓穿刺部位，右手拔出針頭，使皮膚恢復原處	
9	消毒	用碘酒消毒穿刺部位後，以魚石脂塗抹術部	無感染不發炎

3. 拓展思考

（1）其他動物腹腔穿刺部位。根據腹腔內臟器官分布，豬、犬、貓的穿刺部位均在臍與恥骨前緣連線的中間腹白線上，或腹白線的側旁1~2cm處；馬、騾的穿刺部位在劍狀軟骨後方15cm處。

（2）反芻動物可否選擇左側進行腹腔穿刺？

（3）若穿刺過程刺傷腸管，穿刺結束後應如何進行護理？

4. 實訓評價（表7-10）

表7-10 腹腔穿刺操作評價

評價內容	評價標準	是否完成
器械準備	能根據具體動物體型選擇合適的長針頭	
	能快速備齊實訓材料	
定位和消毒	能在動物體上準確指出定位點	
	能在正確部位剃毛	
	能正確進行術前消毒	
穿刺	能以正確角度穿刺進針	
	能進針成功，不刺傷腸管	

(續)

評價內容	評價標準	是否完成
穿刺後操作	能根據操作連接相應醫療器械	
	能緩慢抽液和注射給藥	
	能穩定針頭，不劃傷或刺傷腸管	
拔針	能固定穿刺口迅速拔針	
消毒	能正確選擇消毒藥並對術部消毒	
整理	能整理、清潔、歸類存放實訓材料	

任務四　瓣胃穿刺術

【學習目標】

1. 掌握瓣胃穿刺依靠的解剖結構，能正確定位穿刺點。
2. 能根據動物、治療目的、環境、病情選擇適合的穿刺針或穿刺材料。
3. 能正確完成瓣胃穿刺及穿刺後的治療操作。
4. 能正確進行穿刺前後消毒和護理。

【基本知識】

1. 瓣胃　瓣胃為反芻動物的第3胃，位於腹腔前部右側（右季肋部），肩關節水平線過瓣胃中線。牛瓣胃較大，與第7～11根肋相對；羊瓣胃較小，約與第9、第10對肋骨相對。瓣胃黏膜面形成許多大小不等的葉瓣，沒有消化腺，其主要功能是阻留食物中的粗糙部分，繼續加以磨細，並將較稀部分輸送進皺胃，同時吸收大量水分和酸，因此飼料品質不佳，如細沙石過多時，易發生阻塞。

2. 瓣胃穿刺適用範圍　瓣胃穿刺術主要用於牛、羊瓣胃阻塞的治療，即把藥物注入瓣胃內使內容物軟化或進行沖洗。

【實訓設計】

1. 實訓材料準備　表7-11是本次實訓使用的主要材料，請寫出其用途，並在實訓開始前，根據本次實訓的準備情況，勾出使用的材料，補充記錄其餘材料。

表 7-11　瓣胃穿刺材料準備

序號	材料名稱		用途	備註
1	穿刺材料	無菌大號長針頭（16～18號）		
2		50mL 針筒		
3		保定繩		
4	消毒材料	75％乙醇		
5		5％碘酒		
6		魚石脂		
7		電推剪		
8		手術刀		

2. 實訓實施 按照表7-12嚴格無菌操作。

表7-12 瓣胃穿刺操作步驟

序號	步驟	操作說明	標準
1	保定	一般站立保定，暴露右側腹腔。牛體型較大，可藉助保定架，打好腹帶、肩帶及臀帶 羊可做握角騎跨夾持站立保定或側臥保定	保持動物正常站姿或維持瓣胃正常解剖位置
2	定位	牛、羊在右側第9肋間隙與肩關節水平線交點上方或下方2cm的範圍內（圖7-15） 穿刺部位 圖7-15 牛瓣胃穿刺示意	檢查穿刺部位是否有穿刺口或其他傷口，有則避開
3	剃毛和標記	定位點前/後1cm左右，逆毛流方向剃毛，方便消毒和標記進針部位 注意事項：為最大限度減少感染，應避免皮膚進針點和瓣胃進針點重疊，進針時可透過拉扯皮膚錯開二者，因此剃毛時應稍微偏離定位點	（1）剃除皮膚進針點周圍至少15cm範圍內的毛髮 （2）盡量減少毛乾殘留
4	消毒	（1）使用碘酒對術部消毒，乙醇去碘 （2）套管針表面消毒	從內向外做同心圓塗抹消毒
5	穿刺	左手將穿刺部皮膚稍向後移，右手持套管針或針頭在右側第9肋間隙（第10肋骨前緣處）垂直刺透皮膚，調整針頭方向，向左側肘關節方向刺入瓣胃（深度8～10cm）；針頭刺入瓣胃時有沙沙感（插入緻密顆粒堅實物體的感覺） 回抽針筒發現血液或膽汁，則表示刺入點過高或針頭刺入肝、膽囊，此時應將針頭退出至皮下，改變刺入部位或方向後，重新刺入 牛皮過厚不易刺入時，可用手術刀在穿刺點做1cm左右的小切口	（1）瓣胃功能正常時，刺入的針頭可隨瓣胃的蠕動發生旋轉 （2）瓣胃蠕動消失，則刺入瓣胃的針頭隨呼吸而前後擺動 （3）注入30～50mL生理鹽水並回抽針筒，若見胃內容物，則表明針頭到達瓣胃
6	藥物注射和沖洗	確認針頭刺入瓣胃且停留在瓣胃後，將針頭推進2～3cm，即可注射藥物或洗液 進行清洗時，將液體全部注入後，不需要回抽	針筒回抽過程中無血液和膽汁
7	拔針	針筒內液體全部注入瓣胃後，左手緊壓穿刺部位，右手拔出針頭，使皮膚恢復原處	
8	消毒	用碘酒消毒穿刺部位後，以魚石脂塗抹術部	無感染不發炎

3. 拓展思考 為何進行瓣胃沖洗時，不需將液體抽出，胸腔清洗時則需將液體抽出？
4. 實訓評價（表 7-13）

表 7-13 瓣胃穿刺操作評價表

評價內容	評價標準	是否完成
器械準備	能根據具體動物體型選擇合適的長針頭	
	能快速備齊實訓材料	
定位和消毒	能在動物體準確指出定位點	
	能在正確部位剃毛	
	能正確進行術前消毒	
穿刺	能以正確角度穿刺進針	
	能進針成功，不刺傷肝、膽	
穿刺後操作	能將藥液注入瓣胃	
	能穩定針頭，不穿出瓣胃	
拔針	能固定穿刺口迅速拔針	
消毒	能正確選擇消毒藥並對術部消毒	
整理	能整理、清潔、歸類存放實訓材料	

第二節 清洗術

任務一 灌腸術

【學習目標】
1. 能根據動物、治療目的、環境、病情選擇適合的灌腸材料和灌腸劑。
2. 能正確完成灌腸操作。
3. 能根據灌腸過程中動物的表現判斷灌腸效果。

【基本知識】
1. 大腸 大腸包括盲腸、結腸、直腸三段，前接迴腸，後通肛門。大腸主要功能為消化植物纖維，吸收水分，形成和排出糞便等。大腸蠕動緩慢，食糜停留時間長，當腸管運動功能和分泌功能紊亂，內容物滯留不能後移，水分被過度吸收時，腸內容物易在腸管

祕結，以結腸和直腸多見。

結腸位於腹腔，是大腸中最長的一段，在腸繫膜中盤曲成螺旋形的結腸圓錐，其後段伸達骨盆前口，移行為直腸；直腸位於骨盆腔，短而直，透過肛門與外界相通（圖 7-16）。

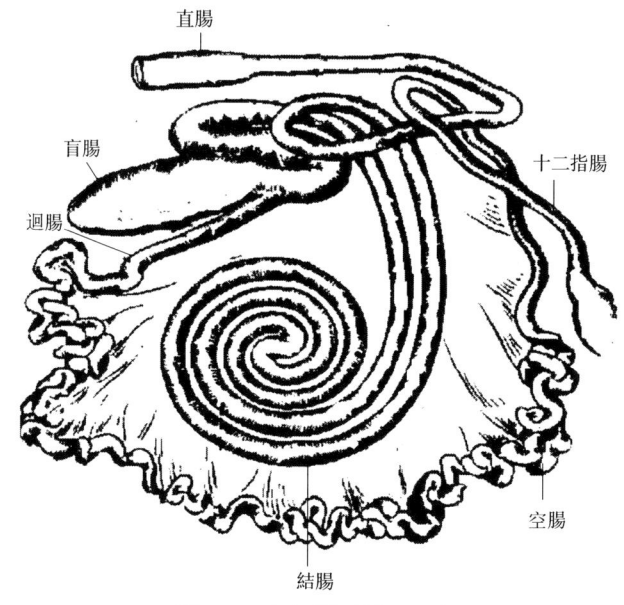

圖 7-16　牛大腸解剖位置示意

2. 灌腸術適用範圍

（1）排出宿糞及異物。灌腸能使糞便軟化、潤滑腸管並增強腸道蠕動，達到排出積糞的目的。

（2）用於洗腸，排出有毒物質。應用消毒收斂劑洗腸，以清除腸道內的分解產物和炎症滲出物，需要反覆注入和排出。

（3）作為輔助診斷手段。應用硫酸鋇灌腸劑，在拍攝 X 光片時可以清晰地顯現直腸或結腸的輪廓；腸炎時進行灌腸，對排出物進行觀察（如色澤、有無黏液或黏膜、有無未消化食物等），有利於疾病的診斷；腸道有寄生蟲（如絛蟲和蛔蟲等）時，利用深部灌腸法可將蟲體、蟲卵排出體外，以便確診。

（4）直腸給藥。灌入直腸的藥液可透過直腸或大腸壁吸收。治療腸炎時灌注消毒劑或收斂劑、抗菌消炎藥物，使藥物直接作用於腸黏膜；或當營養失調時，將營養物質透過灌腸使之從腸壁吸收。在嚴重脫水或病畜太小，靜脈給藥無法實施時，可將生理鹽水、等滲糖鹽水等液體投入腸道，同時可配入適當抗菌消炎藥物以及其他一些對腸道無刺激性的藥物，透過腸壁吸收達到補液給藥的目的。

【實訓設計】

1. 實訓材料準備　本次實訓使用的主要材料見表 7-14、圖 7-17 至圖 7-19，請寫出其用途，並在實訓開始前，根據本次實訓的準備情況，勾出使用的材料，補充記錄其餘材料。

表 7-14　灌腸術材料準備

序號	材料	名稱	用途	備註
1	灌腸用具　圖 7-17　灌腸橡皮管　圖 7-18　灌腸袋	灌腸器		
2	圖 7-19　腸塞	腸塞		
3		液狀石蠟油		
4		乳膠手套		
5		臉盆		
6		保定繩		
7	其他材料			

2. 灌腸劑種類

（1）促排泄灌腸劑。1％食鹽水、肥皂水、液狀石蠟油、甘油溶液、橄欖油溶液、專用灌腸劑等。

（2）消毒收斂灌腸劑。0.1％高錳酸鉀、2％～3％鞣酸溶液、2％硼酸溶液等。

（3）治療用灌腸劑。生理鹽水、林格液、葡萄糖溶液、抗菌消炎藥物、中藥等。

3. 灌腸劑適用範圍

（1）腸道異物或便祕時，可用促排泄類灌腸劑，如肥皂水進行灌腸，使腸管擴張充盈，促進異物隨灌腸劑排出體外。

（2）腸炎時，可使用高錳酸鉀溶液進行灌腸，便於有害細菌和氣體排出體外，減少對病畜機體的侵害，糞便黏液較多時也可使用鞣酸、硼酸等灌腸，起到收斂作用；再透過直腸投給抗菌消炎藥物，可直接作用到病灶，達到縮短病程、加快病畜恢復的目的。

153

（3）高燒時，使用潔淨的冷水進行反覆深部灌腸，以物理方法來緩解高燒症狀，為積極尋找病因贏得寶貴時間。

（4）中毒時，應用潔淨冷水或特效解毒藥物稀釋液反覆進行灌腸，以達到排毒、解毒的目的，但注意溶液溫度要低，防止機體加快吸收毒物。

（5）腸道有寄生蟲感染時，利用深部灌腸法可將蟲體、蟲卵排出體外，減輕寄生蟲對病畜機體的危害。

4. 灌腸方法選擇

（1）淺部灌腸。主要用於動物採食障礙或下嚥困難、食慾廢絕時，進行人工營養；直腸炎、結腸炎時，灌入消炎藥；排出直腸內積糞。

（2）深部灌腸。主要用於治療腸套疊、大腸便祕、排出毒物和異物等。

（3）灌腸液用量。大動物每次30 000～50 000mL，中等體型（犢牛、豬、羊等）每次2 000～4 000mL，大型犬每次1 000～2 000mL，中等體型犬、小豬、羔羊等每次500～1 000mL，貓、小犬每次150mL。

（4）灌腸液溫度。除需降溫的情況外，灌腸液以35℃為宜。

5. 實訓實施（表7-15）

表7-15　灌腸術操作步驟

序號	步驟	操作說明	標準
1	保定	大動物一般採用站立保定，用繩子吊起尾巴或將尾巴拉向體側 小動物採取站立保定或側臥保定，呈前低後高姿勢	保持動物正常站立，呈前低後高姿勢
2	清空直腸積糞	大動物適用此方法 用石蠟潤滑檢手，檢手拇指抵於無名指基部，其餘四指併攏，並稍重疊呈圓錐形，將液狀石蠟油倒入掌心後，以旋轉動作透過肛門進入直腸。當直腸內有宿糞時，小心納入掌心後取出	（1）檢手無長指甲 （2）檢手呈圓錐狀藉助潤滑旋轉進入肛門
3	灌腸	根據治療目的選擇相應灌腸液和灌腸方法。 （1）淺部灌腸。將灌腸液注滿灌腸器，把灌腸器吸水閥門端置於灌腸液中，操作者將灌腸器噴嘴端潤滑後緩慢插入肛門10～20cm，捏動吸水囊輔助灌腸液流入 注：如無吸水囊，則應將灌腸液注入灌腸器，裝灌腸液的水桶處於高位，利用虹吸作用將灌腸液吸入直腸 （2）深部灌腸。動物肛門裝上塞腸器，將灌腸器塗抹液狀石蠟油後，透過塞腸器緩慢插入腸管深部，根據灌腸器結構，參考淺部灌腸的方法，將灌腸液注入。灌液後，經15～20min，取出塞腸器，待灌腸液排出 若無塞腸器，灌腸時操作者用雙手將插入肛門的橡皮管連同肛門括約肌一起捏緊固定，防止灌腸液排出 注：①為防止動物努責和腹內壓升高，可先進行硬膜外麻醉（注射2%可卡因或普魯卡因10mL），待尾巴和肛門鬆弛後再灌腸；②無塞腸器時，可透過尾根按壓肛門、雙手將插入肛門的橡皮管連同肛門括約肌一起捏緊固定、後軀適當抬高（小動物）等方法輔助灌腸液停留	（1）插入灌腸器動作輕柔，如遇阻力應稍後退微調角度重新前進 （2）動物努責時不可繼續推進

（續）

序號	步驟	操作說明	標準
4	結束灌腸	（1）淺部灌腸。灌腸開始時，灌腸液進入順利，當灌腸液到達結糞阻塞部時，流速減緩甚至動物努責；當灌腸液透過結糞阻塞部後，流速度又加快，灌腸液流速穩定時可停止灌腸 （2）深部灌腸時，動物腹圍稍增大，並有腹痛症狀，呼吸加快，胸前微微出汗，則表示灌水量已經適度，停止灌腸	動物無持續性不適
5	拔出灌腸器	結束灌腸後，拔出灌腸器，清理動物後軀	

6. 拓展思考 若動物直腸便祕，伴發嚴重胃腸弛緩，可否使用灌腸方案排出積糞？

7. 實訓評價（表7-16）

表7-16 灌腸術操作評價表

評價內容	評價標準	是否完成
實訓準備	能根據動物體型選擇規格合適的灌腸器	
	能根據動物病情和治療目的選擇適合的灌腸液和灌腸方法	
	能快速備齊實訓材料	
灌腸	能正確清空直腸積糞	
	能正確插入灌腸器	
	能根據灌腸器類型選擇相匹配的進液方法	
	能根據動物反應判斷灌腸結束時間	
灌腸後操作	灌腸結束後能進行動物後軀清理	
整理	能整理、清潔、歸類存放實訓材料	

任務二 導胃洗胃術

【學習目標】

1. 能根據動物體型大小選擇規格適合的胃導管。
2. 能正確完成胃導管插管。
3. 能根據治療目的正確進行插管後的胃內容物排出、給藥、抽取胃液等操作。

【基本知識】

1. 導胃洗胃路徑 胃導管插管的路徑：①口-咽-食道-胃；②鼻-咽-食道-胃。

咽位於口腔和鼻腔的後方，因此可將口或鼻作為胃導管插入口。在食物進入胃的路徑中，於咽部出現拐彎，食道為平滑且直的肌性管道，因此插管時，最難透過的地方是咽，一般藉助動物本身咽部受到刺激時的吞嚥動作順勢插入胃導管，不可強行推進。

2. 導胃洗胃術適用範圍

（1）犬、貓、豬、馬等單胃動物急性胃擴張的急救治療，清除胃內容物。

（2）反芻動物瘤胃積食的治療、瘤胃酸中毒的急救。

（3）動物口服毒物所致中毒的急救治療，排出胃內毒物，減少毒物的吸收。

（4）胃液抽取。

【實訓設計】

1. 實訓材料準備 本次實訓使用的主要材料見表 7-17、圖 7-20、圖 7-21，請寫出其用途，並在實訓開始前，根據本次實訓的準備情況，勾出使用的材料，補充記錄其餘材料。

表 7-17 導胃洗胃術材料準備

序號	材料	名稱	用途	備註
1	洗胃材料	洗胃器 圖 7-20 洗胃器		
		開口器 圖 7-21 開口器		
2	潤滑材料	液狀石蠟油		
3		保定繩		
4	洗胃液	溫水、2%～3%碳酸氫鈉溶液或石灰水上清液、1%～2%鹽水、0.1%高錳酸鉀溶液等		
5	常用胃導管消毒液	0.1%高錳酸鉀溶液、2%煤酚皂溶液		
6	其他材料			

2. 實訓實施 以經口插入為例，經鼻插入除入口不同，其他一致（圖 7-18）。

表 7-18 導胃洗胃術操作步驟

序號	步驟	操作說明	標準
1	保定	大動物一般採用站立保定 小動物採取站立保定或橫臥保定	
2	消毒胃導管	將胃導管提前浸入消毒液中消毒	胃導管清潔、內部也浸滿消毒液

(續)

序號	步驟	操作說明	標準
3	開口	使用開口器將口腔打開，令動物咬住開口器，用繩子或助手固定開口器	開口器有效將舌頭壓住
4	插管	操作者一隻手抓住動物鼻環或上顎（也可由助手完成），使動物仰頭，口、咽、食道在一條直線上，另一隻手持塗有液狀石蠟油的胃導管，透過開口器緩緩插入口腔，經咽部進入食道送入瘤胃內 管端到達咽部時感覺有抵抗，不要強行推進，待動物有吞嚥動作時，趁機向食道內插入 動物無吞嚥動作時，可採捏咽部或用胃導管端輕輕刺激咽部而誘發吞嚥動作	(1) 無誤插氣管。判斷方法：①用手摸頸靜脈溝（食道），可摸到一個條索狀的硬物；②胃導管外端浸入水中，水中無氣泡冒出 (2) 將胃導管緩慢送入食道，不捅傷咽和食道
5	導胃	當胃導管進入胃內後，胃內液體和內容物會自行湧流而出，此時繼續內送一段，壓低動物頭部，以利於液體外流，可避免胃內流出的液體和內容物嗆入氣管和肺 胃導管堵塞時可向管內注入清水，前後抽動胃導管 小動物使用針筒＋胃導管導胃時，可使用針筒吸出胃液	導出液體速度不要太快
6	洗胃	插入胃導管後，舉高胃導管外端，連接漏斗，將洗胃液透過胃導管灌入胃內，然後放低患病動物頭部，使胃液自胃導管排出，反覆進行，直至洗淨胃內有害液體和物質	導出液體速度不要太快
7	拔出胃導管	緩緩抽出胃導管，並清洗消毒	

3. 拓展思考 當動物患有鼻炎、咽炎或喉炎時，是否可使用胃導管插管進行洗胃？

4. 實訓評價（表7-19）

表7-19 導胃洗胃術操作評價

評價內容	評價標準	是否完成
實訓準備	能根據動物體型選擇規格合適的洗胃器	
	能根據動物病情和治療目的選擇適合的洗胃液	
	能快速準備齊全實訓材料	
導胃洗胃	能正確處理胃導管（消毒、潤滑）	
	能正確安裝開口器	
	能正確插入胃導管	
	能正確進行導胃、洗胃操作	
洗胃後操作	能正確清潔胃導管	
整理	能整理、清潔、歸類存放實訓材料	

第三節　動物常見內科病複製

本任務將動物常見的內科疾病進行複製再現，有助於學生更方便、更有效地認識動物疾病的發生、發展規律和研究防治措施，從而更好地掌握常發病、多發病的診療技術，為今後在臨床工作中能正確診斷、治療和預防動物內科疾病，解決生產實際問題奠定堅實的基礎。

任務一　山羊前胃弛緩的誘發與治療

本實驗透過抑制山羊前胃活動複製前胃弛緩病例模型。

【學習目標】

1. 能根據前胃弛緩的發病機制，複製山羊前胃弛緩病例模型。
2. 能根據模型動物出現的前胃弛緩臨床症狀，進行全面、適當的臨床檢查。
3. 能根據前胃弛緩的治療原則，擬訂前胃弛緩病例模型的治療方案，並實施治療。
4. 經過實驗操作，掌握前胃弛緩辯證診斷方法與要點。

【基本知識】

1. 前胃弛緩　前胃弛緩是由於各種病因導致反芻動物前胃神經興奮性降低，胃壁肌肉收縮力減弱，瘤胃內容物運轉緩慢，腐敗發酵，菌群失調，引起反芻動物消化障礙，出現食慾減退、反芻減少，乃至全身機能紊亂的一種疾病。前胃弛緩是反芻動物常發內科病之一，尤其是高齡和使役過重的反芻動物最易發生。

2. 實驗藥物

（1）阿托品。阿托品是一種抗膽鹼藥，臨床上常用於抑制腺體分泌、擴大瞳孔、調節睫狀肌痙攣、解除腸胃和支氣管等平滑肌痙攣。本實驗利用阿托品鬆弛平滑肌及抑制腺體分泌的作用，使實驗動物的胃腸肌肉運轉緩慢，消化液分泌受抑制，製造出前胃弛緩病例模型。

（2）新斯狄明。新斯狄明是一種擬膽鹼藥，能可逆地抑制膽鹼酯酶的活性，使乙醯膽鹼的分解破壞減少，乙醯膽鹼在體內濃度增高，呈現擬膽鹼樣作用。對心血管、腺體、眼和支氣管平滑肌作用較弱，對胃腸、子宮、膀胱平滑肌有較強的興奮作用。臨床上可用於前胃弛緩、腸弛緩、尿瀦留等治療。

在前胃弛緩案例中，利用新斯狄明可有效促進前胃神經功能的恢復和瘤胃蠕動，達到興奮瘤胃、促進反芻的目的。

【實訓設計】

1. 實訓準備

（1）實驗動物。健康山羊。

（2）實訓器材與藥品。

模型誘導和治療基本需要：體溫計、聽診器、阿托品、新斯狄明。

拓展檢查需要（瘤胃內容物檢查）：＿＿＿＿＿＿＿＿＿＿＿＿＿＿＿＿＿＿＿＿＿

拓展治療需要：_____

2. 實訓實施及記錄

（1）一般臨床檢查。對實驗山羊進行一般臨床檢查，測定體溫、呼吸數；聽診瘤胃蠕動音及次數、心率；觀察山羊的精神狀態、食慾、營養狀況等。詳細記錄檢查結果。

（2）複製病例模型。

0.5% 硫酸阿托品，肌內注射，1 次/d，連用 2d，注射劑量為 0.2mg/kg。

山羊體重，_____ kg；注射劑量，_____ mg。

（3）病例追蹤檢查。造模期間，每天對山羊進行 1～2 次臨床檢查，測定體溫、呼吸數；聽診瘤胃蠕動音及次數、心率；觀察山羊精神狀態、食慾、營養狀況等。詳細記錄檢查結果。

若有需要可抽取瘤胃液進行瘤胃內容物檢查。

（4）造模結果判斷。根據實驗山羊一般臨床檢查結果，判斷前胃弛緩病例模型是否誘導成功。

根據前胃弛緩典型臨床症狀，思考並勾選完善病例模型誘導成功指標標準（表 7-20），並記錄各項實驗數據（表 7-21）。

表 7-20　病例模型誘導成功指標標準

造模成功各項指標	與造模前對比	造模成功各項指標	與造模前對比
瘤胃蠕動次數	增多　不變　減少	胃腸蠕動情況	增多　不變　減少
體溫	升高　不變　下降	心率	升高　不變　下降
呼吸次數	增多　不變　減少	精神狀態	煩躁　正常　沉鬱

表 7-21　前胃弛緩病例模型誘導實驗記錄

實驗動物				體重				
實驗藥物				給藥劑量			給藥次數	
實驗前	日期	瘤胃蠕動次數（次/min）	體溫（℃）	呼吸次數（次/min）	腸道蠕動情況	心率（次/min）	精神狀態、食慾等	其他
模型誘導結果判斷	給藥記錄：							
	其他症狀：①瘤胃內容物黏硬或呈粥狀；②噯氣酸臭；③瘤胃鼓脹；④其他_____							
	瘤胃內容物檢查結果：							

（5）病例治療。根據治療原則，結合前胃弛緩病例模型出現的臨床症狀，制訂治療方案。前胃弛緩治療方案參考表 7-22，根據臨床症狀勾選適合方案並標注順序及補充記錄使用藥物。

表 7-22　前胃弛緩治療方案

序號	治療目的	適應症	具體操作及選用藥物
1	加強護理	病症輕，瘤胃蠕動次數減少	禁食 1～2d，充足飲水，後餵易消化食物
2	清理腸胃	瘤胃內容物較多，或繼發瘤胃積食	魚石脂 20～30g、乙醇 70～80mL、人工鹽或硫酸鎂 300～500g，加溫水 3 000～5 000mL，一次灌服
		採食精飼料多且症狀重	洗胃
3	增強前胃機能	瘤胃蠕動次數減少，呼吸次數和心率增加	新斯狄明，每隻山羊肌內注射 1.2～2mg
4	減輕前胃壓迫	繼發急性瘤胃鼓脹	瘤胃穿刺放氣
5	改善瘤胃內環境	瘤胃 pH 波動異常	調節瘤胃 pH
		纖毛蟲數量少	灌服健康羊瘤胃液

根據病例模型情況，制訂具體治療方案並實施，對於阿托品人工誘發前胃弛緩模型，通常參考方案 1 和 3。治療實施過程按照表 7-23 進行記錄。

表 7-23　前胃弛緩病例模型治療實驗記錄

治療方案	日期	具體措施	適應症	治療目的

	日期	瘤胃蠕動次數（次/min）	體溫（℃）	呼吸次數（次/min）	腸道蠕動情況	心率（次/min）	精神狀態、食慾等	其他
治療前								
治療後								

3. 拓展思考

（1）進行病例複製時，若動物出現阿托品中毒，主要症狀是什麼？應該如何救治？

（2）進行病例治療時，應用新斯狄明進行救治後，實驗動物出現口吐白沫、肌肉抽搐，最可能的原因是什麼？應如何救治？

（3）清理腸胃和增強前胃機能時，還可以使用哪些藥物？

4. 實訓評價（表 7-24）

表 7-24　前胃弛緩病例模型實訓評價

評價內容	評價標準	是否完成
器械準備	能根據檢查方案選擇正確的檢查器械	
	能快速準備齊全實訓用具	

（續）

評價內容	評價標準	是否完成
疾病模型誘導	能正確理解阿托品誘發前胃弛緩的機制	
	能正確計算阿托品劑量並完成注射	
	能對實驗動物進行一般臨床檢查，判斷是否出現前胃弛緩典型症狀	
疾病模型治療	能擬訂針對性治療方案	
	能根據治療方案準備、選擇藥物，並正確實施	
實驗記錄	能正確利用實驗記錄參考表或設計實驗記錄參考表	
	能及時、正確地記錄實驗數據	
	能根據實驗進行情況對表格內容進行增減、優化	

任務二　山羊瘤胃酸中毒的誘發與治療

本實驗透過給山羊灌服乳酸的方法複製急性瘤胃酸中毒病例模型。

【學習目標】

1. 能根據瘤胃酸中毒的發病機制，複製山羊急性瘤胃酸中毒病例模型。
2. 能根據模型動物出現的瘤胃酸中毒臨床症狀，進行全面、適當的臨床檢查和記錄，做出初步診斷。
3. 能根據瘤胃酸中毒的治療原則，擬訂急性瘤胃酸中毒模型病例的治療方案並實施治療。
4. 經過實驗操作，掌握急性瘤胃酸中毒辯證診斷方法與要點。

【基本知識】

1. 瘤胃酸中毒　瘤胃酸中毒又稱乳酸中毒，常見於乳牛，是由於乳牛短期內食入過多含有豐富醣類的飼料，或者長時間飼餵高酸度的青儲飼料，瘤胃內發酵產生大量乳酸而引起瘤胃微生物區系失調和功能紊亂的一種代謝性疾病。發病動物常表現消化障礙，瘤胃運動停止、脫水、酸血症、運動失調等症狀，甚至死亡。

瘤胃酸中毒分為急性和慢性兩種類型：急性瘤胃酸中毒時，瘤胃乳酸大量蓄積，pH 迅速降到 5.0 以下；慢性瘤胃酸中毒時，瘤胃 pH 長時間處於 5.5～5.8。

2. 實驗藥物

（1）乳酸。乳酸不揮發、無氣味，廣泛用作食品工業的酸性調味劑。

（2）碳酸氫鈉。又稱小蘇打，為機體酸鹼調節藥物，內服或靜脈注射後，能直接增加鹼儲。碳酸氫鈉在體內可迅速提高血漿內碳酸根離子濃度，中和氫離子，從而起到糾正酸中毒的作用。臨床上是治療代謝性酸中毒的首選藥。

【實訓設計】

1. 實訓準備

（1）實驗動物。健康山羊 6 隻。

（2）實訓器材與藥品。

模型誘導和治療基本需要：體溫計、聽診器、乳酸、胃導管、橡膠瓶、1%～3%碳酸氫鈉溶液。

拓展檢查需要（瘤胃內容物檢查）：_____
其他治療需要：_____

2. 實訓實施及記錄

（1）一般臨床檢查。對實驗山羊進行一般臨床檢查，測定體溫、呼吸數；聽診瘤胃蠕動音及次數、心率；觀察山羊的精神狀態、生命體徵等。詳細記錄檢查結果。

根據瘤胃酸中毒典型臨床症狀，主要檢查以下內容：

① 觀察行為與運動、精神狀態、皮膚彈性、眼結膜顏色、呼吸情況。
② 觀察糞、尿量及顏色。
③ 測定體溫、脈搏、心率和呼吸數。
④ 聽診瘤胃蠕動音、腸道蠕動音，並記錄蠕動次數。
⑤ 叩診瘤胃，判斷瘤胃是否存在鼓脹情況。

（2）複製病例模型。50％乳酸溶液，胃導管灌服，劑量為每公斤體重5.0mL，可少量多次灌入。注意防止乳酸誤入肺部，引起急性死亡或異物性肺炎。

山羊體重，_____kg；灌服劑量，_____mL。

（3）病例追蹤檢查。灌服乳酸後，立即開始觀察並記錄山羊的反應及臨床症狀變化，除進行一般臨床檢查外，有條件的還可進實驗室檢查。詳細記錄檢查結果。

實驗室檢查項目包括：①瘤胃液pH；②瘤胃內纖毛蟲數量及活力；③血常規；④血中乳酸含量；⑤尿液pH。

（4）造模結果判斷。根據實驗山羊一般臨床檢查結果及實驗室檢查，判斷瘤胃酸中毒病例模型是否誘導成功（表7-25）。

表7-25 瘤胃酸中毒病例模型誘導成功指標標準

造模成功各項指標（與造模前對比）			
指標	變化情況	指標	變化情況
體溫	下降	精神狀態	沉鬱，可能有神經症狀
脈搏/心率	增加	排泄物	尿少，糞稀
呼吸次數	增多	尿液	酸性
胃腸蠕動次數	減少，可能是瘤胃鼓脹	血常規	紅血球比容上升
瘤胃液pH	小於5.0	尿液乳酸含量	上升
纖毛蟲	數量減少，活力下降	其他	脫水症狀

（5）病例治療。瘤胃酸中毒治療原則：加強護理，徹底清除瘤胃內容物，糾正脫水和酸中毒，促進胃腸功能恢復。根據治療原則，結合瘤胃酸中毒病例模型出現的臨床症狀，制訂治療方案。瘤胃酸中毒病例模型治療方案參考表7-26。

表7-26 瘤胃酸中毒病例模型治療方案

序號	治療目的	適應症	具體操作及選用藥物
1	加強護理	瘤胃蠕動次數減少	禁食1～2d，限制飲水，後餵易消化食物
2	清除瘤胃內容物	瘤胃內乳酸過多	經胃導管盡量排出胃內液體和食糜後，使用鹼性溶液洗胃，反覆洗滌至瘤胃液變為鹼性。常用鹼性洗胃液：①1％～3％碳酸氫鈉；②石灰水上清液（石灰：常水＝1:5）

(續)

序號	治療目的	適應症	具體操作及選用藥物
3	糾正酸中毒	機體酸鹼平衡失調，鹼儲下降	靜脈注射5%碳酸氫鈉，至尿液pH恢復正常水準
4	糾正脫水	機體發生脫水	等滲液體靜脈注射，至病山羊精神好轉，心率恢復至正常，開始排尿 可選等滲溶液：複方生理鹽水、葡萄糖生理鹽水、任氏液等
5	恢復胃腸功能	胃腸運動能力弱	健胃藥或擬膽鹼藥物。可選藥物有新斯狄明、促反芻液、毛果藝香鹼等
		纖毛蟲數量少	灌服健康羊瘤胃液

（6）實驗記錄。按表7-27記錄整個實驗過程。

表7-27 瘤胃酸中毒病例模型誘導實驗記錄

實驗動物		體重		實驗藥物		給藥劑量	
	指標	造模前	造模後			治療後	
臨床檢查	檢查時間						
	體溫						
	脈搏/心率						
	呼吸數						
	精神狀態						
	胃腸蠕動次數						
	排泄物狀態						
	其他症狀						
實驗室檢查	瘤胃液pH						
	纖毛蟲數量						
	血常規						
	血液乳酸含量						
	尿液pH						
造模結果判斷							
治療方案							
治療結果判斷							

3. 拓展思考

（1）判斷胃導管插入食道或胃內的方法有哪些？

將方法填入表7-28。

表7-28 插管部位鑑別方法

鑑別方法	插入食道	插入氣管

鑑別方法	插入食道	插入氣管

(2) 可用於興奮瘤胃的藥物有哪些？

4. 實訓評價（表 7-29）

表 7-29　瘤胃酸中毒病例模型實訓評價

評價內容	評價標準	是否完成
器械準備	能根據檢查方案選擇正確的檢查器械	
	能快速準備齊全實訓用具	
疾病模型誘導	能正確理解乳酸誘發瘤胃酸中毒的機制	
	能正確計算乳酸用量並正確用胃導管插管灌服	
	能對實驗動物進行一般臨床檢查，判斷是否出現瘤胃酸中毒典型症狀	
疾病模型治療	能擬訂針對性治療方案	
	能根據治療方案準備、選擇藥物，並正確實施	
實驗記錄	能正確利用實驗記錄參考表或設計實驗記錄參考表	
	能及時、正確記錄實驗數據	
	能根據實驗進行情況對表格內容進行增減、優化	

任務三　家兔急性有機磷中毒的誘發與治療

本實驗透過給家兔灌服敵百蟲的方法複製急性有機磷中毒病例模型。

【學習目標】

1. 能根據有機磷中毒的發病機制，複製動物急性有機磷中毒病例模型。

2. 能根據模型動物出現的急性有機磷中毒臨床症狀，進行全面、適當的臨床檢查和記錄，做出初步診斷。

3. 能根據有機磷中毒的治療原則，擬訂有機磷中毒模型病例的治療方案，並實施治療。

4. 經過實驗操作，掌握有機磷中毒辯證診斷方法與要點。

【基本知識】

1. 有機磷中毒　有機磷農藥是中國使用廣泛、用量最大的殺蟲劑。主要包括敵敵畏、對硫磷（1605）、甲拌磷（3911）、內吸磷（1059）、樂果、敵百蟲、馬拉硫磷（4049）等。急性有機磷中毒是指有機磷農藥短時間大量進入機體後造成的以神經系統損害為主的一系

列傷害。

有機磷農藥進入動物機體的主要途徑有 3 種：①經口進入，通常為誤服；②經皮膚及黏膜進入，多見於進行體外驅蟲時劑量把握不當，或熱天噴灑農藥時落到皮膚上，由於皮膚出汗及毛孔擴張，加之有機磷農藥多為脂溶性，故容易透過皮膚及黏膜吸收進入體內；③經呼吸道進入，空氣中的有機磷隨呼吸進入體內。

2. 實驗藥品

（1）敵百蟲。敵百蟲是一種有機磷殺蟲劑，能溶於水和有機溶劑，性質較穩定，但遇鹼則水解成敵敵畏，其毒性可增大 10 倍。其毒性以急性中毒為主，慢性中毒較少。

敵百蟲引起的機體中毒症狀是典型有機磷中毒出現的症狀。一方面，敵百蟲等有機磷化合物進入機體後，能與膽鹼酯酶結合，形成比較穩定的磷醯化膽鹼酯酶，使膽鹼酯酶失去分解乙醯膽鹼的能力，造成機體內大量乙醯膽鹼堆積。乙醯膽鹼為中樞神經細胞突觸間及膽鹼能神經的化學傳導物質，正常情況下在神經衝動時釋放出來，並在完成傳導功能後被膽鹼酯酶分解。因此，有機磷中毒後，因乙醯膽鹼堆積造成膽鹼能神經持續興奮，機體出現毒蕈鹼樣、菸鹼樣及中樞神經系統症狀。

（2）阿托品。又稱 M 受體阻斷藥，可競爭性阻斷 M 受體與乙醯膽鹼結合，從而迅速解除有機磷中毒的 M 樣症狀，大劑量時也能進入中樞神經消除部分中樞神經症狀，而且對呼吸中樞有興奮作用，可解除呼吸抑制，但對骨骼肌震顫等 N 樣中毒症狀無效。故單獨使用時，只適用於輕度的有機磷中毒。

（3）解磷定。解磷定常用製劑有碘解磷定、氯解磷定、雙解磷和雙復磷等，都屬於膽鹼酯酶復活劑，能與磷醯化膽鹼酯酶中的磷醯基結合，並將其中膽鹼酯酶游離，恢復其水解乙醯膽鹼的活性。另外，還能與血液中的有機磷類直接結合，成為無毒物質由尿排出，解除有機磷的毒性作用。

【實訓設計】

1. 實訓準備

（1）實驗動物。健康家兔 8 隻。

（2）實訓器材與藥品。

模型誘導和治療基本需要：體溫計、聽診器、胃導管、針筒、10％敵百蟲、解磷定、硫酸阿托品。

拓展檢查需要（膽鹼酯酶活性檢測）：＿＿＿＿＿＿＿＿＿＿＿＿＿＿＿＿＿＿＿＿＿

拓展檢查需要（有機磷農藥檢測）：＿＿＿＿＿＿＿＿＿＿＿＿＿＿＿＿＿＿＿＿＿＿

其他治療需要：＿＿＿＿＿＿＿＿＿＿＿＿＿＿＿＿＿＿＿＿＿＿＿＿＿＿＿＿＿＿

2. 實訓實施及記錄

（1）動物分組。將 8 只家兔隨機分為 4 組，編號，稱重，計算投服劑量，按表 7-30 經口投給 10％敵百蟲。

表 7-30　家兔投服 10％敵百蟲分組劑量

項目	實驗組（投服10％敵百蟲）			對照組（生理鹽水）	參考中毒劑量
	1	2	3	4	
體重（kg）					/

（續）

項目	實驗組（投服10%敵百蟲）			對照組（生理鹽水）	參考中毒劑量
	1	2	3	4	
投服劑量（mL/kg）	7.5	10	15	10	/
投服總量（mL）					500～1 100

（2）一般臨床檢查。對實驗家兔進行一般臨床檢查，詳細記錄檢查結果。

根據有機磷中毒典型臨床症狀，檢查項目如下：

① 觀察家兔行為與運動、精神狀態；② 測定體溫；③ 測定心率、心音；④ 測定呼吸數；⑤ 測定瞳孔大小；⑥ 觀察流涎、吞嚥情況；⑦ 觀察可視黏膜顏色；⑧ 聽診胃腸蠕動音；⑨ 觀察排糞、排尿情況；⑩ 觀察肌肉震顫情況。

（3）複製病例模型。保定實驗家兔，插入胃導管投服相應劑量10%敵百蟲，記錄投服時間，觀察記錄家兔中毒表現。

（4）病例追蹤檢查。灌服10%敵百蟲後，立刻開始觀察並記錄實驗家兔的反應及臨床症狀變化及出現時間，除進行一般臨床檢查外，有條件的還可進實驗室檢查。將檢查結果記錄於表7-32中。

實驗室檢查項目：① 全血膽鹼酯酶活性測定；② 胃內容物有機磷定性、定量檢查。

（5）造模結果判斷。根據實驗家兔一般臨床檢查結果及實驗室檢查，判斷急性有機磷中毒病例模型是否誘導成功及中毒程度。

① 輕度中毒。精神沉鬱，嘔吐，出汗，視力模糊，站立不穩，瞳孔縮小；膽鹼酯酶活性下降到正常值的70%～50%。

② 中度中毒。除上述症狀以外，肌束震顫，瞳孔縮小，輕度呼吸困難，大汗，流涎，腹痛，腹瀉，步態蹣跚，血壓升高；全血膽鹼酯酶活性下降到正常值的50%～30%。

③ 重度中毒。除上述症狀以外，昏迷，瞳孔針尖大小，肺水腫，全身肌束震顫，糞、尿失禁，呼吸衰竭；全血膽鹼酯酶活力下降到正常值的30%以下。

（6）病例治療。有機磷中毒治療原則：阻止毒物吸收，促進毒物排出，儘早使用特效解毒劑，對症治療。根據治療原則，結合敵百蟲中毒病例模型出現的臨床症狀，制訂治療方案。敵百蟲中毒病例治療方案參考表7-31。

表7-31　敵百蟲中毒病例治療方案

序號	治療目的	適應症	具體操作及選用藥物
1	阻止毒物吸收，促進毒物排出	毒物仍然有被持續吸收的可能性	①停止繼續攝取疑似有機磷污染食物 ②充分水洗暴露皮膚 ③洗胃（禁用鹼性洗胃液）
2	特效解毒	毒蕈鹼樣症狀（M樣症狀）	乙醯膽鹼頡頏劑：阿托品、東莨菪鹼、鹽酸戊乙奎醚（長托寧）等
		菸鹼樣症狀（N樣症狀）	膽鹼酯酶復活劑：碘解磷定、氯解磷定等

（7）實驗記錄。按表7-32記錄整個實驗過程。

表 7-32　急性有機磷中毒病例模型誘導實驗記錄

實驗動物		編號		體重			給藥劑量	
指標	項目	造模前	造模後				治療後	
	檢查時間							
	精神狀態							
	體溫							
	心率、心音							
	瞳孔大小							
	流涎、吞嚥							
	可視黏膜顏色							
	胃腸蠕動音							
	排糞、排尿							
中毒程度判斷								
治療方案								
治療結果判斷								

3. 拓展思考

（1）什麼是「阿托品化」？

（2）與有機磷農藥接觸時注意事項是什麼？

4. 實訓評價（表 7-33）

表 7-33　急性有機磷中毒病例模型誘導實驗評價

評價內容	評價標準	是否完成
器械準備	能根據檢查方案選擇正確的檢查器械	
	能快速備齊實訓用具	
疾病模型誘導	能正確理解敵百蟲誘發有機磷中毒的機制	
	能正確計算敵百蟲用量並正確實施胃導管插管	
	能對實驗動物進行一般臨床檢查，判斷是否出現有機磷中毒典型症狀	
疾病模型治療	能擬訂針對性治療方案	
	能根據治療方案準備、選擇藥物，並正確實施	
實驗記錄	能正確利用實驗記錄參考表或設計實驗記錄參考表	
	能及時、正確地記錄實驗數據	
	能根據實驗進行情況對表格內容進行增減、優化	

第四節　實驗室檢驗

任務一　血鈣檢查

【目的要求】　該技能是畜牧獸醫專業學生的一項基本技能,要求學生掌握動物鈣代謝紊亂性疾病（佝僂病、軟骨病）的臨床症狀觀察和血鈣的測定原理及方法,能夠進行鈣代謝紊亂性疾病的實驗室診斷。

【材料準備】

1. 儀器設備　分光光度計、試管與試管架、水浴箱、棉球、10mL 一次性針筒、移液器等。

2. 教學場地　動物臨床診療大棚/動物生物化學實驗室。

3. 教師配備　演示操作時,每班配備 1 名教師;技能考核時,每班配備 2 名教師。

4. 實驗材料及試劑　商品供應的血鈣測定試劑盒〔鄰甲酚酞絡合酮（OCPC）比色法〕,主要成分為:

試劑 A：鈣標準液（5mmol/L）。

試劑 B：Ca Assay Buffer。

試劑 C：MTB 顯色液。

試劑 D：雙蒸水（ddH_2O）。

工作液配製：臨用前,取試劑 B 和試劑 C 等量混合,即為鈣顯色工作液,即配即用,4℃避光保存。

【方法與步驟】

1. 病例選擇

（1）患佝僂病幼齡動物。

（2）軟骨病成年動物。

2. 血清檢查

（1）血樣採集。牛、羊採集頸靜脈血,豬採集耳靜脈或者前腔靜脈血,犬採集前臂頭靜脈血或後肢隱靜脈血。

（2）分離血清。血液抽出後靜置一定時間,血液凝固成塊,並析出淡黃色澄清的血清。

3. 鈣的檢測原理　鈣的檢測常用鄰甲酚酞絡合酮（OCPC）比色法。鈣離子（Ca^{2+}）在鹼性溶液中與鄰甲酚酞絡合酮形成紅色複合物,在分光光度計 575nm 處有一個最大吸收峰,加入 8-羥基喹啉消除鎂和鐵的干擾。在 575nm 讀取吸光度,複合物顯色強弱與血鈣濃度成正比。再透過與同樣處理的標準鈣比較,經計算可求出血鈣的含量。

4. 操作方法

（1）操作參數。波長 575nm。

（2）操作。以 1 份待檢樣品為例,取同樣規格的試管 3 支,按表 7-34 順序依次加入樣品操作。

表 7-34　比色法加樣

加入物（mL）	空白	標準	樣品
雙蒸水	0.025	—	—
鈣標準液	—	0.025	—
待測樣品	—	—	0.025
鈣顯色工作液	2.0	2.0	2.0

分別混合均勻，室溫下靜置 5min。倒入比色皿，於 575nm 波長處，分別讀取相對於空白試劑的吸光度 A_1（標準）和吸光度 A_2（樣品），用於計算。

5. 結果計算

計算：樣品中鈣的濃度 C_2（mmol/L）＝ A_2（樣品）/A_1（標準）× 標準濃度 C_1（mmol/L）

結果判定：不同動物血鈣參考指標（見第四章第二節任務三）。

【注意事項】試劑必須現配現用。

【適應症】本方法適用於鈣代謝紊亂性疾病的輔助診斷。鈣增高，甲狀旁腺功能亢進、維他命 D 過多症、多發性骨髓瘤、結節病等。鈣降低，手足搐搦症、甲狀旁腺功能減退、佝僂病、慢性腎炎、尿毒症、軟骨病、吸收不良性低血鈣、大量輸入檸檬酸鹽抗凝血等。

任務二　潛血檢查

【目的要求】掌握獸醫臨床尿液潛血檢查的方法，要求學生能按本任務所列方法順利操作。

【材料準備】

1. 儀器設備　小試管、滴管、普通濾紙、酒精燈、試管夾等。

2. 教學場地　動物臨床診療大棚/動物生物化學實驗室。

3. 教師配備　演示操作時，每班配備 1 名教師；技能考核時，每班配備 2 名教師。

4. 實驗材料及試劑　聯苯胺、冰醋酸、過氧化氫溶液、乙醚、95％乙醇等。

【方法與步驟】

1. 尿樣的採集　採集動物晨尿，所取尿液樣本應在 30min 內進行潛血檢查，若無法在 30min 內測試完畢，尿樣必須放置在乾淨緊蓋的容器內，冷藏（4℃）保存。尿樣採集操作方法如下：

（1）自然排尿法。清晨待動物自然排尿時採集即可，採集的尿樣以中段尿液最好。

（2）壓迫膀胱。透過輕壓膀胱的方式，刺激膀胱排尿。大動物可透過直腸壓迫膀胱，小動物可透過體外壓迫膀胱。

（3）導尿。藉助導尿管導尿。

（4）膀胱穿刺。用一次性針筒在恥骨聯合處尖端進針，利用膀胱穿刺術收集尿液樣本。

2. 尿液潛血的檢驗方法

（1）聯苯胺法。取聯苯胺 0.1g，溶解在 2mL 冰醋酸中，加過氧化氫（雙氧水）2～3mL，混合。混合後加入等量被檢尿，如液體變為綠色或藍色，表示尿中有血紅素存在。

本法簡便且比較靈敏，但當尿中含有大量磷酸鹽時，可發生乳白色沉澱，使變色反應結果無法測出。遇此情況，可選用改良聯苯胺法。

（2）改良聯苯胺法。取尿液10mL置於試管中，加熱煮沸以破壞可能存在的過氧化氫酶。待冷卻後，加入冰醋酸10～15滴，使尿呈酸性。再加乙醚約3mL，加塞充分振搖。然後靜置片刻，使乙醚層分離（如乙醚層成膠狀不易分離時，可加入95%乙醇數滴以促其分離），血紅素在酸性環境下，可溶於乙醚內。取一小片濾紙，滴加聯苯胺冰醋酸飽和液數滴，再在此處滴加上述乙醚浸出液數滴，待乙醚蒸發後，再滴加新鮮過氧化氫溶液1～2滴。如尿內含有血液，濾紙上可顯藍色或綠色，其顏色深度與含量呈正比。根據顏色的深淺，用1～4個「＋」號報告結果（綠色＋，藍綠色＋＋，藍色＋＋＋，深藍色＋＋＋＋）。

【注意事項】尿液應先加熱煮沸，以破壞可能存在的過氧化氫酶，防止產生假陽性結果；所用試管、滴管等器材必須清潔。

【適應症】適用於尿路感染、腎炎、膀胱炎，以及尿路結石、腫瘤的輔助檢測。

任務三　瘤胃內容物檢查

【目的要求】該技能是畜牧獸醫或動物醫學專業學生的一項基本技能。透過操作使學生掌握瘤胃內容物的採集方法，了解瘤胃液物理性質的檢查，學會瘤胃內容物檢驗方法。

【材料準備】

1. **儀器設備**　四柱欄或六柱欄、牛鼻鉗、保定繩、手術刀、電推剪或毛剪、穿刺套管針（中號）、採樣瓶、膠頭滴管、顯微鏡、載玻片、蓋玻片等。

2. **教學場地**　動物臨床診療大棚/動物生物化學實驗室。

3. **教師配備**　演示操作時，每班配備1名教師；技能考核時，每班配備2名教師。

4. **實驗材料及試劑**　5%碘酊棉球、75%酒精棉球、魚石脂、實驗羊/牛、保定繩、載玻片、蓋玻片等。

【方法與步驟】

1. **瘤胃內容物的採集**　瘤胃內容物採樣時間一般在進食後2h，可按下述方法採集：

（1）瘤胃穿刺。詳見「瘤胃穿刺術」。

（2）取食團。當牛反芻時，借食團隨食道逆蠕動至口腔之際，一隻手從口角處伸手抓住舌頭往外拉以打開口腔，另一隻手伸入舌根部，即可收集瘤胃內容物，但收集到的內容物有限，且僅對健康牛有效。

（3）胃導管插管。詳見「瘤胃插管術」。胃導管成功插入後，用吸引器將瘤胃液抽出。一般術前禁食幾小時。

2. **瘤胃液物理性質的檢查**　瘤胃液的氣味與飼餵的草料有關係，飼餵乾草或青儲飼料的健康牛，瘤胃液略呈發酵類芳香味。若有酸臭或腐敗臭味，多為瘤胃內過度發酵，見於瘤胃積食、瘤胃鼓脹。健康牛瘤胃液為淺綠色；若為黃褐色，則提示青儲飼料過飼；灰白色，提示精料過飼；乳灰白色，提示瘤胃酸中毒。正常瘤胃液黏稠度適中。過於稀薄，見於瘤胃功能降低、酮症、瘤胃酸中毒；黏稠度增加，且混有大量氣泡，多為泡沫性脹氣。將瘤胃液倒入試管後觀察，正常瘤胃液很快有沉渣出現，若沉渣過粗且成塊時，多為瘤胃功能下降。

使用pH試紙測定瘤胃液的酸鹼度。瘤胃液的pH一般在6.0～7.0。pH下降多為乳酸發酵所致，常見於過飼以醣類為主的精飼料、瘤胃功能降低和B族維他命顯著缺乏。若pH<5，瘤胃微生物全部死亡。pH過高見於過飼以蛋白質為主的精飼料，此時微生物活動受抑制，消化發生紊亂。

3. 瘤胃液的顯微鏡觀察 取1滴瘤胃液滴在載玻片中央，蓋上蓋玻片，置於顯微鏡下觀察纖毛蟲的狀態，包括纖毛蟲的數量、個體大小、活性等。

活力強度分級：

（1）活潑。有80％以上的蟲體呈直線或波浪狀運動，並快速前進。

（2）中等。60％～79％的蟲體呈直線或波浪狀運動，前進稍慢。

（3）較差。40％～59％的蟲體呈直線或波浪狀運動，但前進速度緩慢，有較多的纖毛蟲在原地活動和轉圈，部分失去活力。

（4）差。有40％以下的蟲體有活動力，其中大部分在原地活動和轉圈，並很快失去活力。

（5）基本無活力。有90％以上的蟲體失去活動力，有較多的蟲體崩解和輪廓模糊不清。

【注意事項】實驗動物必須切實保定後再開始操作，瘤胃穿刺術必須嚴格無菌操作。

【適應症】用於反芻動物瘤胃疾病的輔助診斷。

任務四　酮體檢查

【目的要求】酮體的檢查是畜牧獸醫和動物醫學專業學生的一項基本技能。透過實訓使學生掌握牛尿液、血液及牛乳中酮體定性檢測方法，透過體內酮體水準的檢查可早期診斷乳牛酮症。

【材料準備】

1. 儀器設備　10mL離心管、載玻片、一次性針筒、膠頭滴管等。

2. 教學場地　動物臨床診療大棚/動物生物化學實驗室。

3. 教師配備　演示操作時，每班配備1名教師；技能考核時，每班配備2名教師。

4. 實驗材料及試劑　亞硝基鐵氰化鈉、無水碳酸鈉、硫酸銨、氫氧化鈉、冰醋酸、濃氨水。

【方法與步驟】

1. 樣品採集

（1）用玻璃容器採集新鮮的尿液和乳汁，放入4℃冰箱中保存備用。

（2）使用一次性滅菌針筒，頸靜脈或尾靜脈採集牛血液樣本，置於10mL離心管中，室溫下靜置30min，3 500r/min離心10min，收集血清。血清不能及時檢測時，應置於冰箱（－20℃）保存待測。

2. 試驗方法

（1）酮粉法。將亞硝基鐵氰化鈉3g，無水碳酸鈉50g，硫酸銨100g，分別研細後混勻備用。操作步驟如下：用藥勺移取少許粉劑置於載玻片上，再用滴管吸取新鮮的尿樣或乳樣或血清2～3滴，滴於粉劑上，約3min後判讀結果。若粉劑無顏色變化，則呈陰性，說明尿液、乳汁、血清中無酮體；若粉劑變為粉紅色或紫色，則呈陽性，說明尿液、乳

汁、血清中含酮體，顏色越深，所含酮體量越大。

(2) 試劑法。配製 5％亞硝基鐵氰化鈉溶液，10％氫氧化鈉水溶液，20％醋酸溶液 (98％醋酸 20mL，加蒸餾水至 100mL)。按以下操作步驟進行；取試管 1 支，先加新鮮尿液或乳汁 5mL，隨即加入 5％亞硝基鐵氰化鈉水溶液和 10％氫氧化鈉溶液各 0.5mL（約 10 滴），顛倒混合，再加 20％醋酸溶液 1mL（約 20 滴），再顛倒混合，觀察結果。無顏色變化為陰性，顏色變淺紅色或深紅色為陽性。

(3) 郎氏法。取尿液、乳汁或血液 2mL 於小試管內，加入亞硝基鐵氰化鈉粉末數小粒，充分振盪使之溶解。再加冰醋酸 0.2mL（3～4 滴），混合後傾斜沿管壁緩緩加入濃氨水 0.5～1mL，觀察反應。結果判定，在兩液交界處呈現紫紅色環即為陽性。根據顏色產生的快慢做判定，立即出現深紫紅色環，判為「＋＋＋」；逐漸出現紫紅色環，判為「＋＋」；10min 內出現淡紫色環，判為「＋」；10min 後不顯色，判為「－」。

(4) 其他方法。如試劑盒檢測、試紙法等。

【注意事項】由於尿液、牛乳的顏色可能會影響到判定結果，所以在判斷結果時，應特別注意顏色的變化。

【適應症】用於牛場酮症的普查、監測，及早發現酮症牛。

任務五　亞硝酸鹽中毒檢驗

【目的要求】亞硝酸鹽中毒檢驗是畜牧獸醫或動物醫學專業學生需要掌握的一項基本技能。要求學生掌握獸醫臨床上常用的亞硝酸鹽中毒的定性檢驗方法。

【材料準備】

1. 儀器設備　白瓷盤、毛細滴管、小試管、定性濾紙、燒杯、玻璃漏斗、玻璃棒、棕色玻璃瓶等。

2. 教學場地　動物臨床診療大棚/動物生物化學實驗室。

3. 教師配備　演示操作時，每班配備 1 名教師；技能考核時，每班配備 2 名教師。

4. 樣品採集和處理　疑似亞硝酸鹽中毒動物的嘔吐物、胃腸內容物或飼餵的剩餘飼料。取可疑檢驗品 10g 左右，加適量蒸餾水，攪拌成粥狀後，加入數毫升 10％冰醋酸酸化，靜置 15min，然後過濾。所得濾液用於檢驗。

【方法與步驟】

(一) 格里斯反應（偶氮色素反應）

1. 實驗原理　亞硝酸鹽在酸性條件下，與氨基苯磺酸作用生成重氮化合物，再與甲-萘胺偶合生成一種紫紅色偶氮染料。

2. 實驗試劑

(1) 試劑 1。取 0.5g 氨基苯磺酸，用 150mL30％冰醋酸溶解，配好的試劑保存於棕色玻璃瓶中。

(2) 試劑 2。取 0.1g 甲-萘胺，用 20mL 蒸餾水溶解後過濾，濾液中加入 30％冰醋酸 150mL，混合均勻，配好的試劑保存於棕色玻璃瓶中。

(3) 格里斯試劑。試劑 1 與試劑 2 等體積混合即為格里斯試劑。

3. 檢測　取待檢濾液 1～2mL 置於小試管中，加入格里斯試劑數滴，振盪試管，觀察顏色變化。檢測濾液中若含有亞硝酸鹽，即顯玫瑰色，顏色深淺與亞硝酸鹽含量呈正比。

還可以用白瓷盤進行檢驗。即取格利斯試劑少許於瓷盤上，加3～5滴待檢濾液，用小玻璃棒攪勻，如顯深玫瑰色或紫紅色，即為陽性。

格里斯反應進行亞硝酸鹽定性檢驗的方法靈敏度高，出現陰性反應，可做否定結論；出現陽性反應，顏色需在紅色以上，才有診斷價值。

（二）聯苯胺-冰醋酸反應

1. 實驗原理 亞硝酸鹽在酸性溶液中，將聯苯胺重氮化生成黃色或紅棕色醌式化合物。

2. 聯苯胺-冰醋酸溶液配製 取10mg聯苯胺，用10mL冰醋酸溶解，加蒸餾水稀釋至100mL，過濾後保存於棕色玻璃瓶中。

3. 檢測 取待檢濾液1～2滴於白瓷盤上，加等體積聯苯胺-冰醋酸溶液混合均勻，若變紅棕色，即有亞硝酸鹽存在。若亞硝酸鹽含量較多時，需要多加幾滴試劑才能出現紅棕色。若亞硝酸鹽含量不多時，則呈黃色。

【適應症】主要用於飼料中亞硝酸鹽的定性測定，也用於亞硝酸鹽中毒的輔助性診斷。

任務六　有機磷中毒檢驗

【目的要求】有機磷中毒檢驗是畜牧獸醫或動物醫學專業學生需要掌握的一項基本技能。要求學生掌握獸醫臨床上常用的有機磷中毒的定性檢驗方法。

【材料準備】

1. 儀器設備 瓷反應板、瓷蒸發皿、乳鉢、分液漏斗、分液漏斗架、離心機、酒精燈、恆溫培養箱、培養皿、燒杯、量筒、棕色玻璃瓶、玻璃棒、微量吸管、滴管、定性濾紙、試紙、紗布、脫脂棉、剪刀、解剖器械、載玻片、橡皮筋等。

2. 教學場地 動物臨床診療大棚/動物生物化學實驗室。

3. 教師配備 演示操作時，每班配備1名教師；技能考核時，每班配備2名教師。

4. 實驗材料及試劑

（1）實驗材料。被檢樣品為可疑有機磷中毒動物的剩餘飼料、嘔吐物、胃腸內容物。活家畜採集胃腸內容物時可用普通水洗胃，但不能用鹼性液體洗胃，以防有機磷水解。已死亡家畜可採集胃內容物、血液、肝等。因皮膚接觸中毒致死的動物可採集血液及接觸部位的組織。呼吸道吸入引起的中毒，可採集血液及呼吸系統的組織。

（2）製備檢樣提取液。有機磷農藥的提取是檢驗成敗的關鍵，提取過程要盡量減少毒物的損耗。在提取時，一般極性強的有機磷（如敵敵畏、敵百蟲、樂果等）應用極性強的有機溶劑；極性弱的有機磷（如甲拌磷、乙硫磷、三硫磷等）應用極性弱的有機溶劑；中極性的有機磷（如乙基對硫磷、內吸磷、殺螟松等）應用中極性的有機溶劑。

檢樣提取過程應盡量避免雜質殘餘；否則，影響檢測結果。

（3）試劑。溴麝香草酚藍（BTB）、溴化乙醯膽鹼、無水乙醇、0.4mol/L氫氧化鈉、亞硝醯鐵氰化鈉、10%氫氧化鈉、濃鹽酸、間苯二酚、0.2%聚乙烯醇、75%乙醇等。

【方法與步驟】

（一）BTB全血試驗

1. 實驗原理 膽鹼酯酶可分解乙醯膽鹼生成膽鹼和乙酸，使得溴麝香草酚藍試紙由藍變黃。有機磷農藥存在時，能抑制膽鹼酯酶的活性，積存的乙醯膽鹼不再被分解，使生成的乙酸非常少，從而使BTB試紙的顏色變化不明顯。將試紙與標準色板比較，便可估

測膽鹼酯酶的活力，以此判斷是否存在有機磷農藥，並能粗略判定有機磷中毒的嚴重程度。

2. 檢驗

（1）BTB試紙製備。

①稱取溴麝香草酚藍0.14g，溴化乙醯膽鹼0.23g，加20mL無水乙醇溶解，以0.4mol/L氫氧化鈉調節pH 7.4～7.6（呈灰褐色）。

②將濾紙浸入該溶液中，取出，於陰涼處風乾（應變橘黃色），儲於棕色瓶中，或剪成1cm×2cm的紙片，用錫紙包好或用塑膠薄膜密封後，避光保存備用。

（2）檢驗方法。

①取上述製備好的試紙兩條，分別放在清潔乾燥的載玻片兩端，將1滴被檢動物末梢血滴在一試紙中央，將1滴健康動物末梢血滴在另一試紙中央，並標記。

②待血滴擴散成小圓斑點後，即迅速加蓋另一乾淨的載玻片，用橡皮筋紮緊，在37℃恆溫培養箱中保持15～20min後，觀察中心部的顏色變化。

③BTB全血試驗判定標準見表7-35。

表7-35　BTB全血試驗判定標準

項目	紅色	紫色	深紫色	藍黑（黑灰）色
膽鹼酯酶	80%～100%	60%	40%	20%
活性程度	正常	輕度抑制	中度抑制	重度抑制

注意事項：血液應滴於試紙中央，覆蓋面不可過大或過小，以斑點直徑為0.6～0.8cm為宜；血斑要看反面，看時不要直接對準光線，應與光成一斜角；每次測定前，先用健康血檢查試紙，如試紙加健康血不變藍，經30min後又不變紅，表明試紙失效。

（二）間苯二酚-氫氧化鈉反應

1. 實驗原理　敵敵畏、敵百蟲與間苯二酚-氫氧化鈉醇溶液在加熱條件下反應顯紅色。

2. 檢驗　取間苯二酚1g，用75%乙醇溶解，配製成1%間苯二酚溶液；另取氫氧化鈉5g，用0.2%聚乙烯醇水溶液溶解，配製成5%氫氧化鈉溶液。兩液混合後，將濾紙浸入，浸透後取出。除去多餘液體，置恆溫培養箱乾燥後切成紙條備用。使用時將紙條蘸取胃液少許，略微加熱，若顯紅色斑則為陽性反應。

本實驗也可直接在濾紙上進行。取1滴待檢樣品滴至濾紙上，加1%間苯二酚溶液1滴，再加5%氫氧化鈉溶液1滴，小火加熱片刻，若顯紅色斑則為陽性反應。

【適應症】主要用於動物有機磷中毒的輔助性診斷。

任務七　棉籽餅（粕）中毒檢驗

【目的要求】棉籽餅（粕）中毒的檢驗是畜牧獸醫或動物醫學專業學生需要掌握的一項基本技能。要求學生掌握獸醫臨床上常用的棉籽餅（粕）中毒的定性檢驗方法。

【材料準備】

1. 儀器設備　磨碎機、振盪器、容量瓶、漏斗、燒杯、玻璃棒、三角燒瓶、定性濾紙等。

2. 教學場地　動物臨床診療大棚/動物生物化學實驗室。

3. 教師配備 演示操作時，每班配備1名教師；技能考核時，每班配備2名教師。
4. 實驗材料及試劑
（1）實驗材料。疑似棉籽餅（粕）中毒動物的飼餵剩餘飼料。
（2）檢測液配製。異丙醇-正己烷混合溶劑［6∶4（V/V）］500mL、3-胺基-1-丙醇2mL、冰醋酸8mL、蒸餾水50mL，置於1 000mL容量瓶中，用異丙醇-正己烷混合溶劑定容至刻度。
（3）試劑。濃硫酸、三氯化鐵乙醇溶液、間苯三酚乙醇鹽酸溶液。

【實驗原理】棉酚可以與許多化合物反應呈現不同的顏色，如與濃硫酸反應呈櫻桃色，與三氯化鐵乙醇溶液反應呈暗綠色，與間苯三酚乙醇鹽酸溶液反應呈紫色。利用這些顯色反應可以定性檢測棉酚的存在。

【方法與步驟】
（1）取樣品2g左右，置於三角燒瓶中，加入20粒玻璃珠和50mL檢測液，塞緊瓶塞，放入振盪器內振盪1h，振盪頻率為120次/min，然後用定性濾紙過濾。
（2）濾液中加入濃硫酸，如濾液顯櫻桃色，則表明樣品中含棉酚。也可用三氯化鐵乙醇溶液或間苯三酚乙醇鹽酸溶液鑑定。

【適應症】主要用於飼料中棉酚的定性測定，也用於動物棉籽餅（粕）中毒的輔助性診斷。

任務八　氰化氫中毒檢驗

【目的要求】氰化氫中毒檢驗是畜牧獸醫或動物醫學專業學生需要掌握的一項基本技能。要求學生掌握獸醫臨床上常用的氰化氫中毒的定性檢驗方法。

【材料準備】
1. 儀器設備 定性濾紙、玻璃容器、量筒、棕色玻瓶、玻璃棒、微量吸管、2mL試管等。
2. 教學場地 動物臨床診療大棚/動物生物化學實驗室。
3. 教師配備 演示操作時，每班配備1名教師；技能考核時，每班配備2名教師。
4. 實驗動物 氰化氫中毒病例，或用實驗動物（豬或兔）複製人工病例。

由於氰化氫易揮發很不穩定，因此對送檢材料要及時檢驗，以免難以檢出。一般剩餘飼料、嘔吐物、胃及其內容物為較好的檢驗材料，然後是血液。

【方法與步驟】
（一）苦味酸試紙法
1. 實驗原理 氰化物於酸性條件下溫熱，生成氰化氫，遇到碳酸鈉後生成氰化鈉，再與苦味酸作用生成異氰紫酸鈉，呈玫瑰紅色。
2. 檢驗 將定性濾紙剪成7cm長、0.5～0.7cm寬的小條，浸入1%苦味酸溶液中，即得試紙條（現制現用）。稱取待檢樣品10g，置於125mL三角瓶中，加蒸餾水10～15mL，浸沒樣品，取大小與三角瓶口合適的中間帶一小孔的橡皮塞，孔內塞入內徑為0.5～0.7cm的玻璃管，管內懸苦味酸試紙一條，向待檢樣品中加10%酒石酸溶液5mL，立即塞上帶苦味酸試紙的橡皮塞，置40～50℃水浴上加熱30～40min，觀察試紙有無顏色變化。如有氰化物存在，少量時苦味酸試紙變為橙紅色，量較多時變為紅色。

注意事項：

① 硫化物、亞硫酸鹽、硫代硫酸鹽、醛、酮類物質對本反應有干擾，如果出現陽性需進一步做其他實驗證實；當反應呈陰性結果時，一般情況下可做否定結論。

② 加熱溫度不宜過高；否則，大量水蒸氣會將試紙條上的試劑淋洗下來，使結果難以觀察。

（二）普魯士藍反應

1. 實驗原理 氰離子在鹼性溶液中與亞鐵離子作用，生成亞鐵氰根離子，在酸性溶液中，再遇高鐵離子即生成普魯士藍。

2. 檢驗 取檢材5～10g切碎，置於三角瓶中，加適量水調成糊狀，加入幾滴10％鹽酸。取濾紙在其上滴加20％硫酸亞鐵溶液2滴及10％氫氧化鈉（鉀）溶液2滴，將此濾紙覆蓋在三角瓶瓶口。在瓶底緩緩加熱，當有蒸汽上冒5～8s後，取下濾紙，在濾紙上滴加10％的鹽酸及5％三氯化鐵溶液各2滴。出現藍色斑或藍綠色斑者，表示有氰離子存在，前者含量較多，後者含量較少。有時反應不明顯，須放置12h後，藍色反應才出現。

（三）氰化氫及氰化物的快速檢驗法

本試驗不需蒸餾，直接取檢樣5～10g切細，放在小三角燒瓶內，加水調成粥狀，並加酒石酸使之呈酸性，立即在瓶口上蓋以硫酸亞鐵-氫氧化鈉試紙，然後用小火緩緩加熱，待三角瓶內溶液沸騰後，停止加熱，取下試紙，浸入稀鹽酸中，如檢材中含氰化物或氰化氫，則試紙出現藍色斑點。

【適應症】動物氰化氫及氰化物中毒的定性檢驗。

【知識拓展】

北大屠夫

北京大學——中國最高學府的代表，有無數光環加持；屠夫——世俗眼光中很卑微的職業。風馬牛不相及的兩者如何連繫在一起呢？只因古有庖丁，今有陸步軒。

陸步軒，1966年生，西安市長安縣（現西安市長安區）人，1985年以長安縣文科總分第一名被北京大學中文系錄取。1989年畢業分配至長安縣柴油機廠工作，因企業不景氣他下海經商，但都接連失敗，負債纍纍。陸步軒迷茫過、消沉過，但他沒有墮落。在34歲的年紀，為生計而操起殺豬刀，開始了屠夫生涯；透過誠信經營和對豬肉的研究、經營方法的摸索，很快他的「眼鏡肉店」生意越來越好。2003年被中國多家媒體相繼以「北大畢業生長安賣肉」為題報導了陸步軒。由此，引起了人們對高等教育、就業觀念、人才標準、社會分配等眾多問題的熱議。對此，我們應該用辯證唯物主義世界觀去看待。

2009年8月，陸步軒受其校友邀請到廣州與其合夥開辦了「屠夫學校」，他憑自己的經驗編寫了《豬肉營銷學》教材並親自授課，填補了屠夫專業學校和專業教材的空白。學校越做越大，每年都會應徵應屆大學生，經「屠夫學校」培訓，學習豬肉分割、銷售技巧、服務禮儀、烹飪等技術技能，再前往豬肉專賣店工作。如今，他們建立了黑豬生產從育種、養殖、屠宰、配送到銷售的全產業鏈管理體系，實現了「從產地到餐桌」的全程品質監控，豬肉銷售連鎖店近800家，年銷售額超過10億元。

2013年4月，陸步軒受邀登上北京大學職業素養大講堂，會上致辭的北京大學原校長許智宏院士說：「北大畢業生賣豬肉並沒有什麼不好。從事細微工作，並不影響這個人

有崇高的理想……北大可以出政治家、科學家、賣豬肉的，都是一樣的。」

「庖丁解牛」成語和陸步軒的人生經歷告訴我們，知識和技能是需要積累的，任何技能都是熟能生巧，但是在反覆實踐的時候不是盲目重複，應該注意掌握方法和技巧，才能做到精湛、極致。

參 考 文 獻

黃克和，2020. 獸醫內科學 [M]. 2版. 北京：中國農業大學出版社.
劉廣文，劉海，2011. 動物內科病 [M]. 北京：中國農業出版社.
石東梅，何海健，2010. 動物內科病 [M]. 北京：化學工業出版社.
王建華，2010. 獸醫內科學 [M]. 4版. 北京：中國農業出版社.
王曉楠，2015. 動物內科疾病 [M]. 北京：中國輕工出版社.
魏鎖成，2007. 動物消化系統疾病 [M]. 蘭州：蘭州大學出版社.
Cynthia M Kahn，Scott Line，2015. 默克獸醫手冊 [M]. 10版. 張仲秋，丁伯良，主譯. 北京：中國農業出版社.

動物內科病

主　　　編	陸有飛
發 行 人	黃振庭
出 版 者	崧燁文化事業有限公司
發 行 者	崧燁文化事業有限公司
E - m a i l	sonbookservice@gmail.com
粉 絲 頁	https://www.facebook.com/sonbookss
網　　　址	https://sonbook.net/
地　　　址	台北市中正區重慶南路一段61號8樓 8F., No.61, Sec. 1, Chongqing S. Rd., Zhongzheng Dist., Taipei City 100, Taiwan
電　　　話	(02)2370-3310
傳　　　真	(02)2388-1990
印　　　刷	京峯數位服務有限公司
律師顧問	廣華律師事務所 張珮琦律師

版權聲明

本書版權為中國農業出版社授權崧博出版事業有限公司獨家發行電子書及繁體書繁體字版。若有其他相關權利及授權需求請與本公司聯繫。

未經書面許可，不得複製、發行。

定　　　價：350元
發行日期：2024年09月第一版
◎本書以POD印製

國家圖書館出版品預行編目資料

動物內科病 / 陸有飛 主編 .-- 第一版 .-- 臺北市：崧燁文化事業有限公司, 2024.09
面；　公分
POD版
ISBN 978-626-394-859-4(平裝)
1.CST: 獸醫學 2.CST: 內科
437.25　113013419

電子書購買

爽讀APP　　臉書